从入门到实战·微课视频

Python Web 开发从入门到实战

（Django+Bootstrap）

微课视频版

◎ 钱彬 著

U0283897

清华大学出版社

北京

内 容 简 介

本书是一本介绍 Python Web 开发的实战教程的书籍，主要内容是紧紧围绕一个完整的企业门户网站开发案例，由浅入深地讲解 Python Web 项目开发的各个环节。全书共分为三部分，共有 12 章。第一部分基础知识篇，包括第 1 章 Python Web 环境搭建，第 2 章基础语法；第二部分实战开发篇，包括第 3 章企业门户网站框架设计，第 4 章开发"科研基地"模块，第 5 章开发"公司简介"模块，第 6 章开发"产品中心"模块，第 7 章开发"新闻动态"模块，第 8 章开发"人才招聘"模块，第 9 章开发"服务支持"模块，第 10 章开发"首页"模块，第 11 章基于 Windows 的项目部署；第三部分高级强化篇，包括第 12 章深入浅出 Django。

本书配有 1500 分钟的配套教学视频、案例素材、程序源码、电子课件等丰富的配套资源，帮助读者尽快地掌握 Python Web 编程的方法。

本书适用于 Python Web 开发的广大业者、有志于转型 Python Web 开发的程序员，Python 开发以及人工智能的爱好者阅读，也可作为全国高等院校与培训机构的 Python 实战课程教材。

图书在版编目(CIP)数据

Python Web 开发从入门到实战：Django＋Bootstrap：微课视频版/钱彬著.--北京：清华大学出版社，2020.6（2025.1 重印）

（从入门到实战·微课视频）

ISBN 978-7-302-55325-0

Ⅰ. ①P… Ⅱ. ①钱… Ⅲ. ①软件工具－程序设计 Ⅳ. ①TP311.561

中国版本图书馆 CIP 数据核字（2020）第 062051 号

责任编辑：陈景辉 薛 阳
封面设计：刘 键
责任校对：徐俊伟
责任印制：宋 林

出版发行：清华大学出版社
   网 址：https://www.tup.com.cn，https://www.wqxuetang.com
   地 址：北京清华大学学研大厦 A 座 邮 编：100084
   社 总 机：010-83470000 邮 购：010-62786544
   投稿与读者服务：010-62776969，c-service@tup.tsinghua.edu.cn
   质量反馈：010-62772015，zhiliang@tup.tsinghua.edu.cn
   课件下载：https://www.tup.com.cn，010-83470236
印 装 者：三河市龙大印装有限公司
经 销：全国新华书店
开 本：185mm×260mm 印 张：18.75 字 数：465 千字
版 次：2020 年 7 月第 1 版 印 次：2025 年 1 月第 12 次印刷
印 数：21501～22500
定 价：59.90 元

产品编号：083417-02

前　言

党的二十大报告强调"必须坚持科技是第一生产力、人才是第一资源、创新是第一动力，深入实施科教兴国战略、人才强国战略、创新驱动发展战略，开辟发展新领域新赛道，不断塑造发展新动能新优势"。

随着移动互联网的深入普及，Web 开发具有越来越重要的战略意义，可以预见 5G 技术和工业物联网的融合将会再次掀起 Web 开发浪潮。与此同时，人工智能的快速发展使得以 Python 为基础的 Web 应用框架在众多后端框架中脱颖而出。Python 是高级脚本语言，代码开发效率高，具有开源和跨平台的特性，在 Web 应用程序设计和开发中有很大优势。使用 Python 进行项目开发是一个性价比非常高的选择，相比 C、C++ 和 Java，Python 语言的简洁性和丰富的第三方库使得用户可以快速方便地构建项目并进行生产环境部署。

编写本书的目的是通过实例教会读者 Python Web 开发的基本技能，读者通过本书既能够学习 Python 的基础语法，同时能够掌握 Web 开发的前后端知识。目前市面上大多数 Python Web 书籍主要以翻译和解释官方文档为主，以博客开发为操作实例，而开发环境倾向于 Linux，这为很多想要投身 Python Web 的初学者设置了不小的学习障碍。本书面向 Windows 系统，通过一个完整的企业门户网站实例来阐述 Django 常用的组件、接口、第三方 Python 包，让读者能够全面、深入、透彻地理解 Python Web 的开发方法，提升项目实战能力。

本书的所有代码都基于 Python 3.7 版本开发，通过使用 Visual Studio Code 在 Windows 系统下编写、调试、运行和部署。

全书共分为三部分，共有 12 章。第一部分基础知识篇，包括第 1 章 Python Web 环境搭建，第 2 章基础语法；第二部分实战开发篇，包括第 3 章企业门户网站框架设计，第 4 章开发"科研基地"模块，第 5 章开发"公司简介"模块，第 6 章开发"产品中心"模块，第 7 章开发"新闻动态"模块，第 8 章开发"人才招聘"模块，第 9 章开发"服务支持"模块，第 10 章开发"首页"模块，第 11 章基于 Windows 的项目部署；第三部分高级强化篇，包括第 12 章深入浅出 Django。

课程介绍

本书特色

（1）本书采用以基础知识点精讲与实战开发案例相结合的方式，由浅入深地带读者实现 Python Web 开发从入门到实战。

（2）实战开发案例丰富，涵盖 17 个知识点案例和 6 个完整项目案例。

（3）代码详尽，规避了重复的代码。

（4）各个章节前后连贯，操作步骤容易掌握与实现。

配套资源

为便于教与学，本书配有丰富的配套资源，包括 1500 分钟的微课视频、11 款相关软件下载资源包、案例素材、程序源码、电子课件、教学大纲、教学进度表。

（1）获取微课视频方式：读者可以先扫描本书封底的文泉云盘防盗码，再扫描书中相应的视频二维码，观看教学视频。

（2）获取程序源码、11 款相关软件下载资源包和案例素材方式：先扫描本书封底的文泉云盘防盗码，再扫描下方二维码，即可获取。

程序源码　　　　　　11 款相关软件下载资源包　　　　　　案例素材

（3）其他配套资源可以扫描本书封底的课件二维码下载。

感谢南京理工大学沈肖波教授和安徽工业大学李雪老师对本书的修改，感谢北京工业大学同磊副教授对本书的建议，感谢我华为的师兄徐威对于本书内容的技术支持，感谢我的家人，写作占用了我陪伴在他们身边的时间和精力，正是有了他们的理解和支持，我才能够一直坚持下去。最后感谢读者，您的信任是对我最大的鼓励。

本书面向的读者不仅是 IT 开发人员和计算机专业的学生，也包括对 Python 感兴趣、零基础、愿意自学的读者。"他山之石，可以攻玉"，对于已有一定基础的读者，也可以从本书的代码实现方式中获取灵感、取长补短。

限于个人水平和时间仓促，书中难免存在疏漏之处，欢迎读者批评指正。

作　者

2020 年 6 月

目 录

第一部分 基础知识篇

第 1 章　Python Web 环境搭建 **3**

1.1　Python Web 概述 3

　　1.1.1　Python 语言简介 3

　　1.1.2　Python Web 的优势 4

1.2　安装 Python 6

1.3　安装开发工具 VS Code 9

　　1.3.1　VS Code 下载和安装 9

　　1.3.2　VS Code 基本配置 10

　　1.3.3　编写和运行 Python 脚本 13

1.4　第一个 Python Web 程序 14

　　1.4.1　Django 安装 14

　　1.4.2　创建 Django 项目 15

　　1.4.3　创建应用 16

　　1.4.4　制作访问页面 17

　　1.4.5　编写视图处理函数 18

　　1.4.6　配置访问路由 URL 19

　　1.4.7　Web 启动、关闭和局域网手机访问 19

小结 21

第 2 章　基础语法 **22**

2.1　Python 基本运算 22

　　2.1.1　数值运算 22

　　2.1.2　脚本编辑 23

　　2.1.3　代码注释、缩进、断行 24

2.2　Python 数据类型 25

　　2.2.1　整数、浮点数、内置常量 25

　　2.2.2　字符串 26

2.2.3 列表、元组、字典 ································· 27

2.2.4 序列 ······································· 28

2.2.5 比较运算符和逻辑运算符 ···················· 29

2.3 Python 控制语句 ································· 30

2.3.1 if 条件控制 ··································· 30

2.3.2 for 循环 ······································ 31

2.3.3 while 循环 ···································· 31

2.3.4 break、continue 和 pass 语句 ·················· 32

2.4 Python 函数 ····································· 33

2.4.1 Python 函数基本调用形式 ···················· 34

2.4.2 可变参数 ····································· 34

2.4.3 关键字参数 ··································· 35

2.5 Python 面向对象 ································· 36

2.5.1 面向对象概念 ································· 36

2.5.2 类的使用 ····································· 37

2.5.3 类的继承 ····································· 38

2.5.4 Mixin 多重继承 ······························· 39

2.6 Python 模块和包 ································· 40

2.6.1 模块 ··· 41

2.6.2 包 ··· 41

2.7 Python 装饰器 ··································· 42

2.7.1 闭包 ··· 43

2.7.2 装饰器的概念和使用 ························· 44

2.8 Python 读写数据库 ······························· 46

2.8.1 数据库概述 ··································· 46

2.8.2 读写 SQLite 数据库 ···························· 47

2.9 HTML 基础 ······································· 48

2.9.1 HTML 概述 ···································· 48

2.9.2 HTML 常用标签 ······························· 50

2.9.3 表单 ··· 51

2.10 CSS 基础 ······································· 53

2.10.1 CSS 概述 ···································· 53

2.10.2 CSS 选择器 ·································· 55

2.10.3 CSS 基本属性和布局 ························ 57

2.11 JavaScript 基础 ································· 59

2.11.1 基本语法 ···································· 60

2.11.2 操作 HTML 对象 ······························· 60

2.11.3 Ajax 局部刷新 ································· 63

2.12 Bootstrap 框架使用介绍 …………………………………………… 64
　　2.12.1 Bootstrap 的下载和使用 ……………………………… 64
　　2.12.2 Bootstrap 栅格布局 …………………………………… 67
　　2.12.3 Bootstrap 组件使用介绍 ……………………………… 68
2.13 实战项目：在线 Web 计算器 ………………………………… 70
　　2.13.1 创建项目 ………………………………………………… 71
　　2.13.2 配置并访问页面 ………………………………………… 71
　　2.13.3 导入 Bootstrap 前端框架 …………………………… 73
　　2.13.4 设计前端页面和交互逻辑 …………………………… 75
　　2.13.5 开发后端计算模块 ……………………………………… 80
小结 …………………………………………………………………………… 81

第二部分　实战开发篇

第 3 章　企业门户网站框架设计 …………………………………… **85**

3.1 需求概述 …………………………………………………………… 85
3.2 搭建项目框架 …………………………………………………… 87
　　3.2.1 文件结构设计 …………………………………………… 89
　　3.2.2 多级路由配置和访问 …………………………………… 90
　　3.2.3 Django 模板概述 ……………………………………… 95
　　3.2.4 基于 Django 模板的静态资源配置 …………………… 96
小结 …………………………………………………………………………… 100

第 4 章　开发"科研基地"模块 …………………………………… **101**

4.1 制作门户网站基础页面 ………………………………………… 103
　　4.1.1 制作页面头部 …………………………………………… 103
　　4.1.2 制作广告横幅 …………………………………………… 107
　　4.1.3 制作页面主体 …………………………………………… 107
　　4.1.4 制作带 logo 的二维码 ………………………………… 109
　　4.1.5 制作页脚 ………………………………………………… 111
4.2 基于 Django 模板的页面复用 ……………………………… 114
　　4.2.1 制作项目共享模板 ……………………………………… 114
　　4.2.2 共享模板的使用 ………………………………………… 115
4.3 向模板传递动态参数 …………………………………………… 117
小结 …………………………………………………………………………… 119

第 5 章　　开发"公司简介"模块 ································· **120**

5.1　继承模板 ·· 120

5.2　制作侧边导航栏 ·· 124

5.3　Django 数据库模型 ··· 127

　　5.3.1　创建荣誉模型 ·· 128

　　5.3.2　Django 后台管理系统 ···································· 130

　　5.3.3　动态页面渲染 ·· 134

5.4　优化后台管理系统 ·· 137

　　5.4.1　登录界面优化 ·· 138

　　5.4.2　主界面优化 ·· 138

　　5.4.3　列表界面优化 ·· 140

小结 ··· 141

第 6 章　　开发"产品中心"模块 ································· **142**

6.1　路由传递参数实现页面切换 ····································· 142

6.2　制作产品列表页面 ·· 147

　　6.2.1　创建"产品"模型 ·· 148

　　6.2.2　后台管理系统多对一模型处理 ···························· 151

　　6.2.3　模型数据过滤、排序和渲染 ····························· 153

6.3　Django 分页显示 ··· 156

6.4　制作"产品详情"页面 ·· 159

小结 ··· 162

第 7 章　　开发"新闻动态"模块 ································· **163**

7.1　基于富文本的"新闻"模型 ······································ 163

　　7.1.1　富文本编辑器介绍 ······································ 163

　　7.1.2　富文本 DjangoUeditor 安装 ······························ 166

　　7.1.3　创建富文本"新闻"模型 ·································· 167

　　7.1.4　后台管理系统使用富文本 ································ 169

7.2　开发"新闻列表"和"新闻详情"页面 ····························· 170

　　7.2.1　"新闻列表"后台处理函数 ································ 171

　　7.2.2　设计"新闻列表"页面 ···································· 173

　　7.2.3　"新闻详情"后台处理函数 ································ 176

　　7.2.4　设计"新闻详情"页面 ···································· 177

7.2.5 从富文本中提取文字 ·········· 178
7.3 新闻搜索 ·········· 179
7.3.1 基于模糊查询的新闻标题搜索 ·········· 180
7.3.2 基于 django-haystack 的全文高级搜索 ·········· 182
小结 ·········· 187

第 8 章　开发"人才招聘"模块 ·········· **188**

8.1 嵌入百度地图 ·········· 190
8.2 招聘与应聘互动模块 ·········· 193
8.2.1 招聘信息发布 ·········· 193
8.2.2 基于模型表单的应聘信息上传 ·········· 196
8.2.3 信号触发器 ·········· 205
8.3 发送邮件 ·········· 206
8.4 动态生成 Word 文档 ·········· 208
小结 ·········· 210

第 9 章　开发"服务支持"模块 ·········· **211**

9.1 开发资料下载功能 ·········· 214
9.1.1 创建"资料"模型 ·········· 214
9.1.2 "资料下载列表"页面开发 ·········· 215
9.2 搭建"人脸识别开放平台" ·········· 217
9.2.1 人脸识别后台搭建 ·········· 218
9.2.2 本地脚本测试 ·········· 220
9.2.3 前端说明页面 ·········· 222
9.3 在线人脸检测 ·········· 223
小结 ·········· 228

第 10 章　开发"首页"模块 ·········· **229**

10.1 "首页"模块开发 ·········· 229
10.1.1 轮播横幅 ·········· 229
10.1.2 企业概况 ·········· 231
10.1.3 新闻动态 ·········· 233
10.1.4 通知公告 ·········· 238
10.1.5 科研基地 ·········· 239
10.1.6 联系我们 ·········· 239

10.1.7　产品中心 ·· 241

10.2　Django 缓存系统 ·· 242

小结 ··· 244

第 11 章　基于 Windows 的项目部署 ·················· **245**

11.1　本地服务器部署 ·· 245

11.1.1　Python WSGI 部署原理介绍 ····················· 245

11.1.2　准备部署环境 ······························ 247

11.1.3　安装和配置 IIS ······························ 248

11.1.4　开放端口 ································ 249

11.1.5　本地部署 ································ 251

11.2　云服务器部署 ·· 253

11.2.1　云服务器简介 ······························ 253

11.2.2　云服务器申请和配置 ····················· 254

11.2.3　项目部署 ································ 255

11.2.4　域名申请和备案 ······················· 261

11.3　MySQL 数据库安装和使用 ································ 262

11.3.1　MySQL 数据库下载和安装 ················ 263

11.3.2　在 Django 中使用 MySQL ················ 268

11.4　扩展 Django 部署 ·· 270

小结 ··· 271

第三部分　高级强化篇

第 12 章　深入浅出 Django ·················· **275**

12.1　单文件 Django ·· 275

12.2　Django REST 项目实战：在线中文字符识别 ············· 277

12.2.1　RESTful 概述 ······························ 277

12.2.2　搭建框架 ································ 278

12.2.3　前端开发 ································ 280

12.2.4　后端开发 ································ 283

小结 ··· 286

第一部分

基础知识篇

## 第 1 章

Python Web 环境搭建

1.1　Python Web 概述

视频讲解

1.1.1　Python 语言简介

近年来人工智能的热潮直接带动了 Python 这门编程语言的发展。在著名的 IT 技术问答网站 Stack Overflow 上发现,38.8% 的用户在各自的项目中主要使用 Python 语言。根据该网站的调查,截至 2019 年,Python 的受欢迎程度超过了 C♯(于 2017 年超过了 PHP)。而在开源平台 GitHub 上,Python 也超越了传统的具有垄断地位的 Java。由此可见,人工智能领域的持续发力将会继续刺激 Python 的增长需求。因此,Stack Overflow 称 Python 为"增长最快的编程语言"。

那么到底是什么原因使得 Python 受到开发者的如此青睐?

Python 语言是一种面向对象、解释型的程序设计语言,由 Guido van Rossum 于 1989 年发明,第一个公开发行版发行于 1991 年,遵循 GPL 协议,源代码开放,这意味着无论是个人还是商业企业均可以免费使用 Python。

Python 具有如下三大优势:免费、开源和具有庞大的第三方库。这三个优势使得 Python 成为人工智能、网络爬虫、数据分析等领域的首选语言。作为一种高级语言,相对于传统的 C++ 和 Java,Python 显得更为轻巧,语法更接近自然语言,同样的一个任务,使用 C++ 可能需要编写 500 行代码,使用 Java 可能需要 50 行,而使用 Python 可能只需要 5 行。另外,Python 特有的缩进型语法格式使得阅读 Python 代码非常清晰明了,可以加快开发人员对算法、对逻辑流程的理解,这一点在团队合作开发时非常重要。有不少人认为 Python 这种解释型语言运行效率低,无法支撑起一个完整的大型项目。这种观点其实并不正确。作为一种"胶水"语言,Python 能够把用其他语言制作的各种库(尤其是 C/C++)很轻松地连接在一起,而对任务运行速度影响不大,但是逻辑复杂、混乱的顶层模块采用 Python 编写可以提高开发效率。例如,大数据分析时对数据的读取和预处理可以采用 C++ 制作成

Python 模块来加快读取速度。另外，选择 Python 开发项目非常适合初创团队，能够使得团队用最少的人干最精炼、最有效率的事，并且能够快速地更新迭代产品，这在当前瞬息万变的互联网时代显得尤为重要。

Python 的发展完全是由社区自我驱动的，国内外的顶尖开发人员都热衷于贡献开源代码并且一直在全力维护和更新。因此，正是在这些开源贡献者的努力下使得 Python 显得更酷、更有活力，使用更加友好。目前，Python 涉及的领域几乎涵盖了当前所有热门的 IT 应用场景，具体见图 1-1。Python 不仅已经成为数据分析、人工智能领域必不可少的工具，还被越来越多的企业用于 Web 搭建，比如豆瓣、知乎等。

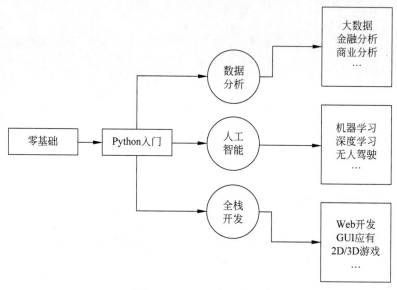

图 1-1　Python 应用领域

最后，借用 Python 社区流行的一句话来总结为什么学习 Python：人生苦短，我用 Python！

1.1.2　Python Web 的优势

Python 有众多应用方向，比如科学计算、数据分析、2D/3D 游戏、人工智能和 Web 开发等。如果选择了 Python Web 方向，那么就必须了解一种 Python Web 开发框架，比如 Django。那么问题来了，Python Web 的发展情况究竟如何？Python Web 能做什么？选择它作为 Web 后端是否能够正常支撑 Web 的稳定运行？它的学习曲线是否能够适合新手快速上手？

在回答上述问题前先给出一些国内外采用 Python 和 Django 框架开发的知名网站，具体如表 1-1 所示。总体来说，Python Web 在国外发展迅猛，例如著名的社交问答网站 Quora、图片分享网站 Pinterest，以及国外最大的搜索网站 Google，都采用或者部分采用了 Python 来构建 Web。相比于国外，Python Web 在国内发展较缓慢，目前国内采用 Python 开发的知名网站主要有豆瓣、知乎等。其主要原因在于 Python 在国内的普及时间还不长，众多的 Web 开发人员还未及时转移到 Python Web 上来。但是相信随着 5G 互联网和人工智能的持续升温,Python Web 的普及进程会不断加快,会有更多的 Web 开发人员愿意加入到 Python 阵营中来。

表 1-1　国内外采用 Python 开发的知名网站

国外	Quora, Pinterest, Instagram, Google, YouTube, Yahoo Maps, DropBox, Disqus, Washington Post
国内	豆瓣、知乎

不少开发人员认为,Python Web 只是众多互联网后端框架的一种,只是单纯的用来制作网站的一种工具,其功能类似于 PHP。这种观点其实并不完全正确。这里要先说明一个概念:

```
Web = Web application(网络应用) != Website (网站)
```

Web 开发里的 Web 指的是网络应用(Web Application),而不仅是指网站(Website)。如果精通 Python Web 开发,那么就意味着,Python 的其他领域的核心功能可以直接嵌套进 Python Web 框架里面,可以快速地完成基于互联网的产品应用部署。具体创建什么样的产品完全取决于用户的想法、企业和应用场景。

例如,一般地,可以采用 Python Web 建立对外的企业门户网站,也可以开发对内的企业管理软件,如办公自动化(OA)系统。Python 语言的简洁性可以使得开发这类网站更加便捷、逻辑更加清晰。如果身处游戏企业,可以开发游戏运维平台实现自动化运维。如果在新闻咨询类企业工作,可以开发基于大数据分析、精准投放的付费订阅资讯系统,对于这类网站,基于 Python 的 Django 框架是首选。如果想开发电子商务平台,依然可以采用 Python 进行快速开发。也可以开发 Python 在线爬虫网站,其中,数据爬取、数据过滤、数据分析、数据处理和数据存储这些常见的 Python 脚本可以无缝集成在一个 Python Web 应用里面。当然,现在人工智能如火如荼,可以将人工智能算法部署到 Web 平台实现如苹果 Siri 一样的智能互动网站。总之,学好 Python Web 的作用远远高于制作一个简单的网站。

那么使用 Python 这种解释型脚本语言开发的 Web 应用性能到底如何? 其实这个问题本质上是个技术选型问题。做技术选型的时候不能单纯地考虑性能,应该优先考虑业务类型,以及团队水平。如果是数据驱动型,尤其是要用到关系型数据库时,那么选择 Django 足以支撑上万乃至几十万的访问规模。至于 Django 的瓶颈到底是多少,这其实跟编程语言没有太大的关系。当并发数量达到一定规模后不管是什么语言都需要进行框架优化,而且通常解决这类问题的根本途径在于优化和扩容服务器,而不在于所选择的框架本身。因此,一般的业务类型大可不必为 Python Web 的性能担忧。

Django 是优秀的 Python Web 框架之一,拥有完整的 Web 构建方案,其学习文档和参考资料也非常丰富。学习 Django 这门 Python Web 框架可以快速地上手实践,其学习成本相对较低。本书以一个实际的企业门户网站为例,将在具体实例中讲述 Python Web 的各个开发要点和难点,通过本书的系统学习将帮助读者掌握实际的 Python Web 开发技能。

接下来正式进入 Python Web 教程,首先安装编程环境 Python。

1.2　安装 Python

Python 是一种跨平台语言，因此用 Python 编写的代码可以在 Windows、Linux 和 Mac OS 上运行。但是 Python 有一个很大的缺陷就是版本兼容问题，这也是 Python 一直被诟病的地方。Python 2 版本与 Python 3 版本具有较大的不同，在同一种版本下开发的代码往往需要较大的改动才能在另一个版本下正常运行。其主要原因在于 Python 3 在设计的时候为了不带入过多的累赘没有考虑向下兼容。从某种意义上来说，这既是 Python 的缺点也是优点，Python 3 抛弃掉 Python 2 原有的一些模块，使得更新后的 Python 并不臃肿，依然保持一个轻巧的状态。从发展趋势上来看，Python 3 目前已逐渐成为主流，越来越多的开源工具包采用 Python 3 开发。因此，本书选择 Python 3 进行阐述和实例操作。

Python 是一种高级语言，但是计算机无法直接识别高级语言，计算机只能识别二进制（类似 0011 0101 这种只有 0 和 1 两种值）数据。所以当运行 Python 程序的时候，需要一个"翻译机"专门负责把高级语言转变成计算机能读懂的二进制语言。这个过程分成两类，第一种是编译型，第二种是解释型。编译型语言在程序执行之前，会先通过编译器对程序执行一个编译的过程，把程序代码转变成二进制语言。最典型的例子就是 C 语言。解释型语言就没有这个编译的过程，而是在程序运行的时候，通过解释器对程序逐行做出解释，然后直接运行。简单来说，编译型就是将高级语言全部翻译成二进制数据后由计算机一起执行，解释型是一边翻译一边执行。Python 就是一种解释型语言。

既然 Python 是一种解释型语言，那么就需要一个对应的解释器完成上述的二进制转换。这个解释器也就是本节要下载和安装的 Python 环境了。当然，下载的 Python 安装包除了解释器以外还附加了一些 Python 工具，例如，开发工具 IDLE 和对应版本的开发文档等。

Python 下载页面网址为 https://www.python.org/getit/。该页面提供了不同的 Python 版本，如图 1-2 所示。为了考虑稳定性以及后期部署项目时的一致性，本书推荐下载 Python 3.7 版本（本书所有代码均在 Python 3.7.4 下开发完成并经过测试）。

Release version	Release date		Click for more
Python 3.7.4	July 8, 2019	Download	Release Notes
Python 3.6.9	July 2, 2019	Download	Release Notes
Python 3.7.3	March 25, 2019	Download	Release Notes
Python 3.4.10	March 18, 2019	Download	Release Notes
Python 3.5.7	March 18, 2019	Download	Release Notes
Python 2.7.16	March 4, 2019	Download	Release Notes
Python 3.7.2	Dec. 24, 2018	Download	Release Notes

图 1-2　选择 Python 版本

选择好版本后,单击 Download 按钮进入下载详情页面,找到 Files 段落,如图 1-3 所示。

Version	Operating System	Description
Gzipped source tarball	Source release	
XZ compressed source tarball	Source release	
macOS 64-bit/32-bit installer	Mac OS X	for Mac OS X 10.6 and later
macOS 64-bit installer	Mac OS X	for OS X 10.9 and later
Windows help file	Windows	
Windows x86-64 embeddable zip file	Windows	for AMD64/EM64T/x64
Windows x86-64 executable installer	Windows	for AMD64/EM64T/x64
Windows x86-64 web-based installer	Windows	for AMD64/EM64T/x64
Windows x86 embeddable zip file	Windows	
Windows x86 executable installer	Windows	
Windows x86 web-based installer	Windows	

图 1-3　Python 下载详情页面

在详情页面 Files 段落上可以找到不同操作系统对应的 Python 3.7 安装包。为了方便习惯 Windows 的读者,本书以 Windows 系统作为开发平台,力求读者能够无障碍地快速进入 Python Web 的学习中来。在该页面上可以选择不同操作系统对应的版本,64 位 Windows 系统选择 Windows x86-64 executable installer 的版本下载。32 位的 Windows 系统选择 Windows x86 executable installer 的版本进行下载。下载后的 Python 安装包如图 1-4 所示。

python-3.7.4-amd64

图 1-4　Python 安装包

双击下载下来的安装包,弹出安装界面,如图 1-5 所示。这里注意安装时一定要勾选 Add Python 3.7 to Path 复选框,这样安装程序会自动地为系统环境变量添加 Python 的安装路径。在系统环境变量中添加应用程序安装路径的一个很重要的作用就是每次启动程序时,不再需要输入完整的程序路径,而是只需要输入程序名即可启动程序。在后期项目部署时本书也会采用这种方式。

图 1-5　Python 安装界面

安装方式可以选择默认安装 Install Now，也可以选择定制化安装 Customize installation。如果希望将 Python 安装在指定的目录下，那么单击 Customize installation 按钮进入定制化向导界面，如图 1-6 所示。修改安装路径然后一直单击 Next 按钮直到弹出最后一页，单击 Install 按钮，等待安装完成。这里注意，如果修改了安装路径，那么在安装路径中不要出现中文，这一点在后期项目部署时尤其需要注意，否则容易引起各种异常情况导致项目运行或部署失败。

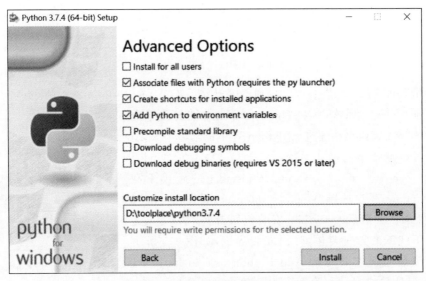

图 1-6　Python 定制化安装向导界面

安装完成后可以测试一下 Python 是否安装成功，测试方法为：单击任务栏"开始"菜单，在搜索框中输入"cmd"，然后双击 cmd.exe 调出 Windows 系统命令行工具，在命令行中输入"python"，然后按 Enter 键，如果出现如图 1-7 所示界面，则说明 Python 已经安装成功。可以看到此时命令窗口中正确返回了当前的 Python 版本号 3.7.4。如果没有安装成功，一般情况下是因为在安装时没有将 Python 添加到环境变量导致的，即安装时没有勾选 Add Python 3.7 to Path 复选框，此时可以手动添加环境变量或者卸载 Python 后重新安装。

图 1-7　Python 安装效果测试

1.3　安装开发工具 VS Code

1.3.1　VS Code 下载和安装

在 Build 2015 大会上，微软除了发布 Microsoft Edge 浏览器和新的 Windows 10 系统外，还同时推出了免费跨平台的 Visual Studio Code 编辑器（以下简称 VS Code）。VS Code 是一款免费开源的现代化轻量级代码编辑器，支持几乎所有主流的开发语言，基本功能包括语法高亮、智能代码补全、自定义快捷键、括号匹配和颜色区分、代码片段、代码对比、GIT 命令等特性，另外，VS Code 支持插件扩展，并针对网页开发和云端应用开发做了优化。VS Code 编辑器跨平台支持 Windows、Mac OS 以及 Linux，各平台上均可流畅运行，推出以后受到了开发者的广泛关注和好评。

如果读者之前有过 C++ 或者 C♯ 的编程经验，那么从效果来看，VS Code 更像是精简版的 Visual Studio、升级版的 Sublime。VS Code 由于其非常轻量，因此在使用过程中非常流畅，对于用户不同的需要，可以自行下载扩展插件 Extensions 来增强功能。例如，如果想使用 Python，那么就安装 Python 对应的扩展插件，如果想使用 C++、PHP、JavaScript 等其他语言，那么就安装其他语言对应的插件，插件的安装和卸载直接在 VS Code 中通过图形界面操作完成，使用非常简单。

本书重点在于 Python Web 的开发，对于配置 Python Web 开发环境来说，使用 VS Code 更加容易。VS Code 配置完后可以直接进行可视化的调试，不需要再通过 print 或者用 pdb 命令，所有的调式命令都可以采用快捷键完成。由于本书所有实战案例都在 Windows 下编写，内容涉及 Python、HTML、JavaScript、CSS 等，因此优先推荐 VS Code 这款编辑器来进行开发，开发过程中只需要通过安装不同的插件就可以实现一个编辑器、多种语言的开发需求。

VS Code 的下载网址为 https://code.visualstudio.com/。本书代码所用的操作系统是 Windows 系统，因此下载 Windows 版本的 VS Code，单击 Download for Windows 按钮进行下载即可，如图 1-8 所示。

下载下来的安装文件只有 50MB 左右，相对于微软之前的 Visual Studio 系列，VS Code

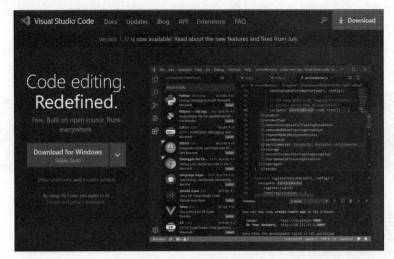

图 1-8　VS Code 下载页面

更为轻量，适合各类开发人员的定制化开发需求。双击下载下来的安装文件，按照提示进行默认安装即可。安装完成后启动 VS Code。接下来在进入具体的 Python Web 开发前，首先来熟悉一下 VS Code 的基本使用方法。

1.3.2　VS Code 基本配置

VS Code 主界面分为下面几个区域：菜单栏、常用功能面板、代码编辑区、输出控制台，如图 1-9 所示。

图 1-9　VS Code 主界面功能区

（1）菜单栏：集成了所有的文件命令操作和窗口设置操作。一些面板上的常用命令也可以通过菜单栏找到并执行，实际使用时也可以从菜单栏中启动调试窗口和编辑窗口。

（2）常用功能面板：这个区域是实际开发中使用最频繁的，包含文件管理器、搜索、Git代码管理、Debug调试面板、插件管理等功能，如图1-10所示。

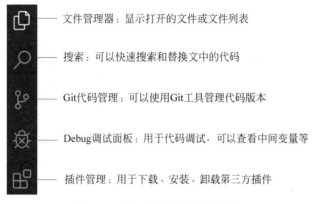

图 1-10　VS Code 常用功能面板

（3）代码编辑区：编辑代码的主区域。

（4）输出控制台：该区域主要输出代码的执行结果，终端命令窗口（Terminal）和调试窗口（Debug Console）均在该区域显示。

另外，VS Code 默认显示风格是黑色主题的，当然 VS Code 也提供了多种颜色主题可供使用。如果需要更改，只需要依次选择 File→Preferences→Color Theme 命令，调出颜色主题选择界面就可以对主题颜色进行更改，如图 1-11 所示。

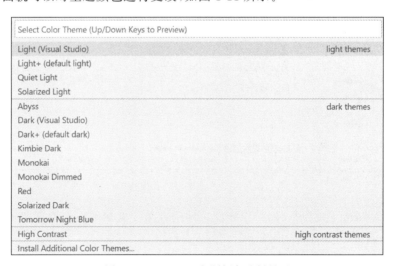

图 1-11　VS Code 主题颜色选择界面

为了适应不同开发人员不同的开发需求，VS Code 采用第三方插件的形式来扩展其编辑和调试功能。插件可以通过 VS Code 的插件管理面板进行插件的搜索、下载、安装和卸载，如图1-12所示。在每个插件右上角包含对该插件的评分和下载量。一般情况下，建议读者在选择插件时选择下载量多的插件以保证使用的稳定性。

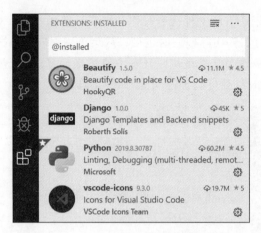

图 1-12　VS Code 第三方插件管理界面

下面重点介绍几个开发 Python Web 项目经常使用到的插件。

（1）Python：Python 语言的 VS Code 扩展插件，提供了 Python 语言的内联、调试、智能感知、代码导航、重构、单元测试等功能，如图 1-13 所示。

图 1-13　Python 语言扩展插件

（2）Beautify：代码自动对齐插件，可以对 Web 前端 HTML、CSS、JavaScript 的代码进行自动对齐，如图 1-14 所示。

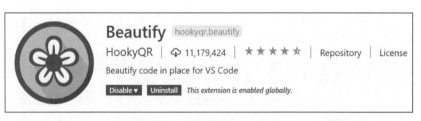

图 1-14　代码自动对齐插件

（3）vscode-icons：图标插件，可以按照文件或者文件夹的不同类型在 VS Code 中以不同的图标进行显示，方便辨识，如图 1-15 所示。

图 1-15　图标插件

安装上述插件可以为后面的 Python Web 实战做好更充分的准备,既可以降低学习的难度,同时也提升了开发效率。接下来会根据上述配置介绍如何在 VS Code 中进行 Python 脚本的编辑和运行。

1.3.3 编写和运行 Python 脚本

首先打开 VS Code,选择 File→New File 命令,新建一个空白文件,然后在代码编辑区输入下面的代码。

```
print('你好')
```

上述代码用来在控制台输出"你好"。按 Ctrl+S 组合键保存文件,弹出保存文件对话框,将该文件命名为 hello.py,保存。

接下来需要运行上述代码。首先需要检查一下当前的调试环境是否正确。打开 Debug 调试面板,由于本节运行的是一个单一的 Python 脚本,因此单击 Add Configuration,然后在编译选项中选择 Python File,此时就为该文件确定好了编译环境,如图 1-16 所示。

图 1-16 调试器选择界面

配置好调试器后,按 Ctrl+F5 组合键可以直接运行代码(直接按 F5 键进入调试模式,按 Ctrl+F5 组合键进入运行模式,按 F10 键进入单步调试模式)。运行后最终在终端(Terminal)会输出"你好"字样,如下所示。

```
Windows PowerShell
版权所有 (C) Microsoft Corporation。保留所有权利。

PS C:\Users\Administrator\Desktop\test > &
'D:\toolplace\python3.7.4\python.exe'
'c:\Users\Administrator\.vscode\extensions\ms-python.python-2019.8.30787\pythonFiles\ptvsd_
launcher.py' '--default' '--nodebug' '--client' '--host' 'localhost' '--port' '64269' 'c:\Users\
Administrator\Desktop\test\hello.py'
你好
```

到这里,已经成功地在 VS Code 中执行了第一行 Python 代码。值得注意的是,在输出结果之前还有一串文字输出,这是 VS Code 自动为 Python 脚本运行做的工作,VS Code 自动做了路径切换并且根据本地环境变量调取 Python 解释器进行代码运行。由此可以看出,VS Code 已经在不知不觉间做了很多的底层工作,使代码编写和运行更加便捷,开发人员只需要将精力放在代码本身而不再需要关注具体的运行细节。

接下来再执行一个稍微复杂点儿的 Python 脚本,该代码用于完成两个变量的相加并将结果输出,读者通过该示例代码可以进一步体会在 VS Code 中编写 Python 代码的便捷,具体如例 1-1 所示。

例 1-1 VS Code 中使用 Python 进行求和运算。

```
a = 12
b = 32
```

```
c = a + b
print(c)
```

Python 的语法中每行结尾是不需要符号的，变量的命名也不需要提前声明，这点跟 C、C++、C♯、Java 等有很大的不同，读者如果不熟悉这些语法也没关系，在第 2 章会详细阐述 Python 的基础语法，这里只需要学会如何在 VS Code 中运行 Python 脚本即可。按 Ctrl+F5 组合键运行上述代码，查看结果是否为 44。

到这里，相信读者已经学会如何在 VS Code 中编写并且运行 Python 脚本，如果有一定 Python 基础的读者，可以尝试在 VS Code 中编写 Python 爬虫、数据分析、机器学习等复杂脚本程序，本书不再深入介绍。

1.4 第一个 Python Web 程序

本节将制作一个简单的欢迎网站，通过这个网站的制作，读者将熟悉 Python Web 的基本开发流程以及掌握 Django 框架的常用命令。

1.4.1 Django 安装

Web 开发是 Python 应用领域的重要部分，也是工作岗位比较多的领域。无论是对 Python Web 开发有兴趣，还是打算开始学习使用 Python 做 Web 开发，或者因工作需要要做 Web 服务、自动化运维、数据的图形化展示等，学习一门基于 Python 的 Web 开发框架都是必修课。Python 作为当前最热门也是最主要的 Web 开发语言之一，在其 30 多年的历史中出现了数十种 Web 框架，比如 Django、Tornado、Flask、Twisted、Bottle 和 Web. py 等，它们有的历史悠久，有的发展迅速，还有的已经停止维护，其中，Django 是众多框架中使用者最多、涵盖面最全的框架。Django 采用 Python 语言编写，它本身起源于一个在线新闻站点，于 2005 年以开源的形式被发布，任何人、任何商业公司均可以免费使用。

具体地，采用 Django 开发 Web 应用具有如下优势。

（1）Django 是一个由 Python 写成的开源 Web 应用框架，因此继承了 Python 语言具有的简洁、轻量等特性，拥有丰富的第三方组件，适合快速构建项目。

（2）Django 拥有强大的数据库功能。几行代码就可以拥有一个丰富、动态的数据库操作接口，通过简单的配置就可以轻松切换数据库。

（3）自带强大的后台管理功能。Django 建立项目的同时即拥有一个现成且强大的后台管理系统，不需要写额外的代码就可以方便地以管理员身份对数据信息进行操作。

（4）具有优秀的模板系统用于控制前端逻辑。Django 的模板系统设计简单，容易扩展，代码和样式分开设计，使得项目结构更清晰。

（5）类似热插拔的 App 应用理念。热插拔是指当 Django 项目中某个应用功能不需要了，可以直接删除，需要的应用功能则可以直接拿来使用，各个应用相对独立，不影响项目的整体架构，应用的添加和删除操作非常方便。

除了上述优点外，Django 还拥有优秀的缓存、错误提示等功能，这些优点使得 Django 在众多 Web 应用框架中脱颖而出，成为当前使用人数最多的 Python Web 框架。

Django 的安装与一般的 Python 工具包安装一样，只需要在命令窗口中通过 pip install 命令来安装即可。具体地，可以在 VS Code 的终端（Terminal）中输入下述命令实现在线下载和安装。

```
pip install django == 2.2.4
```

本书代码采用的是 Django 2.2.4 版本，目前 Django 已经更新到 2 系列，其与 1 系列最大的不同在于项目中路由的设置方式有明显的差异，但是这些差异可以通过修改路由设置来兼容。考虑到今后的发展趋势，建议读者选择 Django 2 系列进行开发。同其他工具包卸载方式一样，Django 的卸载可以通过下述命令来实现。

```
pip uninstall django
```

1.4.2　创建 Django 项目

本节将会阐述如何创建一个 Django 项目。打开 VS Code，在 Terminal 终端中通过 cd 命令切换目录（打开 VS Code 后默认的工作目录是上一次关闭前的目录，所以如果要创建新的项目，需要切换目录）。假设当前目录是在 C 盘的桌面，如果想要将项目创建在 D 盘的 code 文件夹下面，那么首先使用下述命令切换到 D 盘。

```
D:
```

然后再使用 cd 命令切换到 D 盘的 code 文件夹下面。

```
cd code
```

接下来使用命令 django-admin startproject 来创建项目。

```
django - admin startproject welcome
```

通过上述命令后，可以看到已经在 D 盘的 code 文件夹下面创建了一个名为 welcome 的文件夹，里面包含一些自动创建好的项目文件。

接下来需要在 VS Code 中导入前面创建的项目，依次选择 File→ Open Folder 命令，找到创建的 welcome 文件夹（注意，在 welcome 文件夹下面还有一个同名的 welcome 子文件夹，这里打开的是外层的父文件夹），打开后 VS Code 的文件管理器会同步显示当前所选文件夹内的所有子文件夹和文件，如图 1-17 所示。

在当前工作目录下有一个 manage.py 文件以及一个与项目名字相同的 welcome 子文件夹。manage.py 文件作为项目的主文件（类

图 1-17　Django 项目
目录结构

似于 C++ 的 main 文件），用来执行与项目相关的一些重要命令，例如，项目的启动、数据库的同步、后台管理员的创建、静态文件的迁移等。在 welcome 子文件夹下有几个 Python 文件，下面对这些文件做基本介绍。

（1）**__ init __. py**：标识文件，可以是一个空文件。主要用来表明当前文件所在的文件夹是一个 Python 包，在这里的作用是声明 welcome 子文件夹为一个独立的模块。

（2）**settings. py**：整个项目的全局配置文件。各种应用、资源路径、模板等配置均在此文件中设置。

（3）**urls. py**：网络访问的页面映射文件。创建的 Web 项目下所有的页面路由都需要在该文件中配置，否则在访问的时候会找不到对应的页面。

（4）**wsgi. py**：全称是 web server gateway interface，即网络服务器的网关接口。在这里是指 Python 应用与 Web 服务器交互的接口，一般不需要做任何修改。

上述四个文件中需要重点关注 settings. py 和 urls. py 文件，这两个文件是项目中经常需要修改和编辑的文件。

创建项目完成后可以直接启动项目来查看项目是否创建成功。具体地，在终端中输入下述命令。

```
python manage.py runserver
```

打开浏览器，输入网址 127.0.0.1:8000，如果出现如图 1-18 所示结果说明项目创建成功。

图 1-18　Django 项目创建成功显示图

最后可以在终端中通过按 Ctrl+C 组合键来关闭项目运行。

1.4.3　创建应用

Django 的一个重要优势就是支持类似热插拔的 App 应用。举个例子，如果把网站的登录功能看作一个单独应用的话，那么如果想在网站中使用登录功能，只需要通过简单的配置添加这个应用。应用是可以被其他 Django 项目重复使用的。下面首先梳理一下 Django 项目和应用的关系。

（1）一个 Django 项目中包含一组配置（这里指与项目同名的子文件夹）和若干个 Django 应用。

（2）一个 Django 应用就是一个可重用的 Python 包，实现一定的功能。

（3）一个 Django 项目可以包含多个 Django 应用。

（4）一个 Django 应用也可以被包含到多个 Django 项目中，因为 Django 应用是可重用的 Python 包。

在 1.4.2 节所创建的项目仅仅是一个 Web 项目的外壳，为了能够满足特定的功能需求需要创建特定功能对应的应用，本节为了演示效果将创建只用来显示一个欢迎页面的应用。接下来在 welcome 项目下创建一个名为 firstApp 的应用，终端中输入下述命令。

```
python manage.py startapp firstApp
```

可以看到在文件管理器中多出了一个名为 firstApp 的文件夹，展开该文件夹，可以看到如图 1-19 所示的几个 Python 文件，这是创建完一个 Django 应用后自动生成的一些文件，下面对这些文件的作用做一些说明。

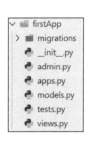

migrations：数据库迁移文件夹，在执行数据库迁移的时候会产生一些中间结果，这些结果就存放在该文件夹中。

__ init __. py：标识文件，可以是个空文件，用来表明当前创建的 firstApp 文件夹是一个 Python 模块。

图 1-19　Django 应用目录结构

admin. py：管理员配置文件，主要是用来注册一些数据库中的模型到后台管理模块中。Django 给每个项目提供了一个强大的后台管理系统，为了能够在后台管理系统中管理数据库中的数据，需要通过配置 admin. py 文件来确认哪些数据信息可以被后台管理系统管理。

apps. py：应用的配置文件，一般情况下不需要修改。

models. py：数据库文件，用来管理数据库中的模型数据。

tests. py：测试文件，在这里可以对应用做一些测试。

views. py：视图文件，对于每个访问的实际处理操作都在这个文件中编写，在这个文件中定义了每个访问/路由的处理函数，每个访问与哪个函数绑定则由 urls. py 文件配置。

上述几个文件需要重点关注的是：views. py、models. py 和 admin. py。另外还有几个重要文件需要手动进行创建。其实这些文件的内容结构本身并没有严格的限定，可以把所有的内容都合并到一个文件中，之所以定义这几个文件是为了方便区分功能，在本书最后一章将会深入探讨 Django 的文件结构组成。

创建完应用后需要将其添加到项目中。打开 welcome 子文件夹中的 settings. py 文件，找到 INSTALLED_APPS 字段，然后在该字段末尾添加一行代码将 firstApp 应用包含进来即可。

```
INSTALLED_APPS = [
    'django.contrib.admin',
    'django.contrib.auth',
    'django.contrib.contenttypes',
    'django.contrib.sessions',
    'django.contrib.messages',
    'django.contrib.staticfiles',
    'firstApp', #添加新应用
]
```

1.4.4　制作访问页面

首先在创建的 firstApp 应用下创建一个 templates 文件夹用来存放网站页面。具体地，在 firstApp 文件夹上右击，在弹出的快捷菜单中选择 New Folder 命令，将新建的文件夹重命名为 templates(注意 Django 项目会自动寻找 templates 文件夹下面的页面资源，所以这个文件夹名字不要写错)。然后右击 templates，在弹出的快捷菜单中选择 New File 命令，新建一个文件，文件命名为 index.html。最终完整的项目目录结构如图 1-20 所示。

双击打开 index.html 文件，在该文件中输入下面的代码。

```html
<!DOCTYPE html >
< html lang = "zh - CN">

< head >
    < meta charset = "utf - 8" />
    < title>我的第一个页面</title>
</ head >

< body >
    < h1 >欢迎</ h1 >
</ body >

</ html >
```

图 1-20 项目完整

目录结构

这是一个最基本的 Web 页面，在该页面中指定了页面的标题为"我的第一个页面"，页面内容显示"欢迎"字样。如果对 HTML 不是很熟悉的读者也不用着急，第 2 章会对 Web 前端知识进行一些基本的介绍。保存该文件，可以用浏览器先打开一下这个文件查看具体的效果。

如果在编写 HTML 代码时出现排版格式混乱的情况，可以采用 1.3 节中介绍的 Beautify 插件对代码自动进行排版。具体操作是在代码编辑区按 Ctrl＋A 组合键选中所有内容(也可选中部分内容)，然后右击 Command Palette，在弹出的快捷菜单中选择 Beautify file 命令，即可实现自动对齐排版。

1.4.5 编写视图处理函数

首先结合之前阐述的项目结构，梳理一下 Web 访问的基本流程。

(1) 用户在浏览器中输入网址(http://127.0.0.1:8000)访问 welcome 网站。

(2) 服务器收到浏览器发来的访问请求，解析请求后根据 urls.py 文件中定义好的路由，在 views.py 文件中找到对应的访问处理函数。

(3) 访问处理函数，开始处理请求，然后返回用户想要浏览的网页内容。

本节按照上述流程开始编写视图处理函数。打开 firstApp 应用下的 views.py 文件，编辑代码如下。

```python
from django.shortcuts import render
# 创建视图处理函数
def home(request):
    return render(request, 'index.html')
```

上述代码第一行引入了 Django 提供的渲染页面的函数 render()，该函数可以将网页内容转换成符合网络传输的二进制文件。然后定义了一个 home() 函数，该函数有一个参数request，这个参数就是用户的请求参数，该参数封装了用户的所有请求信息，这里暂时对它不做处理。home() 函数收到请求后返回 index.html 页面内容。有些读者会疑惑，为何在index.html 页面前没有加上 templates 目录，这是因为 Django 会自动地在每个应用下查找名为 templates 文件夹下的页面资源。

1.4.6 配置访问路由 URL

URL 是 Web 服务的入口，用户通过浏览器发送过来的任何请求，都是发送到一个指定的 URL 网址，然后被响应。在 Django 项目中编写路由，就是向外暴露 Web 接收哪些 URL对应的网络请求，除此之外的任何 URL 都不被处理，也没有返回。通俗地理解，URL 路由就是 Web 服务对外暴露的接口。

具体地，welcome 子文件夹下的 urls.py 文件用来绑定每个访问请求对应的处理函数。其中，urlpatterns 即为配置访问路由的字段。接下来对 urls.py 文件进行编辑，使得访问根网址时即可返回 index.html 页面。具体编辑代码如下。

```
from django.contrib import admin
from django.urls import path
from firstApp.views import home


urlpatterns = [
    path('admin/', admin.site.urls),
    path('', home, name = 'home'),
]
```

在第 3 行引入了前面创建的 home() 函数，该函数位于 firstApp 应用的 views.py 文件中，这里注意下 Python 导入包的写法，使用 from…import…的形式，表示从某个模块中导入某个函数。在 urlpatterns 字段中有两个路由，第一个路由是创建 Django 项目时默认提供的，是访问后台管理系统时对应的路由。第二个路由需要手动添加，即访问欢迎页面的路由。路由匹配采用了 Django 2 系列提供的 path() 函数，在第 2 章基础知识中本书会继续阐述 Python 的路由配置，这里的意思是将当前访问的根网址直接映射到 home() 函数进行处理。

1.4.7 Web 启动、关闭和局域网手机访问

前面几节已经完成了 Django 项目和应用的创建，并且将应用添加到了项目，然后制作了需要访问的 HTML 页面，对该页面的访问请求进行了路由配置，也对路由对应的视图处理函数进行了处理，至此已经完成了一个基本的 Web 应用的开发。接下来可以启动该项目查看最终效果。

可以按照 1.4.2 节中介绍的方法在终端中输入下面的命令启动项目。

```
python manage.py runserver
```

默认启动页面网址为 127.0.0.1:8000。启动成功后即可采用浏览器进行访问。但是这种方式每次都需要在终端中输入命令,在开发时如果需要经常启动项目以查看效果,那么这种启动方式不是很便捷。这里介绍另外一种方法,在常用功能面板中选择 Debug 调试面板,然后通过下拉菜单选择 Add Configuration,最后选择 Django 即可,此时会自动进入 launch.json 文件编辑界面,并且 VS Code 已经自动添加了相关的 Django 配置参数。可以看到 Debug 调试器已成为 Python:Django,如图 1-21 所示。

配置完成后直接按 Ctrl+F5 组合键即可快速启动项目。图 1-22 是页面的访问效果。

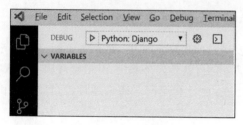

图 1-21　切换调试器

图 1-22　页面访问效果

最后按 Ctrl+C 组合键可以停止项目的运行。

如果当前的开发计算机和手机处于同一个局域网中,那么接下来可以体验下手机访问 Web 页面的效果。找到 settings.py 文件中的 ALLOWED_HOSTS 字段,该字段用来设置允许接入 Web 应用的账户。首先按照下述方式进行修改。

```
ALLOWED_HOSTS = ['*',]
```

ALLOWED_HOSTS 是为了限定请求中的 host 值,以防止黑客构造包来发送请求。这里使用'*'符号表示对该字段不做任何限制,注意中括号里末尾有个逗号,修改后按 Ctrl+S 组合键保存修改。接下来需要启动项目,这里注意,由于 127.0.0.1 对应的是本机访问网址,而局域网访问网址为 0.0.0.0,因此运行时需要在终端中输入下面的命令进行启动。

```
python manage.py runserver 0.0.0.0:8000
```

下面使用手机访问前面搭建的欢迎网站。首先查找一下当前主机的局域网 IP 地址:在 cmd 命令工具中输入命令"ipconfig",按 Enter 键后可以查到本机当前的局域网 IP 地址,形式如下。

```
IPv4 地址 . . . . . . . . . . . . . : 192.168.2.233
```

打开手机浏览器,输入 http://192.168.2.233:8000(末尾需要添加端口号),可以看到如图 1-23 所示演示效果。

上述项目的启动本质上是采用了 Django 提供的一个轻量级的 Web 开发服务器进行项目部署,旨在开发的过程中快速地查看页面效果而不需要花费

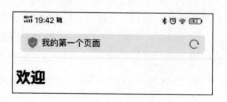

图 1-23　手机访问效果

额外时间进行烦琐的配置。当代码有改变的时候,开发服务器会自动重启。但是在实际操作过程中有一些特定的操作该服务器并不能捕捉到,这时就需要手动重启。总体来看,开发服务器适合单机调试,在项目开发完成后需要将 Web 应用部署在生产服务器上才能够适合一般网站并发、稳定的访问需求。第 11 章会详细阐述如何在 Windows 操作系统的 IIS 服务器上进行项目部署。

通过本节的学习,相信读者已经对 Django 项目开发的基本流程有了一定的了解,后面会在此基础上进行更深入的学习和实战。

小结

本章主要介绍了 Python Web 环境的搭建,同时对编辑器 Visual Studio Code 的使用做了基本介绍。从创建一个简单的欢迎 Web 页面开始,依次介绍了 Django 项目的创建、HTML 页面的制作、视图函数 views()的处理、访问路由 URL 的配置、Web 启动和关闭以及局域网手机访问等一整套开发示例。为了让读者有更清晰的认识,本章详细阐述了 Django 的工程目录结构和应用目录结构,并且对开发过程中的准备工作做了必要的说明,包括 Visual Studio Code 的常用插件安装、常用快捷键使用、调试器切换等。

通过本章的学习,读者应该掌握了 Python Web 的基本操作技能,能够使用 Visual Studio Code 创建简单的 Web 应用程序并在开发服务器上进行启动和访问,具备了进一步提高的学习基础。

第 **2** 章

基 础 语 法

本章会详细阐述 Python Web 开发的基础知识，重点介绍 Python 语法，对于 Web 前端 HTML、CSS 和 JavaScript 等概念以及 Bootstrap 框架的使用也会做一定的介绍。由于本书同时涉及 Web 开发的前、后端内容，涉及面较广，因此在内容安排上尽量选择与 Python Web 开发相关以及在实际项目中经常会遇到的知识点进行阐述。如果读者已经对 Python 以及 Web 前端知识有一定的基础，那么可以直接跳过本章内容进入项目实战（推荐有一定基础的读者直接进入 2.13 节的实战案例开发部分）。结合本章所学的基础知识，在本章最后一节安排了一个实战项目：制作一个在线 Web 计算器，一方面可以巩固第 2 章的基础知识并能够灵活运用，另一方面为后面的企业门户网站开发打下基础。

由于本书的首选语言是 Python，因此接下来重点介绍 Python 语法。

2.1　Python 基本运算

2.1.1　数值运算

视频讲解

Python 是一种解释型的高级语言，可以直接在 Python 的交互式环境 Shell 中通过输入命令进行数值计算。这里的交互式环境其实就是 Python 提供的一种用来逐行计算的终端。简单来看，这个交互式环境有点儿类似计算器，一次执行一条语句，而且还可以保存结果。

打开 VS Code，在 Terminal 终端中输入下述命令，然后按 Enter 键就可以进入 Python 的交互式环境。

```
python
```

如果需要退出交互式环境，则输入下面的命令即可退出。

```
exit()
```

在交互式环境中可以直接进行数值运算，包括基本的加、减、乘、除法，另外还可以使用变量。每行"＞＞＞"符号即为输入代码的起始位置，输完 1 行代码后按 Enter 键，即可得到结果，代码如下。

```
>>> 3 + 2
5
>>> 4 - 3
1
>>> 4 * 3
12
>>> 5 / 4
1.25
>>> x = 12
>>> x * x
144
```

对于一些复杂的运算操作，比如对某个正数开根号，可以借助 Python 的 math 模块进行运算。math 模块内置在 Python 的标准库中，提供了丰富的数学函数，包括平方、指数、开根号、正弦、余弦等操作，直接导入该模块就可以使用，代码如下。

```
>>> import math
>>> math.sqrt(9)
3.0
>>> math.pow(2,3)
8.0
>>> math.sin(math.pi/2)
1.0
```

2.1.2 脚本编辑

在交互式环境中，输入的代码无法被保存。如果想要编写长程序，使用命令行非常不方便。此时可以采用文本编辑器进行脚本编辑。在 1.3.3 节中已经初步介绍过 Python 脚本编辑功能。脚本编辑，也就是将所有代码全部编写完毕，然后采用类似 python test.py 这种形式调用 Python 解释器一次性地运行全部代码，这种使用脚本的方式可以方便保存代码，并且有利于代码的重复使用。在 VS Code 中运行 Python 脚本可以通过在终端中输入命令运行。还有一种方法可以直接通过按 Ctrl＋F5 组合键运行，前提是配置好当前 Debug 调试器，将其切换至"Python：当前文件"模式，如图 2-1 所示。

图 2-1 配置 Python 脚本运行调试器

可以在同一个脚本中运行多种数值运算，并且多次输出。例 2-1 演示了一段简单的数值运算脚本。

例 2-1 Python 脚本数值运算实例。

```
# 加减乘除操作
print(3 + 2)
```

```
print(4 - 3)
# 使用变量
x = 5
print(x * x)
# 复杂运算
import math
print(math.sqrt(4))
```

按 Ctrl＋F5 组合键运行实例可以得到如下结果。

```
5
1
25
2.0
```

注意到对比之前的交互式环境，在例 2-1 中为了输出结果，采用了 print()函数。print() 函数是 Python 的内置函数，主要作用是在程序中输出结果信息，例如，输出变量、常量、表达式、函数的结果等。print()函数将结果显示在控制台，从而方便开发人员查看和调试程序。由于采用了优秀的 VS Code 作为代码编辑器，因此在实际调试时可以采用 VS Code 提供的调试方法动态地进行调试查看中间结果，而不需要再使用 print()方法。具体操作时，只需要通过按 F5 键启动即可进入断点调试模式。

2.1.3　代码注释、缩进、断行

代码注释就是通过规定的注释符号使某些代码在编译或执行时不起作用，其作用等同于删除这些代码。注释掉的内容可以是代码的解释，也可以是暂时不使用的代码。使用代码注释可以方便自己和他人阅读和维护代码。Python 采用符号"#"来注释单行代码，如果需要注释多行代码，可以用三个单引号或者三个双引号进行多行注释。在 VS Code 中也可以使用组合键来快速注释和取消注释代码。需要注释时可以先选中段落，然后按 Ctrl＋K 组合键，再按 Ctrl＋C 组合键即可注释选定的代码段。取消注释则可以使用 Ctrl＋K 和 Ctrl＋U 组合键。

如果读者之前学习过其他编程语言，比如 C、C++ 或 Java，那么会发现 Python 的语法在形式上与其他语言有明显的不同。Python 使用代码的缩进来换行，如果缩进格式不一致，那么就会报错。这样做可以使 Python 的代码风格比较清晰，更容易让人理解。一般情况下，Python 的某一行语句尾部如果有":"符号，那么就表示下面紧接着的代码需要缩进，所有缩进的代码类似于其他语言中经常使用的大括号。如果在同一级的代码中多添加了空格，这时候 VS Code 会报编译错误。下面这段代码第二行多了空格，如果直接运行就会报错。

```
a = 32
 b = 56
```

一般情况下，Python 的每行语句结束时不需要加其他符号，除非是为了说明接下来的内容需要成为一个子段落，一般子段落比上一级段落多缩进 4 个空格，如例 2-2 所示。

例 2-2　Python 段落缩进形式。

```
x = 1              #1 级段落
m = 1              #1 级段落
n = 1              #1 级段落
if x > 6 :         #1 级段落
    m = 0          #2 级段落
    n = 1          #2 级段落
else:              #1 级段落
    if x < 2:      #2 级段落
        m = 2      #3 级段落
        n = 1      #3 级段落
    else:          #2 级段落
        m = 1      #3 级段落
        n = 0      #3 级段落
print(m)           #1 级段落
print(n)           #1 级段落
```

2.2　Python 数据类型

2.2.1　整数、浮点数、内置常量

与其他语言一样，Python 的整数也可以采用不同的进制表示。八进制前缀为 0o，十六进制前缀为 0x，二进制前缀为 0b，十进制一般不加前缀标志。示例如下。

```
a = 12             #普通十进制数
b = 0x0c           #十六进制表示,与 a 大小相同
c = 0o14           #八进制表示,与 a 大小相同
d = 0b1100         #二进制表示,与 a 大小相同
```

浮点数就是常见的小数，一般表示形式如下。

```
a = 19.0           #普通方式
b = 19.            #等价于 19.0,后面的 0 可以省略
c = .34            #等价于 0.34,前面的 0 可以省略
d = 3e5            #科学记数法,等价于 3 乘以 10 的 5 次方
```

Python 中有一些内置的常量，命名变量的时候不能与这些常量重名。下面列出几个在使用 Python 的过程中经常会遇到的常量。

```
a = None           #"空"常量,用来表示没有值的对象
b = True           #逻辑常量,表示为"真",一般用在条件判断语句中
c = False          #逻辑常量,表示为"假",一般用在条件判断语句中
```

2.2.2　字符串

字符串主要用来表示文本,可以采用单引号、双引号、三个单引号包围来表示,下面列举的三种书写方式是等价的。

```
a = '你好'                    #一般采用的形式
b = "这本书'python',好入门吗?" #字符串中含有单引号时宜采用双引号包围起来表示
c = '''你们
    还好吗'''                 #大段的字符串需要多行表示时可以采用三个单引号包围起来
```

Python 的字符串具有非常强大的功能,在实际操作中也会经常使用这些操作。下面列举几个实际开发中经常使用的字符串操作。

（1）Python 字符串相加（+）。

```
a = "你好,"
b = "谢谢."
c = a + b
print(c)               #将字符串 a 和 b 拼接然后赋值给 c,输出的结果为:你好,谢谢。
```

（2）Python 字符串按指定格式拼接（join）。

```
a = ['你','好','吗']
b = ':'.join(a)        #用冒号拼接序列 a 中的字符串
print(b)               #输出的结果为:你:好:吗
c = ' '.join(a)        #用空格拼接序列 a 中的字符串
print(c)               #输出的结果为:你 好 吗
```

（3）Python 字符串根据指定字符分割（split）。

```
a = "你,好,吗"
b = a.split(',')
print(b)               #输出结果为分割后的序列 ['你','好','吗']
```

（4）Python 获得字符串字符个数（len）。

```
a = 'abc'
b = len(a)
print(b)               #输出结果为3,每个英文占一个字符
a = 'ab c'             #在 b 和 c 间多一个空格
b = len(a)
print(b)               #输出结果为4,空格也占一个字符
```

接下来重点介绍格式化字符串操作。格式化字符串也就是希望最终输出的各种变量（整型、浮点型、字符串等）按照指定的格式形成字符串。比如将多个不同的变量按照特定的格式输出。可以使用%d 作为整型变量的占位符,%f 作为浮点型变量占位符,%s 作为字

符串占位符，具体如例 2-3 所示。

例 **2-3** Python 格式化字符串。

```
a = 3
b = 4.5
c = a + b
e = '计算'
d = "%s %d + %f 的值为 %f" % (e,a,b,c)
print(d)          #输出结果：计算 3 + 4.500000 的值为 7.500000
```

上述示例在输出浮点数时后面的小数点位数偏多，如果只想显示小数点后面的两位小数，那么可以这样修改最后两行代码：

```
d = "%s %d + %.2f 的值为 %.2f" % (e,a,b,c)
print(d)          #输出结果：计算 3 + 4.50 的值为 7.50
```

2.2.3 列表、元组、字典

1. 列表

列表(list)是以方括号"[]"包围的数据集合，括号内成员以逗号","分隔，具体操作如例 2-4 所示。

例 **2-4** Python 列表操作。

```
a = [3,]                #创建只有一个元素的列表
print(a)                #输出结果为：[3]
a = [1.2 , 3.4 , 5 , '你好']  #包含多种数据类型的列表
print(a)                #输出结果为：[1.2, 3.4, 5, '你好']
b = a[0]                #提取列表的数据元素(元素序号从 0 开始)
print(b)                #输出结果为 1.2
```

Python 的列表提供了一些方便使用的函数，比如添加数据 append()、删除成员 remove()、排序 sort()等，更多相关内容请读者参考官方说明文档，本书不再一一举例。

2. 元组

元组(tuple)功能类似于列表，是采用圆括号"()"包围的数据集合，与列表不同的是元组中的元素不能改变、添加或者删除，具体用法如例 2-5 所示。

例 **2-5** Python 元组操作。

```
a = (3,)                #创建只有一个元素的元组
print(a)                #输出结果为：(3)
a = (1.2 , 3.4 , 5 , '你好')  #包含多种数据类型的元组
print(a)                #输出结果为：(1.2, 3.4, 5, '你好')
b = a[0]                #提取元组的数据元素(元素序号从 0 开始)
print(b)                #输出结果为 1.2
```

元组数据创建后不能改变，如果强制改变会报错，如下所示。

```
a = (1.2,)          ＃创建只有一个元素的元组
a[0] = 3            ＃尝试对元组中的数据进行修改
```

运行后会报下面的错误。

```
TypeError: 'tuple' object does not support item assignment
```

3. 字典

字典（dict）是一种以"键:值"形式成对存在的 Python 数据类型。字典以大括号"{}"包围，与列表的不同在于字典是无序的，使用字典可以通过查找指定的键来寻找特定的值。假设现在一个班级有 4 名学生，每个学生有一门成绩，那么可以以学生的姓名为键，以成绩为值构造这样一个字典来存储这些数据。采用字典的好处是可以方便地查找任意一名学生的成绩，比如如果想查找某位学生的成绩，只需要采用如例 2-6 所示的代码。

例 2-6 Python 字典操作。

```
gradeDic = {'小明':85 , '小红':98, '韩梅梅':87 , '李雷': 65}
grade = gradeDic['小红']
print(grade) ＃输出结果为: 98
```

在采用 Python 开发 Web 应用时经常会遇到一种数据格式：JSON 字符串。JSON 是一种轻量级的数据交换格式，方便在不同平台上处理其中包含的数据。JSON 在表现形式上与 Python 的字典结构非常相似，如下所示。

```
gradeJson = {"小明":"85","小红":"98","韩梅梅":"87", "李雷": "65"}
```

它们尽管形式相同，但是并不一样。实际上，JSON 就是 Python 字典的字符串表示，字典有很多内置函数，有多种调用方法，而 JSON 仅仅是数据打包的一种格式，并不像字典具备操作性。另外，JSON 在格式上有一些限制，比如 JSON 的格式要求必须且只能使用双引号作为键或者值的边界符号，不能使用单引号，但字典没有这种限制。

2.2.4 序列

前面讲述的字符串、列表、元组都可以归入序列（Sequence）的范畴。序列，是指数据结构有一定顺序的 Python 对象集合。字典不属于序列，因为字典是无序的。对序列经常使用的一种功能就是它的切片操作。按照字面意思不难理解，切片就是截取序列的一部分数据。Python 给序列提供了非常便捷的序列切片操作。

对于序列中的每个元素可以从左往右计数，最左边的元素序号为 0；也可以从右往左开始计数，最右边的元素序号为 -1。举个例子，假设存在如下所示的字符串列表。

```
gradeLst = ['小明', '小红', '韩梅梅', '李雷']
```

那么通过下面的两种提取操作取得的字符串是一样的。

```
a = gradeLst[1]
b = gradeLst[-3]
```

上述操作的提取结果均为'小红',这是因为该字符串从左往右数是1(从0开始计数,逐次加1),从右往左数是-3(从-1开始计数,逐次减1)。如果想提取部分内容,那么有一些更加复杂但经常会使用的序列切片操作,具体可参考例2-7。

例 2-7 Python 序列操作。

```
a = ['小明','小红','韩梅梅','李雷','poly','Mike','高文']
b = a[:]              #获取列表中所有数据
print(b)             #输出结果为:['小明','小红','韩梅梅','李雷','poly','Mike','高文']
c = a[2:5]            #获取序号为2~5(注意:不包括5)的所有数据
print(c)             #输出结果为:['韩梅梅', '李雷', 'poly']
d = a[1:7:2]          #获取序号为1~7(不包括7)并且间隔为2的所有数据
print(d)             #输出结果为:['小红', '李雷', 'Mike']
e = a[::-1]           #获取所有数据,并且倒序排列
print(e)             #输出结果为:['高文', 'Mike', 'poly', '李雷', '韩梅梅', '小红', '小明']
f = a[6:0:-2]        #获取序号从6到0(不包括0)并且间隔为-2的所有数据
print(f)             #输出结果为:['高文', 'poly', '韩梅梅']
```

2.2.5　比较运算符和逻辑运算符

Python 的比较运算符和逻辑运算符与其他编程语言几乎是一样的,具体如表 2-1 和表 2-2 所示。

表 2-1　Python 比较运算符

比较运算符	含　义	比较运算符	含　义
==	相等	>=	大于或等于
>	大于	<=	小于或等于
<	小于	!=	不等于

表 2-2　Python 逻辑运算符

逻辑运算符	含　义
and	与(有一个假的就是假的)
or	或(有一个真的就是真的)
not	非(真变假、假变真)

具体示例见例 2-8。

例 2-8 Python 比较和逻辑运算操作。

```
a = (3 > 5) and (5 > 3)
print(a) #3>5是假的,5>3是真的,中间逻辑运算是and,所以输出为False
```

```
b = (5 > = 5) or (3 > 5)
print(b)  #5 > = 5 是真的,3 > 5 是假的,中间逻辑运算是 or,所以输出为 True
c = not (5 > 3)
print(c)  #5 > 3 是真的,逻辑运算是 not,取反向结果,所以输出为 False
```

在逻辑运算中,还有一种操作是 Python 项目中经常会使用到的,就是 in 和 not in 操作。这两个运算主要用于检查某个元素是否存在或者不在某个集合类型中,具体如例 2-9 所示。

例 2-9 in 和 not in 操作。

```
a = ['小明', '小红', '韩梅梅', '李雷', 'poly', 'Mike', '高文']
b = '小红'
c = b in a        #检查 b 中的字符串是否在 a 中
print(c)          #输出结果: True
d = b not in a    #检查 b 中的字符串是否不在 a 中
print(d)          #输出结果: False
```

2.3 Python 控制语句

计算机在执行代码时一般分为三种情况:顺序执行、选择部分代码执行、循环执行。事实证明,使用计算机实现的任何一个功能都可以采用这三种结构进行解决,这三种控制结构存在于目前几乎所有主流的开发语言中,包括 C、C++、Java、JavaScript、C♯ 等,当然也包括 Python。Python 用于流程控制的语句主要有 if、for 和 while,这些控制语句均从 C 语言借鉴过来。事实上,Python 的底层就是由 C 语言实现的。

2.3.1 if 条件控制

在实际编程时,经常需要根据程序执行过程中的某个条件来选择是否执行某一部分代码,这时候就要使用 if 语句。Python 的 if 语法较为简单,其关键字是 if(如果)、elif(或者如果)、else(或者)。一个 if 复合语句中可以有多个 elif。具体的参考代码见例 2-10。

例 2-10 Python 的 if 控制语句操作示例,实现对控制台输入的数值进行正负判断。

```
x = int(input("请输入一个整数 : "))
if x > 0:
    print (str(x) + " > 0")
elif x < 0:
    print (str(x), " < 0")
else:
    print (str(x), " = 0")
```

上述示例中,首先通过 input() 函数在控制台让用户输入一个整数,用户输入后按

Enter 键,即可将输入的数值赋值给变量 x。然后进入条件判断语句,当 x 大于 0 的时候,输出"x>0"。这里在输出部分做了一次强制转换,将整数 x 强制转换成字符串,然后再与后面的字符串">0"拼接。当 x<0 时,输出"x<0"。否则(既不大于 0 也不小于 0)输出"x=0"。

2.3.2 for 循环

Python 的 for 循环语句和 C 语言中的 for 循环语句是有区别的,C 语言的 for 循环语句有循环变量初始语句、变化语句以及一个循环结束条件语句。C 语言的 for 循环语句较为灵活,而 Python 的 for 循环语句就是在一个序列(Sequence)上进行遍历。基本语法形式为: for item in   sequence,可以理解为"对序列中的元素逐个执行某种操作"。具体的参考代码见例 2-11。

例 2-11 Python 的 for 循环语句操作实例,实现对列表中字符串的遍历输出。

```
words = ["王强", "小明", "张磊"]
for word in words:
    print(word + '\r\n') #\r\n可以实现回车换行
```

如果需要根据循环中的序号进行操作,可以采用 range()函数。range()函数会创建一个可迭代对象,用于在 for 循环语句中操控序号。可迭代对象是 Python 里面的重要概念,从字面意思理解,凡是可以迭代的对象即为可迭代对象,这里可以将可迭代对象暂时看成是列表。例如,当使用 range(1,5)的时候类似于返回一个列表,其内容为[1,2,3,4]。实际情况下使用 range()函数并不会在内存中真正产生一个列表对象,这样做主要是为了节约内存空间。通过使用 range()函数,可以对例 2-11 进行改写,具体代码如例 2-12所示。

例 2-12 使用 range()函数进行 for 循环语句操作。

```
words = ["王强", "小明", "张磊"]
for i in range(len(words)):
    print(words[i] + '\r\n') #\r\n可以实现回车换行
```

2.3.3 while 循环

Python 的 for 循环语句以遍历对象的方式构造循环,需要直接或者间接地得到迭代内容才能使用 for 循环语句,但是有时候需要在某种不确定数据的情况下进行循环,这时候就需要使用 while 循环语句。例 2-13 通过使用 while 循环语句来生成一个 Fibonacci 数列,该数列的特点是当前整数是前面两个整数之和。在数据未知的情况下无法使用 for 循环语句进行迭代,这时候需要采用 while 循环语句设置好数据的生成规则就可以生成无穷的数据,具体代码见例 2-13,代码中限定生成的数据个数不超过 10 个。

例 2-13 使用 while 循环语句构造 Fibonacci 数列。

```
a, b = 0, 1
fib = []
while len(fib) < 10:
    a, b = b, a + b
    fib.append(b)
print(fib)
```

输出结果为：

```
[1, 2, 3, 5, 8, 13, 21, 34, 55, 89]
```

2.3.4 break、continue 和 pass 语句

break 和 continue 语句也是从 C 语言借鉴过来的，而且意义也一样。break 语句表示跳出当层循环，continue 语句表示跳过本轮循环开始执行下一轮循环。循环语句 for 和 while 也可以有 else，这是当循环完成，也就是没有被 break 语句打破循环的情况才会执行的语句块。例 2-14 采用 break 和 continue 语句来找出 2～19 中的质数。

例 2-14 使用 break 和 continue 语句寻找 20 以内的质数。

```
factor = []
for n in range(2, 20):
    for x in range(2, n):
        if n % x == 0: #判断能否被 2 到自身之间的整数整除
            print('%d不是质数' % (n))
            break
            #直接退出当前循环,执行后 n = n + 1
        else:
            continue
            #直接跳过本次循环,执行后 x = x + 1
    else:
        factor.append(n)
print(factor)
```

输出结果如下。

```
4 不是质数
6 不是质数
8 不是质数
9 不是质数
10 不是质数
12 不是质数
14 不是质数
15 不是质数
```

```
16 不是质数
18 不是质数
[2, 3, 5, 7, 11, 13, 17, 19]
```

上述示例如果读者无法准确分析每一个数据的具体执行流程,可以在 VS Code 中通过断点设置的方式按 F5 键进入断点,然后再按 F10 键逐行进行调试分析。

前面阐述的 if、while 和 for 都是复合语句。复合语句就是包含其他语句的语句。在复合语句中,如果什么都不需要做,就可以使用 pass 语句,这就像 C 语言中只是一个分号的空语句,例如下面的代码。

```
x = int(input("请输入一个整数:"))
if x > 0:
    print (str(x) + " > 0")
else:
    pass
```

此时当输入整数小于 0 时,程序不输出任何结果。

2.4 Python 函数

视频讲解

一般情况下,编写代码是根据业务逻辑从上到下实现功能,往往需用一长段代码来实现指定功能。为了能够实现代码的重复利用,开发过程中最常见的操作就是复制和粘贴,也就是将之前实现的代码块复制到所需功能处。这种编程方式虽然可以应付一般性问题,但是不能解决大多数问题。例如,如果想要计算圆的周长,可以采用如下重复代码段的方式实现。(此处,π 取值为 3.14)

```
r1 = 12.3
r2 = 9.1
r3 = 64.21
s1 = 2 * 3.14 * r1    #计算第 1 个圆的周长
s2 = 2 * 3.14 * r2    #计算第 2 个圆的周长
s3 = 2 * 3.14 * r3    #计算第 3 个圆的周长
```

上述代码中,重复了两遍几乎一样的步骤用来计算圆周长。是否可以根据公式避免这种麻烦的情况,使得依然能够完成相同的功能?答案是可以的。可以将重复的代码段编成一个完整的函数用来重复调用。有了函数,就不再需要每次写 s = 2 * 3.14 * r,而是写成更有意义的函数调用形式,例如 s = perimeter_of_circle(r),其中,函数 perimeter_of_circle()本身只需要写一次,就可以多次调用。

Python 不但能非常灵活地定义函数,而且本身内置了很多有用的函数,可以直接调用,在 2.1 节中已经使用 math. sqrt()函数进行过尝试。函数最大的优点就是可以增强代码的重用性和可读性。在 Python 中,函数就是最基本的一种代码抽象的方式。

2.4.1 Python 函数基本调用形式

函数是一个功能块，可以传入特定的参数，该功能到底执行成功与否，需要通过返回值来告知调用者。函数通过关键字 def 进行声明，函数内执行功能的代码不需要使用类似 C 语言的大括号{}来包围，而是通过 Python 的缩进语法进行表示。函数内部可以是空的，即不执行任何功能，这时候只需要添加 pass 语句即可。在项目开发的时候经常会使用这种功能，主要是为了方便定义接口，不需要立刻实现接口，例如下面所示的代码。

```
def perimeter_of_circle():
    pass
```

对于函数的调用者来说，只需要知道如何传递正确的参数，以及函数将返回什么样的值即可，函数内部的复杂逻辑被封装起来，调用者无须了解。Python 的函数定义比较简单，但灵活度却非常大，这主要得益于 Python 的参数调用。但是 Python 的参数是比较难理解的，特别是参数组合。

先来看一下，一般情况下 Python 的参数调用方式。针对之前计算圆周长的例子，可以定义一个 perimeter_of_circle()函数，函数内只需要传入一个参数半径 r，函数内计算 2×3.14× r 并返回计算结果即可，具体见例 2-15。

例 **2-15**   通过函数传参计算圆周长。

```
def perimeter_of_circle(r):        #计算圆周长函数
    s = 2 * 3.14 * r
    return s

r1 = 12.3
s1 = perimeter_of_circle(r1)       # 调用函数
print(s1)                          # 输出 77.24400000000001
```

Python 函数也支持默认参数，即可以给函数的参数指定默认值。当该参数没有传入相应的值时，该参数就使用默认值。例如，例 2-15 中当没有传入参数时，默认半径设置为 1，实现方式如下。

```
def perimeter_of_circle(r = 1):    #计算圆周长函数
    s = 2 * 3.14 * r
    return s

s1 = perimeter_of_circle()         # 调用函数，不传入任何参数
print(s1)                          # 输出 6.28
```

2.4.2 可变参数

在 Python 函数中，还可以定义可变参数。顾名思义，可变参数就是传入的参数个数是可变的，可以是 1 个、2 个到任意个，还可以是 0 个。以一个经典数学题为例：给定一组数字

a,b,c,…,请计算 a＋b＋c＋…。要定义出这个函数,首先必须确定输入的参数。由于参数个数不确定,因此可以想到把 a,b,c,…作为一个列表或元组传进来,这样,函数可以定义如下。

```
def calc(numbers):
    sum = 0
    for n in numbers:
        sum = sum + n
    return sum
```

在调用时只需要使用类似 calc([1，2，3])或 calc((1，3，5，7))的语句即可。然而,如果使用可变参数,可以对其进行简化,方法如下。

```
def calc( * numbers):
    sum = 0
    for n in numbers:
        sum = sum + n
    return sum
```

在调用的时候不需要再组成列表或者元组,而是直接传入数值,例如 calc(1，2，3)。在函数内部,可变参数 numbers 接收到的是一个元组,因此,函数代码完全不变。但是,调用该函数时,可以传入任意个参数,包括 0 个参数。

2.4.3 关键字参数

可变参数允许传入 0 个或任意个参数,这些可变参数在函数调用时自动组装为一个元组。而关键字参数允许传入 0 个或任意个含参数名的参数,这些关键字参数在函数内部自动组装为一个字典,即传入键值对组合。关键字参数可以扩展函数的功能,例如,在 Web 项目的注册功能中,必填项一般有用户名(name)和密码(pwd),这两个参数肯定是可以获得的,可以使用普通参数形式进行传递,但是,如果注册者愿意提供更多的信息,比如年龄(age)、邮箱(email)等,这些可选项就可以利用关键字参数来扩展注册函数功能。

具体实现时,可以先组装出一个字典,然后,把该字典转换为关键字参数传进函数体,如例 2-16 所示。

[例] 2-16 关键字参数使用方法。

```
def register(name, pwd, ** kw):
    if 'email' in kw: #字典中有 email 参数
        print('邮箱是 ' + kw['email'] + '\r\n')
    if 'age' in kw: #字典中有 age 参数
        print('年龄是 ' + kw['age'] + '\r\n')

name = '小明'
pwd = '123456'
extra = {'email': 'xiaoming@126.com', 'age': '13'}
register(name,pwd, ** extra)
```

在 Python Web 开发中会经常遇到函数的可变参数和关键字参数这种形式，在遇到此类函数时要牢记 ＊kw 是用来传递可变参数的，而 ＊＊kw 是用来传递字典的。

2.5　Python 面向对象

前面几节内容从本质上来说都是属于面向过程的编程，即以任务为导向，而 Python 语言其实也是一种面向对象的编程语言。面向对象是当前大多数编程语言均具备的特性，比如 C++、Java 和 JavaScript 等，它们都属于面向对象编程语言。在面向对象编程时，需要理解什么是程序中的对象、什么是类、类的使用方式和类的继承等基本概念和方法。

2.5.1　面向对象概念

面向过程的程序设计其核心是过程，采用流水线式思维，整个编程方式围绕解决问题的步骤展开，类似于一条精心设计的流水线，需要提前考虑周全什么时候处理什么东西并且设计好每一个处理步骤。面向过程的编程方式可以降低写程序的复杂度，只需要顺序执行各个步骤，堆叠代码即可完成功能。但是其缺点也显而易见，一条流水线或者流程就是用来解决一个任务，如果任务有变更或者有新的需求需要加入，那么用面向过程编写的代码往往牵一发而动全身，需要大量更改代码，整个项目难以维护。

与面向过程不同，面向对象的程序设计其核心是对象，所有的处理函数和关联变量都被封装起来，最终以一个个的对象进行呈现和操作。在 Python 中，所有数据类型都可以视为对象，当然也可以自定义对象。面向对象编程可以很好地解决程序的扩展性，对某一个对象单独修改，会立刻反映到整个体系中。比如游戏开发时，如果将每一个游戏人物作为对象，那么当需要对这个人物添加额外属性的时候采用对象编程可以很容易地完成新属性的添加和修改。面向对象和面向过程两种编程方式体现了两种不同的程序架构设计思路。下面举一个简单例子来说明面向过程和面向对象在处理方式上的不同之处。

假设有一个任务需要处理学生的成绩表，为了表示每一个学生的成绩，面向过程的程序可以用字典来存储每个学生的姓名和对应的成绩。

```
std1 = { 'name': '小明', 'score': 98 }
std2 = { 'name': '小红', 'score': 81 }
```

如果需要输出某个学生的成绩，可以通过相应的函数进行操作。

```
def print_score(std):
    print('%s: %s' % (std['name'], std['score']))
```

如果采用面向对象的程序设计思想，那么首先思考的不是程序的执行流程，而是学生（Student）这种数据类型应该被视为一个对象，这个对象拥有姓名（name）和成绩（score）这两个属性（Property）。如果要输出一个学生的成绩，首先必须创建出这个学生对应的对象，然后用这个对象调用封装在自己内部的成绩输出函数 print_score()，把自己的成绩数据显示出来。具体代码实现见例 2-17。

例 **2-17** Python 类的构造。

```
class Student(object):
    def __init__(self, name, score):      #注意此处是双下画线
        self.name = name
        self.score = score
    def print_score(self):
        print('%s: %s' % (self.name, self.score))
```

封装完后可以按照下述代码进行调用。

```
std1 = Student('小明', 98)
std2 = Student('小红', 81)
std1.print_score()
std2.print_score()
```

上述例子中，尽管采用面向对象的编程方式看着更复杂，但是当项目后期变得庞大时采用面向对象这种编程方式可以使得项目维护更加容易、结构更加清晰。

面向对象的程序设计方式适用于需求经常变化的软件，一般需求的变化都集中在用户层，互联网应用、企业内部软件、游戏等都需要采用面向对象的程序设计方式。而面向过程的编程更适合于单任务运用，比如执行某个爬虫脚本，对数据进行智能分析、信息挖掘等。

在实际开发项目中，面向对象编程可以使程序的维护和扩展变得更简单，并且可以大大提高程序开发效率。另外，基于面向对象的程序可以使他人更加容易理解开发者的代码逻辑，从而使团队开发变得更有效率。

2.5.2　类的使用

面向对象最基本的概念就是类 class，比如在前一节例子中建立的 Student 类，之所以为学生创建类是因为学生具有一些共同的属性和方法，比如都具有姓名和成绩两种属性，都具有输出成绩这个功能，因此可以将这些属性和方法封装成一个单独的类，而根据类创建出来的一个个实例就是对象。每个对象都拥有相同的方法，但各自的数据可能不同。

这里仍以 Student 类为例。在 Python 中，定义类是通过 class 关键字表示。

```
class Student(object):
    pass
```

class 后面紧接着的是类名，即 Student，后面是(object)，表示该类是从哪个类继承下来的，继承的概念在 2.5.3 节进行阐述。通常，如果没有合适的继承类，就使用 object 类，这是所有类最终都会继承的类。这个类如果希望暂时不做其他处理，那么可以使用 pass 语句填入即可完成类的定义。定义好了 Student 类，就可以根据 Student 类创建出 Student 的对象，创建对象方式如下。

```
std = Student()
```

在定义类的时候，可以定义一个特殊的__init__()初始化方法（注意这里有两个下画线），可以将 name、score 等值在对象创建时从外部传入到类的内部变量中。如果读者熟悉 C++、Java 等语言，那么这个__init__()方法等价于构造函数的作用。具体地，可以将上述 Student 类扩展如下。

```
class Student(object):
    def __init__(self, name, score):
        self.name = name
        self.score = score
```

注意到__init__()方法的第一个参数永远是 self，表示创建的对象本身。在创建对象的时候，需要根据类的__init__()函数参数传入匹配的参数，但 self 参数不需要传，Python 解释器会自动将对象变量传递进去，对象创建方法如下。

```
std = Student('小明', 98, 81)
print(std.name)
print(std.score)
```

和普通的函数相比，在类中定义的函数只有一点不同，就是第一个参数永远是实例变量 self，并且调用时不用传递该参数。除此之外，类的方法和普通函数没有区别，所以，仍然可以在类的函数定义中使用默认参数、可变参数、关键字参数。

2.5.3　类的继承

面向对象编程最大的优点之一就是可以通过类的继承来扩展类的功能，用少量的代码即可定制出新类。假设为人定义一个类 Person，每个人都有姓名 name，并且都有讲话 talk 的能力，那么可以这样定义这个类并且实现调用。

```
class Person(object):
    def __init__(self, name):
        self.name = name          #名字
    def talk(self):               #父类的公有方法
        print('%s 正在讲话....' % (self.name))

per = Person('小明')
per.talk()                        #输出结果：小明 正在讲话....
```

上述代码中根据定义的 Person 类，创造了一个名为小明的 Person 类对象，并调用了 talk 功能。如果小明是一个运动员，他除了具备 Person 基本的 talk 功能外，还具有游泳的能力，这时候就需要对 Person 进行扩展，但是很显然，这个功能不能直接加在 Person 类里面，否则 Person 类就不具有普适性，因为不是所有人都具有游泳的技能。因此，要对 Person 做一个扩展，在其基础上扩展出一个新类，这个新的子类既能够具备 Person 的 talk 能力，同时还具有游泳的能力,这时就需要用到 Python 的继承功能。具体地,创建一个运动员 Athletes 类,它具有独特的游泳功能,具体实现代码见例 2-18。

例 **2-18** Python 类的继承实例。

```
class Person(object):
    def __init__(self, name):
        self.name = name          # 名字
    def talk(self):               # 父类的公有方法
        print('%s 正在讲话....' % (self.name))

class Athletes(Person):
    def swimming(self):
        print('%s 正在游泳....' % (self.name))

ps = Athletes('小明')
ps.swimming()                     # 输出：小明 正在游泳
ps.talk()                         # 输出：小明 正在讲话
```

在上面的实例中,ps 对象由运动员类 Athletes 创建,而 Athletes 类继承自 Person,因此 ps 对象可以同时具备 swimming()和 talk()方法。这里注意到虽然子类 Athletes 没有 __init__()方法,但是同样地继承了父类 Person 的__init__()方法,因此可以传入 name 来对姓名进行赋值。

2.5.4 Mixin 多重继承

像 C 或 C++这类语言都支持多重继承,即一个子类可以有多个父类,但是这样的设计并不合适。因为继承应该是一种单向附属关系,比如汽车类继承交通工具类,因为汽车本质上是一种交通工具,它不属于健身器材类。一个物品本质上不可能是多种不同的东西,因此就不适合存在多重继承。不过有一些特殊的情况,一个类的确是需要继承多个类才能实现实际的任务功能。比如在吉尼斯世界纪录中,有人使用绳子徒手拉动汽车前行,这时候汽车就作为一种道具而非交通工具在使用,很显然,不能将汽车的这种道具演示功能编写在汽车类中,因为这样编写的汽车类不具有普适性。那么如何动态地增加功能而不破坏面向对象设计原则?不同的语言给出了不同的方法。比如 Java 语言就提供了接口 interface 功能来实现多重继承。Python 则提供了 Mixin 多重继承开发方法。Mixin 编程是一种开发模式,是一种将多个类中的功能单元进行组合利用的方式。通常 Mixin 并不作为任何类的基类,也不关心与什么类一起使用,而是在运行时动态地与其他零散的类一起组合使用。简单来说,Mixin 可以临时将多个类的某些功能组装在一起。

使用 Mixin 具有如下好处。

(1)可以在不修改任何源代码的情况下,对已有类进行扩展。

(2)可以保证组件的正确划分。

(3)可以根据需要,使用已有的功能进行组合来实现新类。

(4)可以避免类继承的局限性,因为新的业务需求往往需要创建新的具有特定功能的子类。

具体使用见例 2-19。

例 **2-19**　Mixin 多重继承实例。

```
class Vehicle(object):           ♯定义车辆类
    def __init__(self, id):
        self.id = id
    def drive(self):
        print('牌号％s汽车正在行驶中...' % (self.id))

class ShowMixin(object):         ♯定义车辆作为演示道具的功能
    def show(self):
        print('牌号％s汽车正在表演中...' % (self.id))

class ShowVehicle(Vehicle, ShowMixin):
    pass

car = ShowVehicle('9999')
car.show()                       ♯输出：牌号为9999的汽车正在表演中
car.drive()                      ♯输出：牌号为9999的汽车正在行驶中
```

从上述示例中可以看到，ShowVehicle 类实现了多继承，不过它继承的第二个类起名为 ShowMixin，这并不影响功能，主要是为了表示这个类是一个 Mixin 类。所以从含义上理解上述代码，car 只是一个 Vehicle 对象，不是一个 show 道具。这个 Mixin 用来表示这个类是作为功能添加到子类中，而不是作为父类，它的作用同 Java 中的接口一样。使用 Mixin 类实现多重继承时需要注意以下几点。

（1）它必须表示某一种功能，而不是某个物品，如同 Java 中的 Runnable、Callable 等。

（2）它必须责任单一，如果有多个功能，那就写多个 Mixin 类。

（3）子类即便没有继承这个 Mixin 类，也一样可以工作，只是缺少了某项功能。

2.6　Python 模块和包

当应用程序结构比较简单时，可以将代码全部写在一个脚本文件中。但在真实的项目开发中，往往随着项目复杂度的增加，所有代码都放在一个文件中会使得文件过长，不方便浏览、管理或者维护。因此，常见的应用项目往往是按照特定的项目结构，将不同功能的代码放在不同的文件中，不同的代码文件就是不同的模块，每个模块实现特定的功能。

以模块方式组织代码能够方便地管理和维护，但是随着项目复杂度进一步升级，需要将项目的不同功能代码放入不同的文件夹中，这些文件夹可以相互引用，这就是包的概念。

简单来说，模块是指某一个 Python 文件，其中可能封装了一些编写好的 Python 函数。而包一般是指文件夹，该文件夹内有一个或多个 Python 文件，每个文件是一个模块。

本节主要介绍 Python 模块和包的使用方法。

2.6.1 模块

在 2.1.2 节中已经介绍并使用过 Python 的 math 模块用来执行一些高级的数学运算。模块本质上就是包含函数和其他语句的 Python 脚本文件,以".py"为扩展名。用作模块的 Python 函数和在同一个 Python 文件中定义的函数没有区别,只是把这些功能函数拆分在了不同的 Python 文件中,需要的时候通过模块导入文件中的这些函数。Python 模块的导入有三种方式,下面依然以 math 模块为例进行介绍。

(1)采用"import 模块名"的方式,如下所示。

```
import math
a = math.sqrt(4)
print(a)
```

采用上述方式会将 math 模块中的所有函数全部导入进来。

(2)采用"from 模块名 import 函数"的方式,如下所示。

```
from math import sqrt
a = sqrt(4)
print(a)
```

采用这种方式可以将指定模块中的指定函数导入进来,在函数调用的时候函数名前不需要加上模块,采用 from 语句还有一种常见的形式如下。

```
from math import *
a = sqrt(4)
print(a)
```

采用这种方式同样可以导入 math 模块中的所有函数,并且在调用的时候不需要添加模块名。

(3)采用"import 模块名 as 新模块名"的方式,如下所示。

```
import math as ma
a = ma.sqrt(4)
print(a)
```

这种方式主要是用来避免模块之间函数名冲突,即在模块导入的过程中同时对模块重新命名,调用的时候也采用新的模块名来调用。

2.6.2 包

模块以 Python 文件的形式组织在同一个目录下进行调用,当应用程序或者项目具有较多的功能模块时,就需要对模块进一步地进行细化管理,将实现特定功能的模块文件放在同一个文件夹下,这个文件夹就是包。

Python 包从本质上来说就是一个文件夹,与一般的文件夹不同之处在于包中必须包含一个名为 __ init __.py 的文件。__ init __.py 文件可以是一个空文件,仅用于表示该文件夹是一个包。在第 1 章创建 Django 项目时已经遇到过这种包的处理方式。文件夹可以实现嵌套,同样的包也可以实现嵌套,这种嵌套的包在调用时采用“.”符号进行递进式的导入。

Python 拥有丰富的第三方包和模块可供调用,只需要使用 pip install 命令进行安装即可。下面以图像处理模块为例,介绍如何调用 Python 包中的指定模块。

PIL(Python Imaging Library)是 Python 平台的图像处理标准包。PIL 功能非常强大,但提供的接口却非常简单易用。PIL 包仅支持到 Python 2.7 版本,为此,官方在 PIL 的基础上创建了兼容的版本,名字叫 pillow,用来支持 Python 3 系列,并且加入了许多新特性。因此,可以直接安装使用 pillow 包来执行图像相关的操作。

首先在终端中输入命令来安装 pillow 包。

```
pip install pillow == 6.1.0
```

安装完成后可以查看一下 pillow 包的基本目录结构。一般情况下,新安装的 Python 包位于 Python 安装目录的 Lib\site-packages 文件夹下面,可以在该文件夹下查看该文件夹下是否新增了 PIL 包。例 2-20 用来演示如何调用 PIL 包下面的 Image 模块以实现图像的导入、信息获取和显示。

例 2-20 调用 PIL 包实现图像导入、信息获取和显示。

```
from PIL import Image
im_path = '1.jpg'                    # 图片路径,需要提前将 1.jpg 文件放在脚本同目录下
im = Image.open(im_path)             # 图像打开
width, height = im.size
print(width, height)                 # 输出图像的宽度和高度
im.show()                            # 图像显示
```

2.7 Python 装饰器

在学习 Python 的语法过程中,Python 的装饰器一直以来都是一个难点,但是在 Python Web 开发中会经常遇到装饰器这个概念。比如在 Django 中会使用@ require_POST 来阻止非 post 提交方式的请求,像这种采用@符号的语句就是 Python 的装饰器,其根本作用是加强函数的功能。开始阐述装饰器之前首先需要了解一个概念:闭包。Python 的装饰器是在闭包的基础上扩展来的,这里需要注意闭包和前面章节中讲述的包的概念不一样。本节首先对闭包的概念和使用进行阐述。

2.7.1 闭包

Python 的闭包从表现形式上可以定义为：如果在一个内部函数里，对在外部作用域的变量进行引用，并且外部函数将此内部函数作为返回值，那么这个内部函数就被认为是闭包 closure。闭包本身的定义比较绕口，下面举一个简单的例子来具体说明。

例 2-21 Python 闭包的使用。

```
def addx(x):
    def adder(y):
        return x + y

    return adder

c = addx(8)
print(c(10))  # 输出结果: 18
```

在例 2-21 中，adder() 是 addx() 的内部函数，adder() 对外部作用域 addx() 中的 x 变量进行了引用，并且最终外部函数 addx() 将内部函数 adder() 作为返回值，因此这个内部函数 adder() 就是一个闭包。在调用时先执行 addx(8)，此时已对外部作用域中的 x 进行了赋值，即 x=8，并且返回 adder() 函数给 c，即 c=adder，然后在输出 print(c(10)) 的过程中本质上执行了 adder(10) 的函数。但是需要注意的是，此时外部作用域 x 的值是记录在 c 中的，因此最终执行结果为 8+10=18。

采用这种闭包的形式使得整个执行步骤好像在内部函数外封装了一层，具体执行时先执行外部函数，更新外部变量，然后再执行内部函数。这样做的好处在于，可以在不改变原有函数的基础上，通过封装一层"壳"，实现类似流水线的函数级联调用。这种函数式编程方式为大型开发项目带来了便利，可以极大地提高代码的可复用性。

下面通过一个例子来说明采用闭包能够带来的好处。假设需要定义三条不同的直线，其基本形式为 y=ax+b（a 和 b 为定义直线必需的两个参数），如果采用普通的函数进行编程，那么可以采用下面的方式实现。

```
def line_A(x):      # 定义直线 A
    return 2 * x + 1

def line_B(x):      # 定义直线 B
    return 3 * x + 2

def line_C(x):      # 定义直线 C
    return 5 * x - 3

print(line_A(1))    # 输出 3
print(line_B(1))    # 输出 5
print(line_C(1))    # 输出 2
```

上述代码中定义了 3 条直线。如果类似的直线需求很多，比如有 100 条，很显然需要定义 100 个函数，然而实际情况是这 100 个函数具有某种共性，即都是 y＝ax＋b 的形式，那么是否可以再往外封装一层，将函数的这种形式进行定义以减轻代码的冗余？ 这里就可以采用闭包来实现，代码如下。

```
def line_conf(a, b):       ＃采用闭包将 line 进一步封装
    def line(x):
        return a * x + b
    return line

line_A = line_conf(2, 1)   ＃定义直线 A
line_B = line_conf(3, 2)   ＃定义直线 B
line_C = line_conf(5, - 3) ＃定义直线 C

print(line_A(1))           ＃输出 3
print(line_B(1))           ＃输出 5
print(line_C(1))           ＃输出 2
```

可以看到，采用闭包对函数进行进一步封装后，后面的直线定义变得更加简单，只需要传入两个变量即可完成一条直线的定义，而不需要定义一系列相似的函数。

2.7.2　装饰器的概念和使用

装饰器实际上就是为了给某程序增添功能，但该程序已经上线或已经被使用，无法大批量地修改源代码，这时候为了解决这个问题，可以使用 Python 的装饰器来扩展程序功能。

一般情况下，装饰器在以下三个条件满足的情况下可以使用。

（1）不能修改被装饰的函数的源代码。

（2）不能修改被装饰的函数的调用方式。

（3）满足（1）、（2）的情况下给程序增添功能。

如果任务需求同时满足以上三个条件，就可以使用装饰器来简化编程任务。下面通过一个实际的例子来理解装饰器。如果想要计算一段代码运行的时间，可以采用下面的方式实现。

```
import time
def test():
    time.sleep(2)
    print("测试程序!")

def deco(func):
    start = time.time()
    func()
    stop = time.time()
    print(stop - start)

deco(test)     ＃输出结果: 2.0021145343780518
```

上述代码中,首先通过 import time 命令导入 time 模块用来计算程序运行时间。测试程序 test 中使用 time.sleep(2)使得函数停止 2 秒,然后再继续执行。为了计算 test()函数实际的运行时间,定义了高阶函数 deco()。deco()以函数名为参数,在调用 test()函数前通过计算前后时间差来统计 test()实际运行时间,可以看到最后运行结果接近于 2 秒。通过以上代码可以实现对 test()函数进行计时的功能,尽管没有修改 test()函数的源代码,但修改了调用方式,即最终采用了 deco(test)的调用方式,而没有采用 test()。那么是否可以在不修改源代码的基础上同样不修改其调用方式,仿佛是在函数体外封装一个"壳"来计算该函数运行时间,这种情况可以使用 2.7.1 节介绍的闭包来实现。具体代码如例 2-22 所示。

例 2-22 Python 通过闭包来计算函数执行时间。

```
import time            # 导入时间模块

def timer(func):       # 封装的闭包函数
    def deco():
        start = time.time()
        func()
        stop = time.time()
        print(stop - start)
    return deco

def test():            # 需要计时的函数
    time.sleep(2)
    print("测试程序!")

test = timer(test)     # 调用闭包函数
test()                 # 最终调用形式
```

上述代码中 test()函数作为参数传递给了 timer(),此时,在 timer()内部有 func = test。接下来定义了一个 deco()函数,但并未调用,只是在内存中保存了,并且标签为 deco。在 timer()函数的最后返回 deco()的地址,然后再把 deco 赋值给了 test,那么此时 test 已经不是原来的 test,也就是说 test 原来的函数内容换成了 deco 的内容。那么在最终调用的时候实际上是执行 deco()。这段代码在本质上修改了调用函数,但在表现形式上并未修改调用方式,而且实现了额外的计时功能。

针对上述代码,在使用闭包的过程中,如果需要对多个函数进行时间计算,那么就需要在每个函数前面加上计算语句。

```
test = timer(test)
```

这种方式显然不是很直观,Python 提供了另一种语法形式。

```
@timer
```

这两句是等价的,只要在函数前加上这句,就可以实现装饰作用。最终,完整的带有装饰器的代码如例 2-23 所示。

例 2-23 使用装饰器计算函数运行时间。

```
import time                ＃导入时间模块

def timer(func):            ＃封装的闭包函数
    def deco():
        start = time.time()
        func()
        stop = time.time()
        print(stop - start)
    return deco

@timer                      ＃装饰器
def test():                 ＃需要计时的函数
    time.sleep(2)
    print("测试程序!")

test()                      ＃输出结果: 2.0021145343780518
```

最后总结一下,装饰器的存在主要是为了不修改原函数的代码,也不修改函数调用形式就能实现功能的拓展。

2.8 Python 读写数据库

2.8.1 数据库概述

在计算机进行信息处理的过程中,经常需要保存或处理大量数据,这时就需要用数据库来存储和管理这些数据。简单来说,数据库就是一个存放数据的仓库,这个仓库是按照一定的数据结构来组织、存储的,可以通过数据库提供的多种方法来管理数据库里的数据。我们平时所说的数据库实际上是包含数据库管理系统的数据库管理软件,主要用来实现对数据的新增、查找、更新、删除等操作。更简单地形象理解,数据库和仓储物流一样,区别只是存放的东西不同。

早期比较流行的数据库模型有三种,分别为层次式数据库、网络式数据库和关系型数据库。而在当今的互联网世界,最常用的数据库模型分为两种,即关系型数据库和非关系型数据库。

关系型数据库模型是把复杂的数据结构归结为简单的二元关系(即二维表格形式)。网络数据库和层次数据库很好地解决了数据的集中和共享问题,但是在数据独立性和抽象级别上仍有很大欠缺。用户对这两种数据库进行存取时,依然需要明确数据的存储结构。而关系数据库就可以较好地解决这些问题。目前处于数据库霸主地位的 Oracle 就是关系型数据库的典型代表,其每年具有高达数百亿美元的庞大市场。另一个重要的关系型数据库 MySQL 由于具有体积小、速度快、成本低、开放源代码等优点被广泛地应用在互联网的大中小型 Web 项目中。

　　非关系型数据库也被称为 NoSQL 数据库,NoSQL 数据库主要用在高性能、高并发、对数据一致性要求不高的特定场景。NoSQL 的产生并不是要彻底地否定关系型数据库,而是作为传统关系型数据库的一个有效补充。随着移动互联网的深入发展,面对规模日益扩大和高并发的动态网站,传统的关系型数据库已经显得力不从心,性能瓶颈难以有效突破,于是出现了大批针对特定场景、以高性能和使用便利为目的数据库产品,NoSQL 就是在这样的情景下诞生并得到了非常迅速的发展。目前,典型的 NoSQL 数据库 Redis、MongoDB 等已逐渐受到越来越多的企业的欢迎。

　　为了使 Python 语言对各类数据库访问均具有良好的兼容性和可移植性,Python 对于数据库的访问接口制定了一个通用标准,所有的 Python 数据库引擎都遵守此标准规定的 DB-API 规范,数据库引擎的切换和配置步骤基本相同,这极大地为 Python 的数据库操作提供了便利。

2.8.2　读写 SQLite 数据库

　　Python 自带一个轻量级的关系型数据库 SQLite。SQLite 作为后端数据库,可以搭配 Python 建网站,或者制作有数据存储需求的工具。SQLite 还在其他领域有广泛的应用,比如 HTML5 和移动端。Python 标准库中的 sqlite3 提供该数据库的接口。SQLite 本身是一种嵌入式数据库,它的数据库就是一个文件。由于 SQLite 底层是用 C 语言写的,体积很小,所以经常被集成到各种应用程序中,甚至在 iOS 和 Android 的 App 中都可以集成。例如,在第 1 章创建 Django 项目的过程中就已经自动建立了一个 SQLite 数据库用于 Web 项目的开发,该数据库与 manage.py 同目录,名为 db.sqlite3。

　　Python 操作 SQLite 数据库的步骤如下(操作其他数据库也类似)。

　　(1) 导入 SQLite 引擎包。

　　(2) 连接数据库:使用引擎包中的 connect() 方法连接物理数据库,通常在本步骤需要输入数据库的 IP 地址、端口号、数据库名、用户名及密码等。对于 SQLite 文件数据库,本步骤中仅需给出数据库文件路径。

　　(3) 获取游标:在 DB-API 规范中,游标(cursor)用于执行 SQL 语句并且管理查询到的数据集。

　　(4) 执行 SQL 命令:将 SQL 命令传给游标执行,并解析返回的结果。本步骤可以多次进行。

　　(5) 提交或者回滚事务:在执行 SQL 语句时,数据库引擎会自动启动新事务,在一系列的操作完成之后,可以提交或回滚当前事务。

　　(6) 关闭游标:完成 SQL 操作后关闭游标。

　　(7) 断开数据库连接:断开 Python 客户端和数据库服务器的连接。

　　例 2-24 演示了如何使用 Python 进行 SQLite 数据库操作。

　　例 2-24　Python 操作 SQLite 数据库。

```
# 导入数据库引擎包
import sqlite3
# 连接 SQLite 数据库,如果数据库不存在则创建
```

```
conn = sqlite3.connect("test.db")
#获取游标对象
cur = conn.cursor()
#执行一系列 SQL 语句
#建立一个表
cur.execute("CREATE TABLE demo(num int,str varchar(20));")
#插入一些记录
cur.execute("INSERT INTO demo VALUES ( % d, '% s')" % (1, 'aaa'))
cur.execute("INSERT INTO demo VALUES ( % d, '% s')" % (2, 'bbb'))
cur.execute("INSERT INTO demo VALUES ( % d, '% s')" % (3, 'ccc'))
#更新一条记录
cur.execute("UPDATE demo SET str = '% s' WHERE num = % d" % ('ddd', 3) )
#查询
cur.execute("SELECT * FROM demo;")
rows = cur.fetchall()
print("记录个数: % d" % len(rows))
for i in rows:
    print(i)
#提交事务
conn.commit()
#关闭游标对象
cur.close()
#关闭数据库连接
conn.close()
```

输出结果如下。

```
记录个数: 3
(1, 'aaa')
(2, 'bbb')
(3, 'ddd')
```

2.9 HTML 基础

视频讲解

2.9.1 HTML 概述

　　HTML（HyperText Markup Language，超文本标记语言）是标准通用标记语言（Standard Generalized Markup Language，SGML）下的一个应用，是一种规范，一种标准。网页文件本身是一种文本文件，它通过标记符号来标记要显示的网页中的各个部分。浏览器按顺序阅读网页文件，然后根据标记符解释和显示其标记的内容。简单来说，HTML 是一种能被浏览器识别并解析，且能够显示相应内容的语言。在 Web 开发中，HTML 属于书写网页结构语言，是 Web 开发中必不可少的一门语言。

　　目前，最流行的一些浏览器都已经实现了许多 HTML 的特性，然而不是每款浏览器都支持所有的特性，在把某个特性用到实际项目之前，首先应该检测一下该浏览器是否支持这个特性。目前主流的浏览器有 Google Chrome、火狐（Mozilla Firefox）、Internet Explorer 以及 360 浏览器、搜狗浏览器等。另外，基于手机端的网络应用也是 Web 开发的一个重要方向，在构建响应式网站的同时经常需要在手机端测试网页是否适配。下面先看一个最简单的 HTML 示例。

在 VS Code 中新建一个 HTML 文件（文件扩展名为 .html），编辑代码如下。

```
<! DOCTYPE HTML >
< html >
    < head >
        < title >这是我的第一个网页</title>
        < link href = "style.css" rel = "stylesheet">
        < script src = "index.js"></script>
    </head>
    < body >
        < h1 >你好</h1>
    </body>
</html>
```

上述代码是最基本的一段 HTML 代码，其中，DOCTYPE 元素让浏览器知道其处理的是 HTML 文档，表示 HTML 文档的开始，紧跟其后的是 HTML 元素的开始标签，它告诉浏览器：从开始标签< html >到结束标签</html>，所有元素内容都应作为 HTML 处理。head 元素中的内容为 HTML 文档的元数据部分，HTML 的元数据用来向浏览器提供页面的相关信息。另外，需要引用的 css 和 js 脚本文件一般也在 head 中进行导入。body 元素中的内容为 HTML 的主体，这也是 HTML 文档的最后一部分，body 元素告诉浏览器该向用户显示文档的哪些内容，具体包括图片、文字等。保存后用浏览器双击文件查看效果。

HTML 中通过大量元素的使用来嵌入内容。元素分为 3 个部分，其中有两个部分称为标签（tag）：开始标签< code >和结束标签</code>。夹在两个标签之间的是元素的内容。例如，上例中的"你好"是标签< h1 >和</h1>的内容，两个标签连同它们之间的内容构成基本元素。HTML 定义了各种各样的元素，它们在 HTML 文档中起着各种作用。因此，学习 HTML 的关键在于掌握各种 HTML 元素的不同含义，通俗地讲就是要知道每个元素具体有什么样的功能。HTML 文档中元素之间有明确的关系。如果一个元素包含另一个元素，那么前者就是后者的父元素，反过来说，后者就是前者的子元素。一个元素可以拥有多个子元素，但是只能有一个父元素。在上面的代码中，最外层的 html 元素包含 head 元素和 body 元素，那么 head 元素和 body 元素就是 html 元素的子元素；反之，head 元素和 body 元素的父元素只有一个，那就是 html 元素。同时 head 元素和 body 元素都是在 html 元素之下，属于同级元素，相当于辈分一样，可以称它们互为兄弟元素。而 body 元素中的 h1 元素相对于 html 元素来说，h1 元素是其子元素的子元素，元素可以往下多级嵌套，这些子元素统称为 html 元素的后代元素。

与 Python 一样，在 HTML 中同样可以添加注释用来方便别人或者自己阅读代码，在 HTML 中注释的基本写法如下。

```
<! -- 注释的内容 -->
```

2.9.2　HTML 常用标签

本节重点介绍 HTML 中的一些常用标签，如果读者已经对这部分内容比较熟悉，可以跳过本节。对 Web 前端不了解的读者需要牢牢掌握本节内容。

1. div 块标签

div 标签表示一个区块或者区域，可以把它看成一个容器，用来把网页分块并且可以将任意的 HTML 元素置于其中，后面在项目实战过程中将会大量运用 div 来构建响应式网站。基本形式如下。

```
<div>Python Web 企业门户网站开发</div>
```

2. span 段落标签

span 标签可以表示一个小区块，比如一些文字。span 和 div 的不同在于多个 span 能够在一行内显示而每个 div 是独占一行的。基本形式如下。

```
<span>Python Web 企业门户网站开发</span>
```

3. h1 至 h6 标题标签

h1 至 h6 这 6 个标签表示 6 级标题，表现出来的效果就是从 h1 开始文字大小逐渐变小。基本形式如下。

```
<h1>Python Web 企业门户网站开发</h1>
<h2>Python Web 企业门户网站开发</h2>
<h3>Python Web 企业门户网站开发</h3>
<h4>Python Web 企业门户网站开发</h4>
<h5>Python Web 企业门户网站开发</h5>
<h6>Python Web 企业门户网站开发</h6>
```

4. p 段落标签

p 标签是段落标签，通常用来表示一整段文字，在开发博客、新闻等文章型内容时经常会使用该标签。基本形式如下。

```
<p>
Python Web 企业门户网站开发、Django 项目实战。
</p>
```

5. ul 和 li 列表标签

ul 为无序列表标签，而 li 为 ul 中的每个列表项目。这两个标签非常实用，网站制作中的导航栏、新闻列表等都可以用这两个标签来实现。基本形式如下。

```
<ul>
    <li>这是第 1 条</li>
    <li>这是第 2 条</li>
    <li>这是第 3 条</li>
</ul>
```

6．i、em、strong、hr 和 br 格式标签

i 和 em 标签表示斜体，strong 标签表示加粗，hr 标签表示一条水平分隔线，br 标签表示换行。基本形式如下。

```
< i > Python Web 企业门户网站开发实战</i>
< em > Python Web 企业门户网站开发实战</em>
< strong > Python Web 企业门户网站开发实战</strong>
< hr >
< p > Python Web < br >企业门户网站开发实战</p>
```

注意，上述代码中 br 是不需要有闭合标签的，即不需要</br>这种形式作为结尾。

7．img 图像标签

img 标签表示图像，可以通过该标签引入图片。基本形式如下。

```
< img src = '1.jpg' alt = '图片 1' title = '测试图片'>
```

其中，该标签的 src 属性指向图片所在路径，此路径可以是网络路径也可以是本地路径。如果是本地路径，就要区分是相对路径还是绝对路径。在 img 标签中还经常会使用两个属性：alt 和 title。alt 表示当图片没有被正确加载的时候显示的文字，title 表示当光标移动到图片的时候显示的文字。

8．a 超链接标签

a 标签表示超链接，一般用于指向某个网址。基本形式如下。

```
< a href = 'https://python3web.com'>百度一下</a>
```

2.9.3　表单

在 HTML 中有一种特殊的元素：表单（form），其作用是用来收集用户的信息并且发送给后台使用。HTML 中的表单在多种场景中均会用到，比如 Web 的登录、注册等功能一般就是通过表单来实现的。表单中集成了一些表单子元素，例如输入框、按钮、下拉列表框等。用户在这些子元素中输入的信息会以表单的形式发送给后台处理，而一般的后台框架都具有表单的验证功能，可以方便地对表单进行验证。表单的基本形式如下。

```
< form action = "https://python3web.com" method = "get">
    用户名：< input type = "text" name = "user" />
    密码：< input type = "password" name = "password" />
    < input type = "submit" value = "提交" />
</form>
```

上述 HTML 代码通过标签<form>表明当前是表单元素，其中，action 属性用来设置表单提交到的服务器网址。表单提交方式 method 一般有两种：get 和 post。两种提交方式的区别在于 get 方式提交的数据会直接显示在网址上，不安全；而 post 方式不会显示在网址上，数据相对较为安全。上述代码在表单内部定义了三个input子元素：两个文本输入框和一个提交按钮，可以让用户输入用户名和密码等信息并且提交给后台服务器。下面列举一些常见的表单元素。

1. input 文本输入标签

<input>输入标签用于接收用户输入的信息，其中的type属性指定输入标签的类型。常见类型如表2-3所示。

表 2-3　表单 input 元素的常用 type 类型

类　　型	说　　明
文本框 text	输入的文本信息直接显示在框中
密码框 password	输入的文本以原点或者星号的形式显示
单选按钮 radio	单选按钮，如性别选择
复选框 checkbox	复选框，如兴趣选择
隐藏字段 hidden	在页面上不显示，但在提交的时候随其他内容一起提交
提交按钮	用于提交表单中的内容
重置按钮 reset	将表单中填写的内容设置为初始值
按钮 button	可以为其自定义事件
文件上传 file	后期扩展内容，会自动生成一个文本框和一个"浏览"按钮

2. select 选择标签

select选择标签，提供用户选择内容，如用户所在的省市等。

3. textarea 多行文本标签

多行文本框，如个人信息描述等。

4. label 静态文字标签

用于给各元素定义说明。

例 2-25　表单使用实例。

```html
<!DOCTYPE html>
<html>

<head>
    <meta charset = "UTF - 8">
    <title>表单实例</title>
</head>

<body>
    <form action = "" method = "get">
        <!-- 单行文本框 -->
        姓名:<input type = "text" name = "user" /><br />
        密码:<input type = "password" name = "pwd" /><br />

        <!-- 单选按钮：通过 name 属性设置分组,通过 checked 设置默认选项 -->
        性别:<input type = "radio" name = "sex" checked = "checked" />男
```

```
        < input type = "radio" name = "sex" />女< br />

        <! -- 复选框 -->
        爱好:< input type = "checkbox" name = "hobby" /> python
        < input type = "checkbox" name = "hobby" /> C++
        < input type = "checkbox" name = "hobby" /> java < br />

        上传文件:< input type = "file">< br />

        <! -- 下拉列表 selected:默认项 -->
        国籍:< select >
            < option >中国</option >
            < option >美国</option >
            < option >朝鲜</option >
            < option selected = "selected">巴基斯坦</option >
        </select >< br />

        <! -- 普通按钮 value 是按钮的名字,onclick 是单击按钮触发的事件 -->
        < input type = "button" value = "普通按钮" onclick = "alert('触发成功')" />< br />

        <! -- 多行文本框 row:行数 cols:列数 -->
        个人介绍:<textarea rows = "4" cols = "50" >企业门户网站开发</textarea ><br />

        <! -- 提交:专门用来提交当前的表单信息 -->
        < input type = "submit" value = "提交" />< br />

        <! -- 重置:将当前表单的状态恢复到最开始的状态 -->
        < input type = "reset" value = "重置" />< br />
    </form >
</body>

</html>
```

2.10　CSS 基础

2.10.1　CSS 概述

　　CSS(Cascading Style Sheet),中文一般称为"层叠样式表"或"级联样式表",它是一组格式设置规则,用于控制 Web 页面的外观。例如,让 HTML 中的某个 div 或者 span 元素背景颜色改为黑色,或者设置图片元素 img 的长、宽、显示位置等,这些外观的设置功能都可以通过 CSS 来控制。在 Web 前端开发中,HTML 用来控制页面的内容,而 CSS 用来控制页面内容的显示方式。

　　CSS 中的内容一般与 HTML 中的元素绑定起来,由选择符和属性组成,选择符后面跟着属性,但被一对花括号所包围。属性和值由冒号分隔,每个属性声明以分号结尾。典型的

CSS 样式设计代码如下。

```
body {
    background - color:white; /* 将背景色设置为白色 */
    color:black;              /* 将前景色设置为黑色 */
}
```

上例中对 HTML 文件中的 body 元素进行外观设置，使得 body 的背景颜色为白色，前景颜色（一般指字体、边框等）为黑色。在 CSS 中，同样可以对代码进行注释，注释的基本形式为：

```
/* 填入注释内容 */
```

为了能够设置 HTML 中的元素外观，需要在 HTML 中引入 CSS，具体有三种引入方式。

（1）内联样式表：将 CSS 样式设置代码内嵌到 HTML 文件的< style >标签中，示例如下。

```
<! DOCTYPE html >
< html >

< head >
    < meta charset = "utf - 8" />
    < title ></title >
    < style type = "text/css">
        #box {
            width: 100px;
            height: 100px;
            background: red;
        }
    </style >
</head >

< body >
    < div id = "box"></div >
</body >

</html >
```

上述代码通过内嵌 CSS 方式，使得 body 中 id 号为 box 的< div >元素宽、高均设置为 100 像素，背景颜色设置为红色，保存该 HTML 文件并用浏览器打开可以查看效果。

（2）超链接样式表：将一个外部样式通过< link >标签超链接到 HTML 文件中，示例如下。

```
<! DOCTYPE html >
< html >

< head >
    < meta charset = "utf - 8" />
```

```
    <title></title>
    <link rel = "stylesheet" type = "text/css" href = "style.css" />
</head>

<body>
    <div id = "box"></div>
</body>

</html>
```

上述代码对 div 元素 box 的控制写在一个额外的 CSS 文件 style.css 中并通过< link >标签的引入实现对 box 元素的样式控制。

（3）将样式表直接加入到 HTML 文件的元素设置中，这种方式写入的 CSS 样式又叫行内样式表，示例如下。

```
< head >
    < meta charset = "utf - 8" />
    < title ></title >
</head>

< body >
    < div id = "box" style = "width:100px;height:100px;background:red;"></div>
</body >

</html >
```

上述代码中，直接在 box 元素的 style 属性中进行 CSS 样式设置。当然，可以采用这种方式对整个页面元素进行设置，但是这种方式编写的 CSS 不具有复用性，只能针对当前控制的页面元素，在开发实际项目的过程中相对较少采用这种方式。

2.10.2　CSS 选择器

在 CSS 中，选择器是一种模式，用于选择需要添加样式的元素，即通过选择器可以在 HTML 中找到需要更改外观的元素。下面列举一些经常使用的选择器并介绍其基本的使用方法。

1. ID 选择器

ID 选择器采用符号♯来进行元素选择。ID 通常表示唯一值，因此，ID 选择器在 CSS 中通常只出现一次。ID 选择器基本形式如下。

```
♯ box{
    background: red;
}
```

上述代码会将 id 为 box 的页面元素的背景设置为红色。

2. 类选择器

类(class)选择器就是将相同类型的元素进行分类定义,分类定义的好处就是能够复用。在类名前面加符号".",表示定义一个类选择器,引用的时候在标签后面加 class 引用。类选择器基本形式如下。

```
.box{
    background: red;
}
```

上述代码可以将 HTML 中所有 class 为 box 的元素背景置为红色。

3. 标签选择器

标签选择器就是直接使用 HTML 标签名称作为 CSS 选择器的名称,这种方式会影响 HTML 中所有此标签的样式。标签选择器基本形式如下。

```
div{
    background: red;
}
```

上述代码会影响到 HTML 中所有使用 div 标签的地方,使得其背景颜色变为红色。

4. 多元素选择器

当几个元素需要设置相同的 CSS 风格时,可以使用多元素选择器。选择多个元素的时候,用逗号隔开。多元素选择器基本形式如下。

```
div,span{
    background: red;
}
```

上述代码会使得 HTML 中所有 div 和 span 标签的背景均为红色。

5. 后代选择器

后代选择器作用于父元素下面的所有子元素,其级联层次按照 HTML 中的元素结构进行查找。后代选择器基本形式如下。

```
<!DOCTYPE html>
<html>

<head>
    <meta charset = "utf - 8" />
    <title></title>
    <style>
        #box p {
            color: red;
        }
    </style>
</head>

<body>
```

```
        < div id = "box">
            < p > python web 企业门户网站开发</p>
        </div >
    </body >

</html >
```

上述代码通过内联样式表进行 CSS 设置,首先找到<body>中 id 为 box 的<div>元素,然后针对<div>元素中所有的<p>元素将其颜色设置为红色。后代选择器之间使用空格进行元素的递进选择。

2.10.3　CSS 基本属性和布局

CSS 提供了很多针对 HTML 元素的属性可供更改,包括颜色、长、宽、边框大小、背景图片等。合理地使用 CSS 属性进行网页控制和布局,可以制作出美观的网站给用户浏览。下面介绍一些项目开发中经常使用的 CSS 属性。

1. 颜色 color

颜色的表示方式有三种:RGB、十六进制和颜色名称。RGB 模式将红(R)、绿(G)、蓝(B)三个分量独立出来,每个分量取值范围为 0～255,比如红色可以表示为 rgb(255,0,0)。设置示例如下。

```
p { color:rgb(255, 0, 0); }
```

十六进制表示方法即采用 6 位十六进制数来精确地表示颜色,如红色为♯FF0000。设置示例如下。

```
p { color:♯FF0000;}
```

颜色名称指直接用颜色对应的英文名称表示,如 red、green、blue、yellow 等。设置示例如下。

```
p { color:red;}
```

2. 边框 border

CSS 可以对边框属性进行设置,包括边框风格 border-style(实线、虚线等)、边框宽度 border-width、边框颜色 border-color 等。设置示例如下。

```
div {
    border - style: dotted;     /* 设置边框为虚线 */
    border - color: red;        /* 设置边框为红色 */
    border - width: 4px;        /* 设置边框线宽为 4 个像素 */
}
```

3. 背景 background

对指定 HTML 的元素背景可以采用固定的颜色值进行设置。

```
p {
    background - color: red;
}
```

也可以采用背景图片的方式，通过引入外部图片作为元素的背景。

```
p{
    background - image:url('1.jpg');
    background - repeat:no - repeat;
}
```

其中，background-repeat 属性用来表示背景图像的显示方式，一般有三种显示方式：水平方向复制图像（repeat-x）、垂直方向复制图像（repeat-y）、不复制（no-repeat）。

4. 字体 font

在 Web 开发中经常需要对字体进行排版，包括字体大小、颜色、粗细、位置等。CSS 提供了一系列属性用于进行字体样式控制，设置示例如下。

```
p {
    font - family:"宋体";          /* 设置字体为宋体 */
    font - size:14px;             /* 设置字体大小为 14 像素 */
    font - weight:bold;           /* 设置字体加粗 */
    color:red;                    /* 设置字体颜色为红色 */
    text - align:center;          /* 设置字体居中对齐 */
}
```

5. 布局

布局就是将不同的 HTML 元素按照一定的规则放置在浏览器的不同位置，实际操作中经常需要用到填充、边框、边界等属性。在 HTML 中，直接包围内容的是内边距（padding），内边距呈现了元素的背景。边框以外是外边距（margin），外边距默认是透明的，因此不会遮挡其后的任何元素。设置示例如下。

```
#box1 {
    margin: 10px;                /* 设置上下左右的外边距为 10 像素 */
}
#box2 {
    padding: 10px;               /* 设置上下左右的内边距为 10 像素 */
}
```

除了上述常用的 CSS 属性以外，还有很多其他的属性，具体的会在后续的实战部分中进行阐述。

2.11 JavaScript 基础

JavaScript 是专门用于 Web 前端的动态脚本语言,主要作用是通过操作 HTML 元素动态地修改页面。JavaScript 的运行环境非常简单,一般的浏览器都支持 JavaScript,编写的 JavaScript 代码可以直接在浏览器中运行,无须安装其他的编译器。

JavaScript 代码的引用方式有两种,第一种是直接通过< script >标签将代码嵌入到 HTML 文件中,如下所示。

```
<!DOCTYPE HTML >
< html >

< head >
    < title > JavaScript 示例</title>
</head >

< body >
    < script type = "text/JavaScript">
        alert("你好!");
    </script >
</body >

</html >
```

上述代码在文件类型声明中使用 type＝"text/JavaScript"语句告诉浏览器该段落是一个 JavaScript 代码段。在< script >元素中通过 alert()函数弹出提示语句对话框,该函数功能类似于 Python 的 print()函数,主要用来进行结果显示。

第二种引用方式需要将 JavaScript 代码单独保存为一个扩展名为.js 的文件,然后再在 HTML 中引入,具体引用形式如下。

```
<!DOCTYPE HTML >
< html >

< head >
    < title > JavaScript 示例</title>
    < script type = "text/JavaScript" src = "index.js"></script >
</head >

</html >
```

JavaScript 与 Python 一样,属于高级解释型语言,它的语法简洁,使用方便。作为一门语言,JavaScript 拥有自己特有的语法,本书重点在于 Python 语言的运用,因此无法对 JavaScript 进行全面的阐述,但是考虑到没有接触过 JavaScript 的读者能够顺利阅读并理解本书后续实战部分的内容,下面对 JavaScript 的一些重点语法做一些简单介绍,JavaScript 的其余内容会在项目实战部分遇到时再进行深入阐述。

2.11.1　基本语法

JavaScript 中的变量用 var 来表示，var 在 JavaScript 中代表所有的数据类型。因为 JavaScript 是弱语法，var 变量具体的类型由后面具体的值确定。在 JavaScript 中使用变量前要先给变量赋值，如果不赋值直接使用会报 undefind 未定义错误，错误原因是这个变量没有默认值。当 var 表示字符串时，可以直接使用符号"＋"来对字符串进行拼接。

与 C、C++、Java 等类似，JavaScript 同样采用"//"符号对代码进行单行注释，多行注释采用成对符号"/ * "和" * /"。例 2-26 演示了在 HTML 中采用 JavaScript 进行基本操作。

例 **2-26**　JavaScript 基本操作。

```
<!DOCTYPE html>
<html>

<head>
    <meta charset = "UTF - 8">
    <title>JavaScript 基本语法</title>
    <script type = "text/javascript">
        var a = 4;            //定义数值变量
        var b = 3.4;
        var c;
        c = a + b;            //完成数值运算
        alert(c);             //调用 alert()函数弹出提示对话框,用于显示变量 c 的值
        var x = "你好";       //定义字符串变量
        var y = "世界"
        document.write(x + y);
    </script>
</head>

</html>
```

上述代码首先执行数值加法运算并通过 alert()函数弹出结果，然后通过调用 document 类的 write()函数将拼接后的字符串写入 HTML 页面。读者可以保存上述文件，然后用浏览器打开自行查看效果。

2.11.2　操作 HTML 对象

JavaScript 通过 Document 类型访问文档。在浏览器中，document 对象是 HTMLDocument（继承自 Document 类型）的一个实例，表示整个 HTML 页面。document 对象是 window 对象的一个属性。通过文档对象，不仅可以取得与页面有关的信息，而且还能操作页面的外观及其底层结构。

如果需要对页面的某个 HTML 标签进行操作,那么首先需要通过 JavaScript 获取到该 HTML 标签。具体地,JavaScript 提供了两种常用方式:第一种根据标签 id 号使用 document. getElementById()函数来获取;第二种根据标签名使用 document. getElementsByName()来获取,但是与使用全局 id 不同,HTML 中可能会出现两个元素标签同名的情况,因此,使用 document. getElementsByName()获取到的页面元素本质上是一个数组。下面的代码演示了如何在 HTML 文件中使用 JavaScript 来获取页面元素并且改变元素。

```html
<!DOCTYPE html>
<html>

<head>
    <meta charset = "UTF - 8">
    <title>JS: 操作 HTML 对象</title>
</head>

<body>
    <!-- 1.两个输入框和一个输出框 -->
    第一个数:<input id = "1" type = "text" name = "number1" value = "1.5" /><br />
    第二个数:<input id = "2" type = "text" name = "number2" value = "2.3" /><br />
    商:<input id = "3" type = "text" name = "number3" />
    <script type = "text/JavaScript">
        //获取三个标签对象
        var input1 = document.getElementById("1");              //通过 id 调用
        var input2 = document.getElementsByName("number2")[0];  //通过 name 调用
        var input3 = document.getElementById("3");              //通过 id 调用

        //获取输入框的数值
        var num1 = input1.value;
        var num2 = input2.value;

        //求商:使用 parseFloat 函数转换成浮点型计算
        var shang = parseFloat(num1) / parseFloat(num2);
        //将结果传给 input3
        input3.value = shang;
    </script>
</body>

</html>
```

上述代码首先定义了三个文本框,两个用来输入数据,一个用于输出结果。两个输入文本框给定了初始值 value="1.5"和 value="2.3",然后通过 JavaScript 获取两个输入文本框的数值并且利用 parseFloat 函数强制转换为浮点数进行除法运算,最后将输出结果赋值给第三个文本框的 value 属性用来显示。

上述代码尽管实现了两个文本框的数值计算,但是数值计算是在页面开始刷新后就启动了,没有利用文本框进行数据的输入。如果想在页面启动后通过单击按钮来实现文本框中数值的运算该如何编写代码呢？这里需要用到 JavaScript 的函数操作。

JavaScript 函数的一般形式为：

```
function 函数名(参数列表){函数体}
```

可以将函数绑定到某个 HTML 按钮的响应事件上从而实现动态响应。例 2-27 演示了如何通过绑定按钮事件动态地实现数值运算。

例 2-27 JavaScript 函数使用实例。

```html
<!DOCTYPE html>
<html>

<head>
    <meta charset = "UTF-8">
    <title>JS: 操作 HTML 对象</title>
</head>

<body>
    <!-- 1.两个输入框和一个输出框 -->
    第一个数:<input id = "1" type = "text" name = "number1" /><br />
    第二个数:<input id = "2" type = "text" name = "number2" /><br />
    商:<input id = "3" type = "text" name = "number3" /><br />
    <input type = "button" value = "求商" onclick = "div()" />

    <script type = "text/javascript">
        function div() {
            //获取三个标签对象
            var input1 = document.getElementById("1");
            var input2 = document.getElementsByName("number2")[0];
            var input3 = document.getElementById("3");

            //获取输入框的数值
            var num1 = input1.value;
            var num2 = input2.value;

            //求商 -- 使用 parseFloat()函数转换成浮点型计算
            var shang = parseFloat(num1) / parseFloat(num2);

            //将结果传给 input3
            input3.value = shang;
        }
    </script>
</body>

</html>
```

上述代码不再对输入文本框赋初值,而是等到页面加载完成后由用户输入数值,然后再通过单击按钮调用自定义的 div() 函数进行数值运算,其结果如图 2-2 所示。

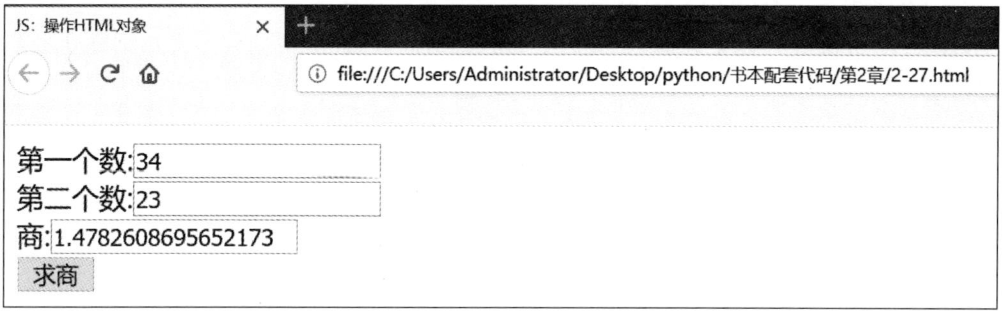

图 2-2 使用 JavaScript 实现数值运算

2.11.3 Ajax 局部刷新

一般情况下,前端给服务器传送数据将直接传到后台,前端页面会等待服务器的回应,当后台返回数据之后整个页面会刷新,这种方式不仅浪费资源,并且在很多场景下并不合适。比如在做股市的 Web 应用时,需要不断地在前后端之间更新数据,如果用户在进行操作的过程中由于接收到新数据而导致整个页面全部刷新,那么就会破坏用户的操作行为。所以这时候需要使用一种局部刷新技术来解决这个问题,Ajax 就是为了解决这样的问题而产生的。

Ajax 类似一个中介,前端将数据传给 Ajax,然后用户可以停留在界面继续操作,而后台和 Ajax 对象之间进行数据传输,当后台把数据返回给 Ajax 之后,再由 Ajax 传给前端指定的某个组件并更新组件数据,不需要刷新整个页面。Ajax 不是一种新的编程语言,而是一种使用现有标准的新算法,其实 Ajax 本质上是几门技术的综合,包括 DOM、XML、JavaScript、JSON、CSS 等。

在 Python Web 中,Ajax 的典型调用形式如下。

```
< script >
    $ ('#myid').click(function () {
        $ .ajax({
            url: '/compute/',            //访问网址
            type: 'POST',                //提交类型
            data: {
                'code': '测试'           //发送给后台的数据
            },
            dataType: 'json',            //期望获得的响应类型,一般为 json
            success: ShowResult          //在请求成功之后调用该回调函数输出结果
        })
    })
</script>
```

上述代码的 Ajax 使用需要依托 jQuery 环境（JavaScript 中使用最广泛的一个库），将 Ajax 操作绑定在某个按钮的单击响应事件上，其中有几个关键字段需要注意。

（1）url：用来指明需要通过 Ajax 访问的后台网址，网址前缀如果不给出则默认是当前网页网址。

（2）type：提交类型，常用的有 GET（获取）、POST（创建）、PUT（修改）、DELETE（删除）等。

（3）data：发送数据，采用 JSON 字符串形式封装，将需要发送的数据以类似 Python 字典的形式封装到 data 数据中。

（4）dataType：定义从后台接收数据的形式，一般形式有 json、xml、text、html 等。

（5）success：这个字段用于表示 Ajax 收到服务器返回的数据后需要执行的操作，通常作为回调函数使用。

Ajax 的使用效果需要借助后台来展示，详细的示例将在 2.13 节中给出，这里读者仅需记住上述介绍的 Ajax 基本调用形式和各参数含义即可。

2.12　Bootstrap 框架使用介绍

完整的 Web 项目需要前端进行网站用户交互和界面设计，后端负责业务逻辑和数据库管理并且为前端提供数据信息。为了提高开发效率，前端任务越来越精细化，想要制作出实用的、用户满意的、优美的前端界面，需要程序开发人员拥有一定的美工设计理念以及具备扎实的前端编程基础。为了简化学习成本，加速项目开发，一些封装好的前端框架脱颖而出，从而大大简化了前端开发的难度。例如，著名的前端框架 Bootstrap、Amaze UI 和 AUI 等，其中，Bootstrap 是目前最流行的前端框架。

Bootstrap 是由 Twitter 的设计师 Mark Otto 和 Jacob Thornton 合作开发的，基于 HTML、CSS、JavaScript 的 CSS/HTML 框架，简洁灵活，使得 Web 开发更加快捷，并提供了优雅的 HTML 和 CSS 规范，底层由动态 CSS 语言 Less 写成。Bootstrap 一经推出便颇受欢迎。Bootstrap 同时还兼顾了响应式网站的设计理念，使用 Bootstrap 可以开发全响应式网页，无论是使用手机、平板电脑还是普通个人计算机，浏览网站内容时所有的元素都可以自适应地呈现。因此，国内外很多开发人员都使用 Bootstrap 来开发适合各种设备浏览的页面，避免大量的因为兼容性而导致的重复劳动。目前 Bootstrap 的最新版本是 4.0，国内使用较多的是 3 系列，本书教程也采用 Bootstrap 3 系列版本，这也是目前性能最稳定的版本。Bootstrap 提供了一些默认样式和精美的组件，可以直接使用，也可以覆盖其样式对其进行定制化开发。

2.12.1　Bootstrap 的下载和使用

Bootstrap 本质上是一套 js、css、fonts 字体样式库文件，可以从 Bootstrap 中文官网上进行下载，下载网址为 https://v3. bootcss. com/getting-started/ ♯ download。Bootstrap 提供了三种不同版本可供下载，如图 2-3 所示。

图 2-3 Bootstrap 下载页面

由于后面的实战项目需要对 Bootstrap 中的组件进行二次开发,因此为了方便组件定制,这里推荐选择"下载源码"。下载完成后解压,找到其中的 dist 文件夹,该文件夹中包含三个子文件夹:css、fonts 和 js。三个子文件夹目录结构如图 2-4 所示。

上述三个子文件夹包含一些 css、js 以及字体文件,这些文件即为所需的 Bootstrap 框架的基本配置文件,其中已经封装好了大量 Web 开发可直接调用的组件和字体库。

Bootstrap 中文官网给出了很多详细的使用案例,所有的组件都可以通过该官网找到对应的使用方法。下面结合官网样例以及下载的 Bootstrap 做一个简单使用介绍,读者也可以从官网自行查找并学习其他相关案例。下面开始具体操作。

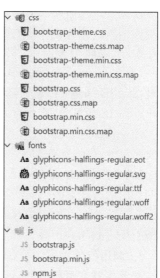

图 2-4 Bootstrap 基本目录结构

1. 创建工程

新建一个文件夹名为 BootstrapDemo,然后把下载下来的 Bootstrap 中的 css、js 和 fonts 三个子文件夹放入 BootstrapDemo 文件夹中。用 VS Code 打开 BootstrapDemo 文件夹,在该文件夹下新建一个 index.html 文件用于编写网页。

2. 配置 Bootstrap 文件

在 index.html 中编写一个基本的 HTML 页面,并且在<head>标签部分引用三个必要的 Bootstrap 文件,分别为 bootstrap.min.css、jquery.min.js、bootstrap.min.js。其中需要注意的是 jquery.min.js 文件,由于下载的 Bootstrap 中并没有包含该文件,因此需要从外部引入。index.html 中代码如下。

```html
<!DOCTYPE html>
<html lang = "zh-CN">

<head>
    <meta charset = "utf-8">
    <meta http-equiv = "X-UA-Compatible" content = "IE=edge">
    <meta name = "viewport" content = "width=device-width, initial-scale=1">
    <title>Bootstrap 简单示例</title>
    <link href = "css/bootstrap.min.css" rel = "stylesheet">
    <script src = "https://cdn.jsdelivr.net/npm/jquery@1.12.4/dist/jquery.min.js">
    </script>
    <script src = "js/bootstrap.min.js"></script>
</head>

<body>
```

```
</body>

</html>
```

（1）第 1 行代码用于声明这是一个标准 HTML5 网页。HTML5 是 HTML 最新的修订版本，2014 年 10 月由万维网联盟 W3C 完成标准制定。HTML5 的设计目的是为了在移动设备上支持多媒体，增加了许多描述型标签，目前所有主流的浏览器都支持 HTML5。

（2）第 2 行用于表示支持中文。在 head 部分使用了一些<meta>标签，这些<meta>标签可提供有关页面的元信息。

（3）"utf-8"表示一种字符编码格式，用于告知浏览器此页面属于 utf-8 中文编码，让浏览器做好"翻译"工作。常见的字符编码有：gb2312，gbk，unicode，utf-8。

（4）http-equiv＝"X-UA-Compatible"用来避免制作出的页面在 IE 8 下面出现错误。通过设定 IE＝edge 模式通知 Internet Explorer 以最高级别的可用模式显示内容。即如果用户最高 IE 版本是 IE 9 的话就调用 IE 9。

（5）intial-scale 用于设置页面首次被显示时可视区域的缩放级别，取值 1.0 则使页面按实际尺寸显示，无任何缩放。

（6）在<head>最后引入 Bootstrap 的 3 个必要文件，其中，jquery.min.js 文件是通过外网引用的方式导入，如果希望以本地引用的方式导入，可以通过浏览器访问该网址，然后将内容保存为独立的 jquery.min.js 文件，然后放置于项目的 js 子文件夹下面，最后再采用本地引用方式导入。

3. 调用组件

配置好基本页面后，就可以在 body 部分直接调用 Bootstrap 现成精美的组件，比如下面的代码使用了 Bootstrap 的提示框组件。

```
< body >
    < div class = "alert alert - success" role = "alert">Python Web 实战</div >
    < div class = "alert alert - info" role = "alert">Python Web 实战</div >
    < div class = "alert alert - warning" role = "alert">Python Web 实战</div >
</body >
```

其结果如图 2-5 所示。

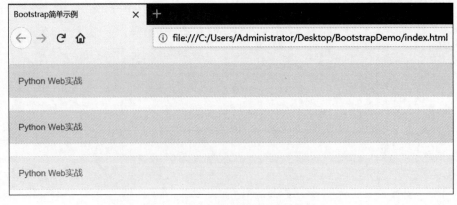

图 2-5　Bootstrap 提示框显示结果

2.12.2 Bootstrap 栅格布局

Bootstrap 提供了一套响应式、移动设备优先的流式栅格系统，随着屏幕或视口 viewport 尺寸的增加，系统会自动分为 12 列。一般地，针对现有的移动设备，如手机、平板电脑以及桌面计算机的显示器等，Bootstrap 提供了 4 种分辨率规模，分别是 col-xs（小屏幕手机）、col-sm（平板）、col-md（普通桌面计算机的显示器）、col-lg（大型桌面计算机的显示器）。例如，下面的代码演示了如何在桌面显示器和手机上分别以两种不同的适配形态进行展示。

```html
< body >
    < div class = "alert alert - success col - md - 6 col - xs - 12" role = "alert">
        Python Web 实战
    </div >
    < div class = "alert alert - info col - md - 6 col - xs - 12" role = "alert">
        Python Web 实战
    </div >
</body >
```

上述代码调用了两个提示框，通过添加类 col-md-6 表示在普通桌面计算机的显示器下该 div 占 6 格，因此两个提示框各占 6 格正好铺满一行，显示结果如图 2-6 所示。如果将计算机显示器窗口缩小或者采用手机浏览，此时类样式 col-xs-12 起作用，使得该 div 占整个一行，最终两个提示框会分行显示，如图 2-7 所示。

图 2-6　Bootstrap 栅格系统普通桌面显示器下显示效果

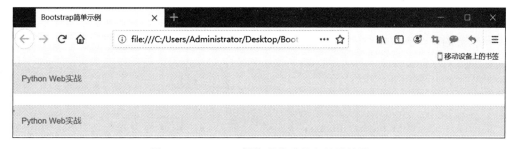

图 2-7　Bootstrap 栅格系统手机上显示结果

采用 Bootstrap 的栅格系统可以方便地同时开发出适合桌面计算机显示器和移动设备的网站，实现一套代码多种设备适配。另外，Bootstrap 的栅格系统使得网页的布局更加简单，只需要将各个组件堆叠到对应的 div 中，然后通过栅格系统实现每个 div 的位置控制。

2.12.3 Bootstrap 组件使用介绍

本节通过介绍 Bootstrap 的导航条组件来熟悉 Bootstrap 前端框架并且帮助读者掌握调用 Bootstrap 组件的基本方法。关于 Bootstrap 其他组件的更多详细内容可以从 Bootstrap 中文官网上找到相关参考案例(https://v3.bootcss.com/components/)。

导航条一般在网页头部显示，给用户提供整个网站的浏览功能，包含一系列链接菜单。Bootstrap 提供的导航条可以在移动设备上折叠：展开或隐藏，且在窗口宽度增加时逐渐变为水平展开模式。下例为 Bootstrap 官网上提供的关于导航栏的使用案例。图 2-8 和图 2-9 分别显示了导航条在大屏幕和手机小屏幕上的展示效果。

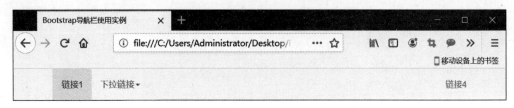

图 2-8　Bootstrap 导航条大屏幕显示效果

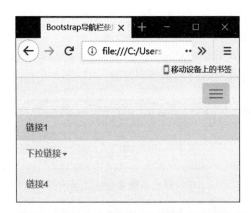

图 2-9　Bootstrap 导航条手机屏幕上显示效果

导航条的定义方式为：

```
< nav class = "navbar navbar - inverse">
</nav >
```

类 class＝"navbar navbar-inverse"指定了导航条的主题颜色为黑色，如果改为 class＝"navbar navbar-default"则为银白色。一般情况下，可以在< nav >中添加一个< container >样式，该样式用于限定宽度以支持响应式布局，与< container >样式相对的是占满全屏宽度的< container-fluid >样式。具体调用形式如下。

```
< nav class = "navbar navbar - inverse">
    < div class = "container">
        <! -- 此处添加详细的导航栏内容主体 -->
```

```
        </div>
    </nav>
```

导航栏内容主体主要分为两部分,第一部分为导航栏头部,第二部分为导航栏目。导航栏头部的定义方式如下。

```
< div class = "navbar - header">
</div>
```

通常情况下,导航栏头包含一个折叠按钮和一个"品牌"标签链接。折叠按钮调用方式如下。

```
< button type = "button" class = "navbar - toggle collapsed" data - toggle = "collapse"
data - target = "#bs - example1" aria - expanded = "false">
    < span class = "sr - only"> Toggle navigation </span>
    < span class = "icon - bar"></span>
    < span class = "icon - bar"></span>
    < span class = "icon - bar"></span>
</button>
```

Bootstrap 通过 JavaScript 已经为折叠按钮设计好了响应动作,其中,data-target 属性用于指明需要折叠的导航栏目。"品牌"链接一般用于设置网站的 logo 图标,可以用大一些的字体显示,也可以用小图标替代,但是不适合大的 logo 图标。

导航栏目定义方式如下。

```
< div class = "collapse navbar - collapse" id = "bs - example1">
</div>
```

其中,class="collapse navbar-collapse"用于表示导航栏可以折叠,id 与前面折叠按钮中的 data-target 属性相对应。具体的导航栏目可以分为左右两部分,每一部分以 HTML 的无序列表< ul >表示。具体样例如下。

```
< ul class = "nav navbar - nav">
    < li class = "active">
        < a href = "#">链接 1 </a>
    </li>
    < li class = "dropdown">
        < a href = "#" class = "dropdown - toggle" data - toggle = "dropdown" role = "button"
aria - haspopup = "true" aria - expanded = "false">下拉链接< span class = "caret"></span>
        </a>
        < ul class = "dropdown - menu">
            < li >< a href = "#">链接 2 </a></li>
            < li role = "separator" class = "divider"></li>
            < li >< a href = "#">链接 3 </a></li>
        </ul>
    </li>
</ul>
```

```
< ul class = "nav navbar - nav navbar - right">
    < li >< a href = " # ">链接 4 </a></li >
</ul >
```

上述代码需要注意下拉菜单的使用，通过类 class＝"dropdown"进行声明。与折叠按钮相似，导航条中的下拉菜单可以直接使用 Bootstrap 提供好的 JavaScript 插件来响应动作，即鼠标单击可以展开下拉菜单，再次单击能够折叠菜单。

导航组件在构建企业门户网站时经常会被采用，通过使用该组件可以有效减少前端设计编码工作。在本书后面的企业门户网站实战部分会通过样式微调来定制化该导航组件。建议读者阅读 Bootstrap 官网的导航组件示例，运行示例并能够理解其每一部分的含义。

2.13　实战项目：在线 Web 计算器

视频讲解

通过前面内容的学习，相信读者已经掌握 Python Web 开发最基本的语法知识。本节将以一个在线计算器为例，从零开始详细阐述如何构建一个完整的 Python Web 项目。通过该实例的制作与学习，一方面可以巩固第 2 章的基础知识，另一方面可以为后面开发企业门户网站打下良好的基础。本节实战案例已经部署在云服务器上，可以访问在线 Web 计算器（网址详见前言二维码）来浏览并体验效果。本节完整的案例代码在随书配套资源内可以获得。

项目功能主要是实现一个在线计算器，其效果如图 2-10 所示。在输入框中输入计算式，单击"计算"按钮可以在输出框中输出结果。前端采用了 Bootstrap 进行制作，提供输入框和按钮让用户进行信息输入，然后将计算式通过 Ajax 方式传输给后台进行计算。后台采用 Django 进行开发，获取到前端发送的数据后利用 Python 的子进程模块 subprocess 来计算式子，并将计算结果返回给前端进行显示。

图 2-10　在线计算器演示效果

从实现角度考虑，本节项目实例可以直接依赖 JavaScript 在 Web 前端实现相应的功能，但是本节出发点并不在于实现一个简单的计算器，而是希望读者能够通过本节内容了解 Python Web 前后端交互方式，熟悉 Ajax 局部刷新方法，掌握完整的项目开发流程。从这个角度上来说，学习本节内容的收获远远不止做一个在线计算器，学习完本节内容后完全可以在此基础上进行扩展，将更多更复杂的运算甚至是人工智能运算放置在后端，由 Python 处理模块完成，然后将结果通过服务器返回给前端用于展示。搭建这样一个小型 Web 应用的方式相比于纯 Python 脚本能够更好地向客户展现产品，用户体验更加友好并且更具有说服力。

下面进入具体的开发环节。

2.13.1　创建项目

在命令行工具 cmd 或者 VS Code 的终端中输入下述命令创建一个名为 compute 的项目。

```
django - admin startproject compute
```

然后使用 cd 命令切换到项目工作目录下(manage.py 文件所在目录)并输入下述命令创建一个名为 app 的应用。

```
python manage.py startapp app
```

输入下面的代码启动项目。

```
python manage.py runserver
```

项目启动后,通过浏览器访问 http://127.0.0.1:8000/,查看是否正常。

2.13.2　配置并访问页面

完成 2.13.1 节的项目创建后,本节介绍如何通过 Django 访问自己制作的页面,其中主要涉及一些基本的 Django 配置操作。首先梳理一下页面访问的基本流程,具体包括下面几个步骤。

(1) 用户输入网址请求访问页面,例如输入 http://127.0.0.1:8000/。

(2) 后端服务器收到请求后开始解析网址,根据路由配置文件 urls.py 中定义的路由,将网址映射到指定的视图处理函数 home()。

(3) home()函数处理请求并返回请求的页面内容 index.html。

根据上述基本的页面访问流程,下面开始逐步实现。首先制作用于访问的页面。在 app 文件夹下创建一个 templates 子文件夹,这里注意该文件夹的名字必须为 templates,因为 Django 框架会自动搜索每个应用下的 templates 文件夹,如果命名拼写错误,后面运行项目时会出现找不到模板文件的错误提示。在 templates 文件夹下创建一个 index.html 文件。编辑该 HTML 文件,具体代码如下。

```html
<!DOCTYPE html >
< html >

< head >
    < meta charset = "utf - 8">
    <title>在线计算器</title>
</head>

< body >
```

```
    <h1>准备制作一款在线计算器</h1>
</body>

</html>
```

上述 HTML 代码比较简单，仅通过<h1>标签在页面中输出一行标题文字，主要是为了方便测试接下来的相关功能。

为了能够访问该页面，接下来需要对用户的访问请求进行路由配置。首先需要将 app 导入到工程中。打开项目配置文件夹 compute 下的 settings.py 文件，找到 INSTALLED_APPS 字段，将创建的 app 应用添加进来，代码如下。

```
INSTALLED_APPS = [
    'django.contrib.admin',
    'django.contrib.auth',
    'django.contrib.contenttypes',
    'django.contrib.sessions',
    'django.contrib.messages',
    'django.contrib.staticfiles',
    'app',  #在此处添加应用
]
```

另外，为了后期项目部署和访问方便，需要开放访问权限，找到 ALLOWED_HOSTS 字段，编辑该行代码如下。

```
ALLOWED_HOSTS = ['*',]
```

接下来配置视图处理函数，编辑 app 文件夹下的 views.py 文件，代码如下。

```
from django.shortcuts import render

def home(request):
    return render(request, 'index.html')
```

上述代码在头部首先从 django 包中的 shortcuts 模块引入 render()函数，用于页面的渲染，然后添加了访问首页对应的 home()处理函数，在该函数中并没有执行其他的操作，仅仅是通过 render()函数返回 index.html 页面。

接下来配置访问路由即可实现访问。编辑配置文件夹 compute 中的 urls.py 文件，代码如下。

```
from django.contrib import admin
from django.urls import path
from app.views import home              #导入首页对应的处理函数

urlpatterns = [
    path('admin/', admin.site.urls),
```

```
    path('', home, name = 'home'),        # 添加首页路由
]
```

上述代码首先导入 app 应用下的 views 模块,然后通过配置 urlpatterns 字段将根访问路径(即默认的 http://127.0.0.1:8000)和 home() 函数进行绑定。

最后在命令行 cmd 中输入下述命令启动项目。

```
python manage.py runserver
```

通过浏览器访问查看效果。访问效果图如图 2-11 所示。

图 2-11 Django 项目初始制作页面

按 Ctrl+C 组合键可以停止项目的运行。到这里,已经完成了项目的基本准备工作,实现了页面的配置和访问,后面将在此基础上继续进行完善。

2.13.3 导入 Bootstrap 前端框架

Bootstrap 是一款优秀的前端库,通过使用该前端库可以方便快速地定制出美观的界面。在 2.12 节中已经对 Bootstrap 做了基本介绍,本节重点阐述如何在 Django 中使用 Bootstrap,其中关键点在于 Django 静态资源的配置。在官网下载源代码后解压缩,找到其中的 dist 文件夹,该文件夹下有三个子文件夹:css、fonts 和 js。这三个子文件夹即为需要导入的前端配置文件。

在 compute 项目的 app 文件夹下面创建一个名为 static 的子文件夹,然后将 Bootstrap 中的 css、fonts、js 三个子文件夹复制到 static 文件夹下面。另外,在 static 文件夹下新建一个名为 img 的子文件夹用于存放静态图片。至此,compute 项目的整体目录结构已经设计完成,图 2-12 是整体的目录结构。

由于创建的在线计算器项目需要采用 Ajax 发送数据,一种比较简单的方式就是导入 jQuery 组件来支持 Ajax 的通信。jQuery 是一个快速、简洁的 JavaScript 框架,是一个优秀的 JavaScript 代码库。jQuery 倡导用更少的代码,做更多的事情,它封装了 JavaScript 常用的功能代码,提供一种简便的 JavaScript 设计模式,优化了 HTML 文档操作、事件处理、动画设计和 Ajax 交互。目前大部分浏览器均支持 jQuery 组件,而 jQuery 组件的安装和配置也极其简单。因此,jQuery 被开发人员广泛采纳和使用。

jQuery 组件可以从外部引用,也可以从本地引用,这里推荐本地引用方式。从 Bootstrap 官网的案例上可以找到当前 Bootstrap 版本的 jQuery 引用网址,例如 Bootstrap 3.3.7 版本对应的 jQuery 地址为 https://cdn.jsdelivr.net/npm/jquery@1.12.4/

图 2-12 "在线计算器"
项目目录结构

dist/jquery.min.js。打开该网址，然后按 Ctrl＋S 组合键进行保存，保存为 jquery.min.js 文件。由于是.js 文件，因此将该文件统一放置在前面所建 static 目录下的 js 子文件夹中。接下来只要在 HTML 文件中引用该 js 文件即可使用 jQuery 组件。

重新编辑 2.13.2 节中创建的 index.html 文件，详细代码如下。

```
{ % load staticfiles % }
<!DOCTYPE html>
< html >

< head >
    < meta charset = "utf - 8">
    < meta http - equiv = "X - UA - Compatible" content = "IE = edge">
    < meta name = "viewport" content = "width = device - width, initial - scale = 1">
    < title >在线计算器</title>
    < link rel = "stylesheet" href = "{ % static 'css/bootstrap.min.css' % }" />
    < link rel = "stylesheet" href = "{ % static 'css/style.css' % }" />
    < script src = "{ % static 'js/jquery.min.js' % }"></script>
    < script src = "{ % static 'js/bootstrap.min.js' % }"></script>
</head>

< body >
    < button type = "button" class = "btn btn - success btn - lg btn_clear"
        id = "lgbut_clear" onclick = "fun_clear()">清空
    </button>
    < button type = "button" class = "btn btn - primary btn - lg" id = "lgbut_compute">
        计算
    </button>
</body>

</html>
```

（1）Django 中静态文件的引用。前面配置的 Bootstrap 无论是 css 文件、js 文件还是字体库文件，都作为静态文件在 HTML 文件中被引用。为了在返回的页面中能够成功引用这些静态文件资源，需要采用 Django 的静态资源设置方法，即将服务器本地资源文件路径映射到指定的 URL 网络路径。首先需要导入 Django 的静态资源引用标签{％ load staticfiles ％}，然后在所有的引用路径前需要添加 static 标记，即采用类似 href＝"{％ static 'app/css/bootstrap.min.css' ％}"这种引用形式。可以简单地将 static 标记理解成一种文件映射，即映射到项目 app 中的 static 文件夹下面。通过这种方式就可以正确地引用静态配置文件。如果需要在项目中引用静态图片，也采用这种方式。

（2）配置文件导入。在< head >头部主要引用了 Bootstrap 的一个 CSS 文件 bootstrap.min.css 和两个 JS 文件：jquery.min.js 和 bootstrap.min.js。另外，上述代码还引用了一个 style.css 文件，该文件并不是 Bootstrap 提供的，而是需要手工创建的。在 App 应用中的 static 文件夹下找到 css 子文件夹，然后在该子文件夹下创建一个 style.css 文件，该文件主要是为了定制一些特殊的 CSS 样式。尽管 Bootstrap 的默认样式可以满足基本的页面设计需求，但是很多情况下需要我们对 Bootstrap 的样式进行一定的改写。

（3）手机适配。为了能够让制作出的 Web 应用既能让普通计算机浏览器访问，也能适用于手机浏览器访问，需要在头部< head >的元标签< meta >中进行配置。通过设定视口 viewport 和初始访问尺寸 initial-scale 等属性使得手机能够自适应地进行页面显示。另外，在接下来的< body >部分会采用 Bootstrap 的栅格布局来使得我们开发的 Web 应用在各种设备上均具有最佳的呈现效果。

到这里首先测试一下 Bootstrap 是否引用成功。在< body >部分引用了两个 Bootstrap 现成的按钮组件，启动项目后用浏览器访问，效果如图 2-13 所示。

图 2-13　Django 中使用 Bootstrap 按钮组件

2.13.4　设计前端页面和交互逻辑

通过前面几节的内容已经将项目的整体结构设置完毕，下面进入到具体的页面设计和功能开发部分。

1. 页面制作

本实例制作的在线计算器前端界面设计并不复杂，对照图 2-10 的演示效果可以看到共包括两个文本框组件：一个用于显示计算公式、一个用于显示计算结果；16 个公式编辑按钮，包含数字、小数点和加减乘除等；两个逻辑按钮：一个用于清空文本框内容、一个用于执行公式计算。

下面进入具体的界面设计。在前面内容的基础上继续编辑 index.html 文件中的 < body >部分，代码如下。

```
< div class = "container - fluid">
    < div class = "row">
        < div class = "col - xs - 1 col - sm - 4"></div>
        < div id = "computer" class = "col - xs - 10 col - sm - 6">
            < input type = "text" id = "txt_code" name = "txt_code" value = "" class = "form -
control input_show" placeholder = "公式计算" disabled />
            < input type = "text" id = "txt_result" name = "txt_result" value = "" class = "form -
control input_show" placeholder = "结果" disabled />
            < br />
            < div >
                < button type = "button" class = "btn btn - default btn_num" onclick = "fun_7()"> 7
</button >
                < button type = "button" class = "btn btn - default btn_num" onclick = "fun_8()"> 8
</button >
                < button type = "button" class = "btn btn - default btn_num" onclick = "fun_9()"> 9
</button >
                < button type = "button" class = "btn btn - default btn_num" onclick = "fun_div()"> ÷
</button >
                < br />
                < button type = "button" class = "btn btn - default btn_num" onclick = "fun_4()"> 4
</button >
```

```
                            < button type = "button" class = "btn btn - default btn_num" onclick = "fun_5()"> 5
</button >
                            < button type = "button" class = "btn btn - default btn_num" onclick = "fun_6()"> 6
</button >
                            < button type = "button" class = "btn btn - default btn_num" onclick = "fun_mul()">
x </button >
                            < br />
                            < button type = "button" class = "btn btn - default btn_num" onclick = "fun_1()"> 1
</button >
                            < button type = "button" class = "btn btn - default btn_num" onclick = "fun_2()"> 2
</button >
                            < button type = "button" class = "btn btn - default btn_num" onclick = "fun_3()"> 3
</button >
                            < button type = "button" class = "btn btn - default btn_num" onclick = "fun_sub()"> -
</button >
                            < br />
                            < button type = "button" class = "btn btn - default btn_num" onclick = "fun_0()"> 0
</button >
                            < button type = "button" class = "btn btn - default btn_num" onclick = "fun_00()">
00 </button >
                            < button type = "button" class = "btn btn - default btn_num" onclick = "fun_dot()">.
</button >
                            < button type = "button" class = "btn btn - default btn_num" onclick = "fun_add()"> +
</button >
                    </div >
                    < div >
                        < br />
                        < button type = "button" class = "btn btn - success btn - lg btn_clear" id =
"lgbut_clear" onclick = "fun_clear()">清空</button >
                            < button type = "button" class = "btn btn - primary btn - lg" id = "lgbut_
compute">计算</button >
                    </div >
                </div >
                < div class = "col - xs - 1 col - sm - 2"> </div >
            </div >
        </div >
        < div class = "extendContent"> </div >
```

上述代码通过 Bootstrap 的 container 容器对内容排布进行了分配，将整个网页内容分为 12 个网格，依据这 12 个网格进行内容的布局并且实现响应式设计。具体地，在< body >中首先定义了 class＝"container-fluid"的< div >标签，设置内容占满整个浏览器宽度，然后对界面元素进行适配布局，其中，class＝"col-xs-1 col-sm-4"表示该< div >在手机小屏幕窗口中只占 1 格，而在计算机等大屏幕窗口中占 4 格。外层三个< div >标签基本结构如下。

```
< div class = "col - xs - 1 col - sm - 4"></div >
< div id = "computer" class = "col - xs - 10 col - sm - 6">
    主体计算器部分
</div >
< div class = "col - xs - 1 col - sm - 2"></div >
```

上述设置通过左右< div >栅格的控制实现响应式布局，由于手机上需要将计算器放大显示,因此占据网格数较多。接下来需要对界面进行一点儿美化,编辑 css 文件夹中的 style.css 文件(如果之前没有创建的话就创建该文件),代码如下。

```css
/* 设置整体的背景样式 */
body {
    background - image: url("../img/bg.jpg");
    background - position: center 0;
    background - repeat: no - repeat;
    background - attachment: fixed;
    background - size: cover;
    - webkit - background - size: cover;
    - o - background - size: cover;
    - moz - background - size: cover;
    - ms - background - size: cover;
}

/* 显示文本框样式 */
.input_show{
    margin - top: 35px;
    max - width: 280px;
    height: 35px;
}

/* 数字按钮样式 */
.btn_num{
    margin: 1px 1px 1px 1px;
    width: 60px;
}

/* 清空按钮样式 */
.btn_clear{
    margin - left: 40px;
    margin - right: 20px;
}

/* 将背景拉伸,否则在手机上浏览时背景会显示不全 */
.extendContent{
    height: 300px;
}
```

其中,注意在设置 body 背景时采用了图片作为默认背景,因此需要在 img 文件夹下放置一张名为 bg.jpg 的图像。另外,为了防止有些浏览器不支持 background-size 语法,需要通过下述 CSS 样式设置来满足浏览器的兼容性。

```css
webkit - background - size: cover;
 - o - background - size: cover;
 - moz - background - size: cover;
 - ms - background - size: cover;
```

此时，前端界面设计部分已完成，启动项目查看效果是否如图 2-10 所示。

2. 逻辑功能实现

前端页面的逻辑功能主要分为以下两部分。

（1）单击数字按钮然后在"公式计算"文本框中显示添加的数字或者运算符号；单击"清空"按钮，可以对两个文本框中的数据进行清除。该部分功能主要通过 JavaScript 代码实现。具体地，在<body>末尾添加下述 JavaScript 代码。

```javascript
<script>
    var x = document.getElementById("txt_code");
    var y = document.getElementById("txt_result");

    function fun_7() {
        x.value += '7';
    }
    function fun_8() {
        x.value += '8';
    }
    function fun_9() {
        x.value += '9';
    }
    function fun_div() {
        x.value += '/';
    }
    function fun_4() {
        x.value += '4';
    }
    function fun_5() {
        x.value += '5';
    }
    function fun_6() {
        x.value += '6';
    }
    function fun_mul() {
        x.value += '*';
    }
    function fun_1() {
        x.value += '1';
    }
    function fun_2() {
        x.value += '2';
    }
    function fun_3() {
        x.value += '3';
    }
    function fun_sub() {
        x.value += '-';
    }
    function fun_0() {
```

```
        x.value += '0';
    }
    function fun_00() {
        x.value += '00';
    }
    function fun_dot() {
        x.value += '.';
    }
    function fun_add() {
        x.value += '+';
    }
    function fun_clear() {
        x.value = '';
        y.value = '';
    }
</script>
```

上述代码为每个按钮定义了一个函数,主要用来控制两个文本框中的数据显示。首先通过 document.getElementById()函数找到两个文本框节点,然后为每个按钮设计相应的响应函数,当单击按钮时为每个文本框添加相应的文本公式。

保存所有修改后刷新浏览器查看各个按钮操作是否正确。

(2) 单击"计算"按钮,将"公式计算"文本框中的数据通过 Ajax 发送给后端服务器,同时能够接受后端服务器发回来的执行结果并且显示在"结果"文本框中。之所以采用 Ajax,是因为该项目适宜采用局部刷新的方式提交数据并更新结果,这样可以具有较好的用户体验。具体地,在< body >末尾添加如下代码。

```
< script >
    function ShowResult(data) {
        var y = document.getElementById('txt_result');
        y.value = data['result'];
    }
</script>
< script >
    $ ('#lgbut_compute').click(function () {
        $.ajax({
            url: '/compute/',                  // 调用 Django 后台服务器计算公式
            type: 'POST',                      // 请求类型
            data: {
                'code': $ ('#txt_code').val()  // 获取文本框中的公式
            },
            dataType: 'json',                  // 期望获得的响应类型为 json
            success: ShowResult                // 在请求成功之后调用该回调函数输出结果
        })
    })
</script>
```

上述代码中需要注意 Ajax 部分的写法,其内容在 2.11.3 节已经进行过阐述。其中,

url用来设置请求路径，即将请求提交到"当前根网址/compute/"进行运算。请求类型为POST方式，需要发送的公式通过 data 字段进行发送，通信数据格式采用 JSON 字符串进行数据交换。最后 success 字段用来定义请求成功后需要执行的回调函数，这里将请求成功后由后台返回的计算结果通过调用 ShowResult()函数显示出来。ShowResult()函数通过 txt_result 文本框来输出显示内容。

至此，前端开发部分已经全部完成。下面进入基于 Python 的后端开发部分。

2.13.5　开发后端计算模块

后端除了前面已经创建的首页 home()函数，还需要处理前端发送过来的计算公式，由Python 模块执行计算然后将计算结果以 JSON 字符串形式返回给前端。因此首先来编写执行计算的视图处理函数，编辑 app 文件夹中的 views.py 文件，添加如下代码。

```python
import subprocess
from django.views.decorators.http import require_POST
from django.http import JsonResponse
from django.views.decorators.csrf import csrf_exempt

def run_code(code):
    try:
        code = 'print(' + code + ')'
        output = subprocess.check_output(['python', '-c', code],
                                universal_newlines = True,
                                stderr = subprocess.STDOUT,
                                timeout = 30)
    except subprocess.CalledProcessError as e:
        output = '公式输入有误'
    return output

@csrf_exempt
@require_POST
def compute(request):
    code = request.POST.get('code')
    result = run_code(code)
    return JsonResponse(data = {'result': result})
```

（1）库函数导入：头部首先通过 import subprocess 引入子进程模块用于执行发送过来的计算公式；然后引入 require_POST 装饰器来获得后台服务器的 POST 请求权限（否则发过来的请求会被后台服务器阻止）；接下来引入 JsonResponse 模块用于将计算得到的结果封装成 JSON 字符串；最后引入 csrf_exempt 装饰器用于规避 csrf 校验（防止网站被跨站攻击）。

（2）视图处理函数：具体的执行函数由 compute()定义，该函数接收 request 请求参数，从请求参数中通过 request.POST.get('code')得到需要计算的公式，然后调用 run_code()函数进行公式计算并得到结果，最后由 JsonResponse()函数将结果进行 JSON 封装并作为返回值返回。

（3）公式计算函数：定义 run_code()函数用于接收字符串 code 并进行计算，其中主要通过调用子进程模块 subprocess 的 check_output 函数进行公式计算。

最后，需要对访问路由 urls 进行配置，编辑 compute 中的 urls.py 文件，在 urlpatterns 字段中添加代码，具体如下。

```
from app.views import home,compute

urlpatterns = [
    path('admin/', admin.site.urls),
    path('', home, name = 'home'),                // 首页路由
    path('compute/', compute, name = 'compute'),  // 添加针对公式计算 compute 的路由
]
```

至此，后端开发全部完成，运行项目查看效果。本节所有代码可以从本书配套资源中获取。

小结

本章重点介绍了 Python 的基本语法，同时对前端 HTML、CSS、JavaScript 做了基本介绍。针对前端设计问题，阐述了目前流行的 Bootstrap 框架使用方法。在本章最后一节，通过制作一个简单的在线计算器实例，让读者可以进一步巩固基础知识，并且能够灵活地运用各个知识点建立一个独立的 Python Web 项目。

通过本章的学习，读者应该掌握 Python 基本语法并且熟悉前端常用命令以及了解 Bootstrap 的部分组件，能够使用 Django 创建简单的 Web 应用，具备实际项目开发的学习基础。

## 第二部分

实战开发篇

第 **3** 章

企业门户网站框架设计

从本章开始将以一个完整的企业门户网站为例,详细阐述基于 Python Web 的网络应用开发过程。具体地,将使用流行的 Django 框架实现相关功能。另外,考虑到项目的完整性,对 Web 前端页面设计也会同步进行阐述。本书开发的企业门户网站案例已按照第 11 章教程部署在云服务器上,读者可以访问企业门户网站(网址详见前言二维码)查看整个网站的实现效果。本书从零开始,将会逐步带领读者完成网站页面设计和后端开发,直至最终将网站部署上线。所有代码和素材均可以从本书配套资源中获取。需要注意的是,本书所开发的企业门户网站仅作为示例教程使用,用于教学需要,所有网站内容包括企业名称、新闻动态、产品等均为虚构内容,读者阅读完本书后可以根据自己的实际需求进行修改、二次开发以方便定制化扩展。

视频讲解

3.1 需求概述

随着全球信息化速度的不断加快,信息化技术被广泛应用到了各个方面,包括企业管理上面。信息化技术的应用不仅能够提高企业的管理效率,而且还能为员工的工作提供一定的便利,因此受到广大企业的欢迎。企业通过各种信息管理系统的建设,还能有效降低信息传递的错误率,提高信息查找速度,进而提高员工的工作效率,最终提高企业的运营管理效率。企业门户网站的建设则是加强企业与外界联系的一个重要方式,同时也是展现企业形象,提高企业社会影响力的一种有效方式。因此,企业门户网站建设在企业发展的过程中具有十分重要的作用。

本书拟开发一个科技型企业门户网站,该门户网站包括如下四方面需求。

1. 展示企业形象

企业门户网站通常包含企业简介、企业荣誉、主要产品、企业新闻等内容,而网站访问者通过这些内容就可以对该企业有一个初步的了解,使得企业在访问者心目中树立一个简明的形象。而企业在进行门户网站建设时应当抓住重点,突出企业的主要特色,并且还要积极展示企业在行业内的一些业绩、专业水平、技术实力、荣誉等内容，以此来增强访问者对企业的了解，并且使其对企业形成一个良好的印象。在进行形象展示时，除了文字说明外，还应当配以相应的图片，让访问者对企业有一个更加直观的了解。

2. 人才招聘

企业门户网站是企业进行人才招聘的一个重要渠道。访问者通过企业门户网站可以对企业有一个充分的了解，而且门户网站展示良好的企业文化可以吸引有意向的应聘人员。企业门户网站发布的人才招聘信息具有权威性，而且招聘信息更加详细，有助于企业招募到合适的人才。

3. 服务与支持

为企业客户提供服务与支持是企业日常运营的一项重要内容。对于科技型企业来说，服务与支持涉及的信息内容很多，包括产品手册、驱动程序、产品开发包等，在门户网站上需要提供这些不同种类文件的管理和下载功能。另外，随着近年来人工智能的兴起，众多科技型企业开始提供基于 Web API 的人工智能服务，而这些人工智能算法需要在门户网站上给出调用示例和在线演示接口，从而吸引用户体验和使用，以进一步提高科技企业核心产品的关注度。

4. 后台管理

网站后台管理系统主要是用于对网站前台的信息进行管理，如文字、图片和其他日常文件的发布、更新、删除等操作。简单来说就是对网站数据进行维护，使得前台内容能够得到及时更新和调整。企业门户网站需要建设高效稳定的后台管理系统以方便管理人员查看、编辑、修改网站内容。在实际的网站部署时，企业门户网站往往部署在云服务器上，网站管理人员只需要通过互联网即可登录后台管理系统实现网站维护。交互性友好的后台管理系统可以使得网站管理人员即使没有开发经验依然可以快速地进行信息查找和修改，实现网站的稳定运维。

企业门户网站建设对企业发展起着非常重要的作用。企业门户网站作为企业展示自身形象的平台，不仅能够提高企业的社会影响力，还能帮助企业招贤纳士，提高产品的认知度，进而推动企业的快速发展。因此，本书选择科技型企业门户网站为突破口，运用 Python Web 技术实现网站的全流程开发。

根据上述要求，本书模拟一个科技型企业进行门户网站设计，企业名称为恒达科技，具体包括：“首页”“公司简介”“新闻动态”“服务支持”“产品中心”“科研基地”“人才招聘”共 7 个模块，每个模块可能包含两至三个子模块用于进一步细分功能。各模块及其子模块结构如图 3-1 所示。

下面对每个模块需求和功能进行简要介绍。

（1）科研基地：该模块主要用于展示企业科研基地相关内容，包括科研基地的文字描述和图片等，该模块功能较为单一，仅包含一个页面，并以静态页面形式提供访问和浏览。

（2）公司简介：包含两个子模块，分别是“企业概况”和“荣誉资质”。“企业概况”用于对企业进行简短的展示，包括说明文字和图片，用以展示企业的历史、核心产品、经营理念等。“荣誉资质”子模块主要以展报形式罗列企业历年来获得的荣誉，该模块随着企业发展，需要动态地增加相关内容。因此，为了方便管理员后期编辑网站内容，需要将该页面内容与数据库进行绑定，后期可以动态地添加荣誉信息。

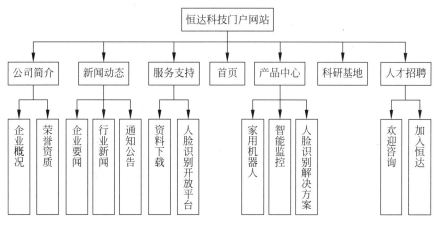

图 3-1　门户网站模块结构

（3）产品中心：包含三个子模块，分别是"家用机器人""智能监控"和"人脸识别解决方案"，对应企业的三大主流产品。用户浏览产品时通过各个子模块链接切换可以按类别对产品进行浏览。因此，"产品中心"模块实现时需要能够从后台数据库按类型获取数据并进行页面渲染。

（4）新闻动态："新闻动态"模块包含三个子模块，分别是"企业要闻""行业新闻"和"通知公告"。与"产品中心"模块类似，用户可以通过各个子模块链接按新闻类型切换到指定子模块进行浏览。新闻内容以图文形式进行展现，并且管理员可以自定义图片和文字的格式。

（5）人才招聘：该模块包含两个子模块，分别是"欢迎咨询"和"加入恒达"。"欢迎咨询"子模块主要用于展示企业联系人信息以及企业地理位置，需要在实现时嵌入百度地图以方便浏览者查找位置。"加入恒达"子模块用来为企业招聘提供一个互动渠道，招聘员在网站上发布招聘职位并显示在该子模块页面上，应聘者浏览该页面并通过该页面上的表单提交个人信息。

（6）服务支持：该模块包含两个子模块，分别是"资料下载"和"人脸识别开放平台"。"资料下载"子模块用于为用户提供资料下载链接，用户通过这些链接可以下载该企业的相关产品数据，包括驱动、说明文档、SDK 开发包等。"人脸识别开放平台"子模块作为一个展示企业科技产品的模块，可以提供在线的人工智能算法支持，以 API 方式让用户体验产品。

（7）首页：该模块作为一个企业门户网站的入口模块具有非常重要的作用，需要能够全方位地展示企业各版块功能，同时需要兼具美观、清晰的特性。另外，作为一个集成模块，首页需要调用其他模块的相关数据信息，并能够对数据进行过滤和排序。

读者可以先访问企业门户网站（网址详见前言二维码）自行体验整体网站的功能，然后再进入后面的开发教程，这样可以加深对各模块内容的理解，为后面的开发做好准备。3.2 节将进入具体的开发环节。

3.2　搭建项目框架

本节搭建整个项目的框架，重点在于设计合理的项目文件结构。一个项目通过合理的结构设计和安排可以极大程度地提高项目整体的开发效率，减少冗余并提高项目组件的复用性。在创建项目前先确保计算机已安装 Python 3.7 以及 Django 2.2.4。如果读者对当前开发环境不确定，可以在 Windows 系统下打开 cmd 命令行工具，输入命令 python 后，按Enter 键来查看当前系统 Python 版本号，正常呈现效果如下所示。

```
PS C:\Users\Administrator > python
Python 3.7.4 (tags/v3.7.4:e09359112e, Jul 8 2019, 20:34:20) [MSC v.1916 64 bit (AMD64)]
on win32
Type "help", "copyright", "credits" or "license" for more information.
>>>
```

此时，Python 已经安装成功并且进入了 Python 交互式环境。接下来输入下述命令退出 Python 的交互式环境。

```
exit()
```

然后输入下述命令检查当前环境已经安装的 Python 第三方依赖包。

```
pip list
```

检查依赖包中是否含有 Django 2.2.4，如果没有可以通过输入下述命令来进行在线安装。

```
pip install django == 2.2.4
```

确保 Python 以及 Django 均已安装完成后，打开 VS Code，在终端中通过 cd 命令切换到希望创建项目的目录位置，然后输入下述命令创建一个名为 hengDaProject 的 Django项目。

```
django - admin startproject hengDaProject
```

依次选择 VS Code 菜单栏中的 File→Open Folder 命令，打开新创建的 hengDaProject文件夹，导入项目内容。最后在终端中输入下述命令启动项目来检查项目是否创建成功。

```
python manage.py runserver
```

此时默认情况下开发服务器会以本机网址 http://127.0.0.1 进行部署，这是 Django自带的轻量级开发服务器，旨在让开发人员快速查看开发效果，默认访问端口为 8000。采用开发服务器运行项目可以实现热更新，即后台对代码的修改会自动地被开发服务器检测到并且在不关闭服务器的情况下自动更新页面内容。通过浏览器访问 http://127.0.0.1:8000 查看项目运行情况。按 Ctrl＋C 组合键可以停止项目运行。这里注意，尽管开发服务器能够不断地动态监测项目文件是否被修改，但是这种监测并不是每一次都能够完全捕捉到，尤其是针对 Web 前端的一些 HTML、CSS、JavaScript 等文件的修改，此时稳妥的方法是按 Ctrl＋C 组合键将项目停止然后再通过命令 python manage.py runserver 重启。

3.2.1　文件结构设计

2.13 节中以一个在线计算器为例初步接触了一个完整的项目雏形,但是该实例仅有一个访问页面,内容和结构设计相对简单,因此只需要建立一个应用即可完成需求功能。但是在实际情况中,一个完整的网站项目拥有较多的访问页面和多种不同功能的应用模块。如果将所有的页面访问和逻辑实现全部放在一个应用下进行开发,那么会造成项目的冗余以及结构的混乱,不利于团队协作也不利于组件的复用,使得项目后期维护和扩展变得异常困难。Django 提供了一种多应用机制,即一个 Django 项目可以包含多个应用,每个应用可以实现一定的功能,或者每个应用对应部分访问内容。这样做的好处很明显,可以进一步精炼、浓缩项目功能,抽象出项目共享的模板文件和静态资源,而多个应用通过共享、继承这些文件可以提高项目开发效率,并且减少项目的冗余。

根据 3.1 节阐述的门户网站需求,可以对整个网站的功能有一个清晰的了解。针对"恒达科技"这个门户网站的需求可以发现,每个页面下基本都有 2~3 个二级子页面,比如"公司简介"下有"企业概况"和"荣誉资质"两个子页面,"产品中心"下有"家用机器人""智能监控"和"人脸识别解决方案"3 个子页面。在这种情况下,为了清晰地表述项目结构,一种便捷有效的结构设计方法即将每一个一级页面看作一个功能应用,具体地可以分为"首页""公司简介""新闻动态""产品中心""服务支持""科研基地""人才招聘"共 7 个应用,这样每个应用下都只需要开发 2~3 个相似的子页面即可。采用这种方式的好处在于今后如果开发其他类似的项目可以重复利用这些功能模块,只需要在项目中简单地配置即可。接下来,按照上述结构思路为每个页面建立应用。

以"首页"模块为例,在终端中输入下述命令创建一个名为 homeApp 的应用。

```
python manage.py startapp homeApp
```

接下来按照同样方法创建其他模块对应的应用,依次输入以下命令。

```
python manage.py startapp aboutApp
python manage.py startapp newsApp
python manage.py startapp productsApp
python manage.py startapp serviceApp
python manage.py startapp scienceApp
python manage.py startapp contactApp
```

通过上述命令依次创建"公司简介"(aboutApp)、"新闻动态"(newsApp)、"产品中心"(productsApp)、"服务支持"(serviceApp)、"科研基地"(scienceApp)、"人才招聘"(contactApp)这几个功能应用。所有应用创建完成后,项目结构如图 3-2 所示。

接下来在项目工作目录下创建 templates 文件夹,该文件夹用于存放各个应用共享的模板文件,此处一般指用于共享和继承的 HTML 模板文件。通常门户网站各个功能页面具有统一的风格,即网页头部、导航栏、尾部等内容一般是相同的,因此可以将这些相同的内容编辑成模板文件,其他功能页面在开发的过程中可以继承该模板文件,然后通过少量代码的修改即可实现页面的

图 3-2　一个 Django 项目
　　　　　集成多个应用

复用,这种方式可以极大地提高开发效率。Django 的模板概念将会在 3.2.3 节中进行介绍。

另外,为了能够使得多个应用共享静态资源文件,在项目根目录下创建 static 文件夹,在该文件夹中分别建立 css、fonts、img、js 这四个子文件夹,分别用来存储项目共享的样式文件、字体库文件、图片文件和 JavaScript 代码文件。由于本书采用的是 Bootstrap 前端框架,因此按照 2.13 节中介绍的方法,将 Bootstrap 对应的配置文件分别导入到各个对应的项目文件夹中,配置完成后各资源文件夹目录结构如图 3-3 所示。

注意在 css 文件夹中额外添加了自定义的 style.css 文件,该文件并不是 Bootstrap 提供的文件,而是本书为了定制化 HTML 样式建立的 CSS 文件。尽管可以采用 Bootstrap 框架完成页面的布局,但是依然有很多组件需要细微地调整,此时就需要通过在 style.css 文件中编写代码覆盖 Bootstrap 的基础样式来实现。

最后,给出 hengDaProject 项目完整的文件结构图,如图 3-4 所示。

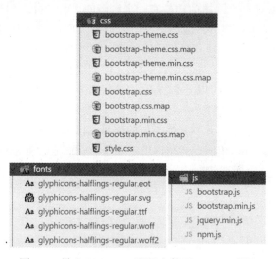

图 3-3　导入 Bootstrap 配置文件至 Django 项目　　　　图 3-4　项目完整文件结构示意图

3.2.2　多级路由配置和访问

本节学习 Django 的多级路由配置和访问,即如何在大型项目中合理地设计每个访问页面对应的路由。在前面章节中已经接触过 Django 的路由配置,基本配置方法是在 urls.py 文件中通过 path()函数将路由和视图处理函数进行绑定,使得访问时能够正常解析路由并使用绑定的视图函数进行处理,基本形式如下。

```
path('home/', home, name = 'home'),
```

path()函数接收的第一个参数是相对访问路由,如果项目部署在本地 8000 端口时,此时对应的访问网址为 http://127.0.0.1:8000/home。第二个参数即指定绑定的视图函数。第三个参数用于在模板中进行逆向解析,Django 模板的使用在 3.2.3 节中将详细介绍。以上配置 path 路由的过程相对简单,适用于小规模 Django 项目。当项目规模较大、具有较多的路由时,此时如果将所有路由依然放置在同一个 urls. py 文件中,会使得路由管理显得混乱、逻辑不清晰。一种比较好的解决方案就是将与各个应用相关的路由放置在各个应用文件夹下,每个应用单独管理一个 urls. py 文件。例如,"公司简介"模块下有一个"企业概况"页面,如果按照单层路由进行设计,其对应的路由形式为:

```
path('survey/', survey, name = 'survey')
```

如果希望将上述路由设置于 aboutApp 应用下面,那么就需要定义二级路由。一级路由指定路由所在的应用 App,在项目根路由文件 urls. py 中进行声明,形式如下。

```
path('aboutApp/', include('aboutApp.urls'))
```

path()函数第一个参数用来匹配应用对应的前缀,即如果想要访问 aboutApp 应用下的路由,在根网址后都必须加上 aboutApp 前缀。path()第二个参数用来接收由 include 指定的二级路由对应的路由文件。

二级路由可以在应用中创建一个 urls. py 文件,然后将二级路由与视图函数进行绑定即可。下面以"首页"(homeApp)和"公司简介"(aboutApp)两个应用为例,具体阐述如何配置多级路由并且实现访问。尽管前面已经创建了 7 个应用,但是所有应用并没有加载到项目中。因此,首先将 homeApp 和 aboutApp 两个应用加载到项目中来。打开 hengDaProject 文件夹下的 settings. py 文件,找到 INSTALLED_APPS 字段,在该字段末尾添加应用:

```
INSTALLED_APPS = [
    …其他应用…
    'homeApp',     # 添加"首页"应用
    'aboutApp',    # 添加"公司简介"应用
]
```

接下来需要实现每个应用对应的页面访问。此处为了快速测试功能,暂时不对前端进行设计,只让每个页面显示不同的字符串即可,即访问首页时页面出现"首页"字符,访问企业概况时页面出现"企业概况"字符,同样,访问荣誉资质页面时出现"荣誉资质"字符。

Django 提供了 HttpResponse()函数用来直接通过代码生成页面并返回给前端浏览器渲染。具体地,编辑 homeApp 文件夹中的 views. py 文件,代码如下。

```
from django.shortcuts import HttpResponse

def home(request):
    html = '<html><body>首页</body></html>'
    return HttpResponse(html)
```

上述代码首先从 django 包的 shortcuts 模块中导入 HttpResponse()函数,然后定义了首页路由的视图处理函数 home()。home()函数以 request 为接收参数,通过调用 HttpResponse()函数返回一个 HTML 字符串给前端进行显示。这里将 HTML 代码硬编码在 Python 代码中,以字符串的形式进行返回。

接下来对"首页"路由进行配置。尽管本书将首页也作为一个独立的应用进行设置,但是首页的路由比较特殊,一般情况下,网站的根访问路径对应网站首页,即类似访问 http://127.0.0.1:8000/即可浏览首页,无须定位到某个具体的应用路径下。因此,只需要在项目的 urls.py 文件中(hengDaProject/urls.py)找到 urlpatterns 字段然后添加首页路由即可,代码如下。

```python
from homeApp.views import home

urlpatterns = [
    …其他路由…
    path('', home, name = 'home'),
]
```

配置完首页后开始配置"企业概况"和"荣誉资质"页面对应的二级路由。这两个子页面均属于"公司简介"应用模块,因此将这两个页面的路由放置在 aboutApp 下单独进行管理。

首先在项目根路由文件 urls.py 的 urlpatterns 字段中添加 aboutApp 应用对应的一级路由。

```python
urlpatterns = [
    …其他路由…
    path('aboutApp/', include('aboutApp.urls')) #添加"公司简介"路由
]
```

上述配置通过 include()函数将 aboutApp 应用中的 urls.py 文件包含进来。为了能够使用 include()函数,在头部需要添加:

```python
from django.conf.urls import include
```

访问时,需要在所有的二级子目录前添加 aboutApp 前缀。接下来在应用 aboutApp 中添加 urls.py 文件,然后编辑代码如下。

```python
from django.urls import path
from . import views

app_name = 'aboutApp'                              #设置应用名

urlpatterns = [
    path('survey/', views.survey, name = 'survey'),    #企业概况
    path('honor/', views.honor, name = 'honor'),       #荣誉资质
]
```

上述路由设置与普通的一级路由设置相同,将"企业概况"和"荣誉资质"对应的路由分别绑定到 survey()和 honor()函数。值得注意的是,需要在应用的 urls.py 文件中显式地设置应用名 app_name = 'aboutApp',从而方便后续使用 Django 模板实现路由的逆向解析。

最后,为了能够访问网页内容,同样将页面文字以硬编码方式嵌入到 Python 字符串中

并通过 HttpResponse()函数返回给浏览器。编辑 aboutApp 应用下的 views.py 文件,添加代码如下。

```
from django.shortcuts import render
from django.shortcuts import HttpResponse

def survey(request):
    html = '<html><body>企业概况</body></html>'
    return HttpResponse(html)

def honor(request):
    html = '<html><body>荣誉资质</body></html>'
    return HttpResponse(html)
```

为了方便后期部署和访问,需要开放访问权限。编辑 hengDaProject 文件夹下的 settings.py 文件,修改 ALLOWED_HOSTS 字段如下。

```
ALLOWED_HOSTS = ['*',]
```

添加上述代码后,运行项目,浏览器访问 http://127.0.0.1:8000 即可查看首页内容(出现"首页"字符串),如果想要访问"企业概况"和"荣誉资质"页面,可以通过浏览器分别访问 http://127.0.0.1:8000/aboutApp/survey 和 http://127.0.0.1:8000/aboutApp/honor 查看效果。上述网址中的 aboutApp 即为在应用 urls.py 文件中设置的 app_name。survey 和 honor 对应 urls.py 文件中由 path 绑定的路由。

到这里,已经完成了"首页"和"公司简介"两个模块各页面的路由配置。按照上述步骤为其他应用也添加类似的页面访问内容,完善整个项目框架。项目根 urls 文件最终内容如下。

```
from django.contrib import admin
from django.urls import path
from django.conf.urls import include
from homeApp.views import home

urlpatterns = [
    path('admin/', admin.site.urls),                    # 管理员
    path('', home, name = 'home'),                       # 首页
    path('aboutApp/', include('aboutApp.urls')),         # 公司简介
    path('contactApp/', include('contactApp.urls')),     # 人才招聘
    path('newsApp/', include('newsApp.urls')),           # 新闻动态
    path('productsApp/', include('productsApp.urls')),   # 产品中心
    path('scienceApp/', include('scienceApp.urls')),     # 科研基地
    path('serviceApp/', include('serviceApp.urls')),     # 服务支持
]
```

contactApp 应用(人才招聘)的 urls.py 文件关键配置内容如下。

```
app_name = 'contactApp'

urlpatterns = [
    path('contact/', views.contact, name = 'contact'),    # 欢迎咨询
    path('recruit/', views.recruit, name = 'recruit'),    # 加入恒达
]
```

newsApp 应用（新闻动态）的 urls.py 文件关键配置内容如下：

```
app_name = 'newsApp'

urlpatterns = [
    path('company/', views.company, name = 'company'),     # 企业要闻
    path('industry/', views.industry, name = 'industry'),  # 行业新闻
    path('notice/', views.notice, name = 'notice'),        # 通知公告
]
```

productsApp 应用（产品中心）的 urls.py 文件关键字段内容如下。

```
app_name = 'productsApp'

urlpatterns = [
    path('robot/', views.robot, name = 'robot'),                  # 家用机器人
    path('monitoring/', views.monitoring, name = 'monitoring'),   # 智能监控
    path('face/', views.face, name = 'face'),                     # 人脸识别解决方案
]
```

serviceApp 应用（服务支持）的 urls.py 文件关键字段内容如下。

```
app_name = 'serviceApp'

urlpatterns = [
    path('download/', views.download, name = 'download'),    # 资料下载
    path('platform/', views.platform, name = 'platform'),    # 人脸识别开放平台
]
```

scienceApp 应用（科研基地）的 urls.py 文件关键字段内容如下。

```
app_name = 'scienceApp'

urlpatterns = [
    path('science/', views.science, name = 'science'),    # 科研基地
]
```

配置完每个应用的 urls.py 文件后需要在每个应用的 views.py 文件中同步编辑视图处理函数。本章设计框架时需要编写完整的视图处理函数代码，为了方便测试功能，可以先使用 HttpResponse 返回固定的字符串显示即可。

接下来将所有新建的应用添加到项目配置文件 settings.py 中的 INSTALLED_APPS

字段,详细代码如下。

```
INSTALLED_APPS = [
    …其他应用…
    'homeApp',      # 添加"首页"应用
    'aboutApp',     # 添加"公司简介"应用
    'contactApp',   # 添加"人才招聘"应用
    'newsApp',      # 添加"新闻动态"应用
    'productsApp',  # 添加"产品中心"应用
    'serviceApp',   # 添加"服务支持"应用
    'scienceApp',   # 添加"科研基地"应用
]
```

最后,启动项目,按照下述网址逐个通过浏览器进行访问并检查是否有错误。

(1) 首页:http://127.0.0.1:8000/。

(2) 企业概况:http://127.0.0.1:8000/aboutApp/survey/。

(3) 荣誉资质:http://127.0.0.1:8000/aboutApp/honor/。

(4) 欢迎咨询:http://127.0.0.1:8000/contactApp/contact/。

(5) 加入恒达:http://127.0.0.1:8000/contactApp/recruit/。

(6) 企业要闻:http://127.0.0.1:8000/newsApp/company/。

(7) 行业新闻:http://127.0.0.1:8000/newsApp/industry/。

(8) 通知公告:http://127.0.0.1:8000/newsApp/notice/。

(9) 家用机器人:http://127.0.0.1:8000/productsApp/robot/。

(10) 智能监控:http://127.0.0.1:8000/productsApp/monitoring/。

(11) 人脸识别解决方案:http://127.0.0.1:8000/productsApp/face/。

(12) 资料下载:http://127.0.0.1:8000/serviceApp/download/。

(13) 人脸识别开放平台:http://127.0.0.1:8000/serviceApp/platform/。

(14) 科研基地:http://127.0.0.1:8000/scienceApp/science/。

通过本节 Django 路由的学习,相信读者已经掌握如何在实际网站项目中设置和管理二级路由。二级路由的使用可以使得项目结构进一步细化,提高了代码结构的清晰度,同时有利于后期组件的重复使用。

3.2.3 Django 模板概述

在 3.2.2 节中,为了快速生成 HTML,将 HTML 对应的内容直接硬编码到 Python 代码中并返回,这种方法比较直观,可以快速设计项目结构,但是直接将 HTML 内容编码到 Python 代码中这本身并不是一种良好的实现方式,前端设计和后端开发存在紧耦合,当页面内容更改时需要手动地对 Python 代码进行修改,影响开发效率。实际情况中,后台 Python 代码的编写和前端 HTML 编码设计是两项不同的工作,一般是由两个团队分别完成,中间通过设计好的接口协议进行交互。为了有效解决这个问题,Django 提供了模板机制,仅需少量的改动即可让后端服务器调用并渲染前端 HTML 页面。

Django 提供的模板通常用来处理 HTML,其本质是一种文本。简单来说,Django 在普

通的 HTML 文件中嵌入一些特殊意义的字符,这时候该 HTML 文件就称为模板,而这些特殊字符可以归纳为两种：变量和模板标签。

变量由两个大括号括起来,一般形式为：

```
{{ name }}
```

变量提供了一种页面内容动态生成的方法,使得后端服务器在渲染 HTML 页面时可以动态地将变量值插入到 HTML 中。

模板标签由大括号和百分号包围,一般形式为：

```
{ % if today_is_weekend % }
    <p> Welcome to the weekend!</p>
{ % else % }
    <p> Get back to work.</p>
{ % endif % }
```

以上模板语句类似于 Python 的 if 条件判断,可以在 HTML 中执行逻辑流程控制。尽管有些情况下 Django 的模板标签和 Python 语法提供的功能相同,但是本质上不一样。Django 提供的模板标签相对较少,并没有 Python 提供的丰富。从项目前后端分离的角度考虑,Django 并不希望使用过多的模板标签来破坏 HTML 本身的完整性,只是提供了必要的控制语句在关键处进行改写实现控制即可。

尽管 Django 提供了方便的模板机制使得服务器可以渲染 HTML,但是并不严格要求必须使用 Django 模板。本质上来看,采用 Django 的模板依然破坏了 HTML 原来的内容。每次前端完成设计后都需要按照 Django 模板语法进行修改,否则无法准确地渲染 HTML 页面。在第 12 章中将会阐述基于 RESTful API 的概念,采用这种方式可以完全脱离 Django 模板的束缚,真正做到前后端分离。但是不可否认,在项目规模不是很庞大并且没有充足的前后端开发人员的情况下,使用 Django 模板会更加便捷。

3.2.4 基于 Django 模板的静态资源配置

本节基于 Django 的模板机制将对各个应用模块的静态资源进一步进行配置,最终实现通过首页上的 Bootstrap 导航条能够跳转到各个子页面。

首先,对"首页"(homeApp)模块进行页面编辑,通过使用 Bootstrap 的导航条组件在首页中添加跳转到各个子页面的链接。由于需要使用 Bootstrap 框架进行页面设计,因此先确保在项目根目录下的 static 文件夹中已经将 Bootstrap 需要的 JS、CSS、FONTS 等配置文件正确导入,具体导入方法可以参考 2.12 节和 2.13 节。

本节不再采用 Python 硬编码方式生成 HTML,而是直接使用 Django 提供的 render() 函数进行 HTML 模板渲染。首先在 homeApp 文件夹下新建 templates 文件夹（注意该文件夹名字必须为 templates)用来存放 HTML 模板文件。然后在该 templates 文件夹下新建 home.html 文件,该文件即为首页页面文件。编辑 home.html,在头部引用 Bootstrap 对应的配置文件,代码如下。

```
{% load staticfiles %}
<!DOCTYPE html>
<html lang = "zh-cn">


<head>
    <meta charset = "utf-8">
    <meta http-equiv = "X-UA-Compatible" content = "IE=edge">
    <meta name = "viewport" content = "width=device-width, initial-scale=1">
    <title>恒达科技(教学示例网站)</title>
    <link href = "{% static 'css/bootstrap.css' %}" rel = "stylesheet">
    <link href = "{% static 'css/style.css' %}" rel = "stylesheet">
    <script src = "{% static 'js/jquery.min.js' %}"></script>
    <script src = "{% static 'js/bootstrap.min.js' %}"></script>
</head>


<body>
</body>


</html>
```

上述代码首先引入了{% load staticfiles %}语句,这里使用了 Django 模板提供的
staticfiles 标签,通过导入该标签可以在页面中通过关键字 static 定位到项目的静态资源,
最终所有静态文件资源的引用都可以采用类似"{% static 'css/bootstrap. css' %}"这种形
式。上述引用方式是 Django 模板最核心的部分,后面会大量使用这种静态资源引用方式,
读者需要牢牢掌握该方法。

接下来在<body>标签部分,引用 Bootstrap 提供的现成的导航栏组件 nav 来包含各子
页面链接,详细代码如下。

```
<!-- 导航条 -->
<nav class = "navbar navbar-default" role = "navigation">
    <div class = "container">
        <div class = "navbar-header">
            <button type = "button" class = "navbar-toggle collapsed" data-toggle =
"collapse" data-target = "#bs-example" aria-expanded = "false">
                <span>导航栏</span>
            </button>
        </div>
        <div class = "collapse navbar-collapse" id = "bs-example">
            <ul class = "nav navbar-nav" style = "width:100%;">
                <li class = "active nav-top">
                    <a href = "{% url 'home' %}">首页</a>
                </li>
                <li class = "dropdown nav-top">
                    <a href = "#" class = "dropdown-toggle on" data-toggle = "dropdown">
                        公司简介</a>
                    <ul class = "dropdown-menu">
                        <li><a href = "{% url 'aboutApp:survey' %}">企业概况</a></li>
```

```html
            <li><a href = "{% url 'aboutApp:honor' %}">荣誉资质</a></li>
        </ul>
    </li>
    <li class = "dropdown nav - top">
        <a href = "#" class = "dropdown - toggle on" data - toggle = "dropdown">
            新闻动态</a>
        <ul class = "dropdown - menu">
            <li><a href = "{% url 'newsApp:company' %}">企业要闻</a></li>
            <li><a href = "{% url 'newsApp:industry' %}">行业新闻</a></li>
            <li><a href = "{% url 'newsApp:notice' %}">通知公告</a></li>
        </ul> .
    </li>
    <li class = "dropdown nav - top">
        <a href = "#" class = "dropdown - toggle on" data - toggle = "dropdown">
            产品中心</a>
        <ul class = "dropdown - menu">
            <li><a href = "{% url 'productsApp:robot' %}">
                家用机器人</a></li>
            <li><a href = "{% url 'productsApp:monitoring' %}">
                智能监控</a></li>
            <li><a href = "{% url 'productsApp:face' %}">
                人脸识别解决方案</a></li>
        </ul>
    </li>
    <li class = "dropdown nav - top">
        <a href = "#" class = "dropdown - toggle on" data - toggle = "dropdown">
            服务支持</a>
        <ul class = "dropdown - menu">
            <li><a href = "{% url 'serviceApp:download' %}">
                资料下载</a></li>
            <li><a href = "{% url 'serviceApp:platform' %}">
                人脸识别开放平台</a></li>
        </ul>
    </li>
    <li class = "nav - top">
        <a href = "{% url 'scienceApp:science' %}">科研基地</a>
    </li>
    <li class = "dropdown nav - top">
        <a href = "#" class = "dropdown - toggle on" data - toggle = "dropdown">
人才招聘</a>
        <ul class = "dropdown - menu">
            <li><a href = "{% url 'contactApp:contact' %}">欢迎咨询</a></li>
            <li><a href = "{% url 'contactApp:recruit' %}">加入恒达</a></li>
        </ul>
    </li>
            </ul>
        </div>
    </div>
</nav>
```

上述代码中通过使用类 class＝"dropdown nav-top"来调用导航栏的下拉菜单。注意每个链接<a>标签部分,其中,href 属性使用了 Django 提供的模板标签{% url '逆向路径' %}来逆向寻找访问路径,寻找方式采用"应用名:函数名"的形式,应用名如果没有可以不使用,例如首页仅采用下面这种无应用名的形式:

```
< a href = "{% url 'home' %}">首页</a>
```

具体的反向解析形式与之前配置的 url 路由相对应。例如,配置"企业概况"页面时,在该应用的 urls.py 文件中定义了应用名 app_name ＝ 'aboutApp',并且绑定了二级路由:

```
path('survey/', views.survey, name = 'survey'), #企业概况
```

上述路由定义了函数名为 survey,因此在模板中最终的反向解析形式为:

```
"{% url 'aboutApp:survey' %}"
```

在 HTML 中使用这种逆向网址解析的方式主要是为了方便变换根访问路径。例如,在开发服务器上可以通过访问 http://127.0.0.1:8000/aboutApp/survey/ 来浏览企业概况页面,但是当将整个项目部署到生产服务器上时就需要全局去修改所有的访问路径,这显然不方便。因此比较好的方式就是通过为每个路由设置名字,然后采用逆向解析的方式根据名字去动态地查找当前对应的访问网址。

最后,为了能够正常访问首页,需要修改 homeApp 应用下 views.py 文件中的 home 处理函数,修改代码如下。

```
def home(request):
    return render(request, 'home.html')
```

另外,由于新建的共享 static 资源文件夹是在项目根路径下,需要告诉 Django 模板当前共享的静态资源路径位置。打开项目配置文件夹 hengDaProject 下的 settings.py 文件,在文件末尾添加静态资源路径设置:

```
STATICFILES_DIRS = (
    os.path.join(BASE_DIR, "static"),
)
```

运行项目,其效果如图 3-5 所示。单击首页页面各链接可以正常跳转到指定的子页面,单击浏览器返回按钮可以回退到首页。

图 3-5　首页导航栏初始效果

小结

本章介绍了实战项目的基本需求和最终演示效果。根据项目需求设计了项目的整体框架，包括项目文件结构、多级路由配置和 Django 模板。通过本章内容的学习，读者可以学习到实际项目开发过程中的结构设计，能够对项目的前后端逻辑有一个清晰的认识。本章作为实战项目的先导篇，为后续章节的子模块开发奠定了基础，后续各模块的开发将在现有框架基础上逐步深入实现。

## 第 4 章

开发"科研基地"模块

本章将开发"科研基地"模块,对应 hengDaProject 项目中的 scienceApp 应用。"科研基地"作为企业门户网站独立的一个子模块,重点用于介绍企业科研团队情况以及取得的科研成果,该模块只有一个页面,没有子页面,呈现形式比较单一,主要以静态文字和静态图片为主,开发内容相对来说比较固定,可以脱离后台数据库采用静态文件直接引用的方式实现。所有的文字和图片信息均以静态资源的方式直接在 HTML 中调用而不需要通过后台数据库,最终效果如图 4-1 所示。本章通过该模块的开发重点学习基于 Bootstrap 的门户网站页面布局、基于 Django 模板的页面制作和页面复用。

本书第 3 章已完成各个应用的基本框架设置,对于本章的"科研基地"模块,只需要编写对应的访问页面即可。首先来完成后端的基本配置。

视频讲解

"科研基地"模块对应 scienceApp 应用,视图访问函数为应用下 views.py 文件中的 science()函数。在 scienceApp 文件夹下新建 templates 文件夹,然后在 templates 文件夹下新建 science.html 文件用于页面访问。按照与 3.2 节相同的开发流程,修改 science()函数如下。

```
def science(request):
    return render(request, 'science.html')
```

通过 render()函数直接将 scienceApp 应用下的 science.html 文件返回给前端浏览器进行显示。这里注意,Django 会自动寻找每个应用下名为 templates 文件夹中的模板文件,因此在使用 render()函数进行页面渲染时不需要提供 templates 路径。接下来重点对 science.html 进行页面设计,主要介绍基于 Bootstrap 的门户网站页面布局以及 CSS 样式设置方法。

图 4-1 "科研基地"页面最终效果

4.1 制作门户网站基础页面

4.1.1 制作页面头部

1. 编辑< head >部分

参照 homeApp 应用下的 home.html 文件结构,导入基本的 Bootstrap 配置文件。编辑 science.html 代码如下。

```
{ % load staticfiles % }
<! DOCTYPE html >
< html lang = "zh - cn">

< head >
  < meta charset = "utf - 8">
  < meta http - equiv = "X - UA - Compatible" content = "IE = edge">
  < meta name = "viewport" content = "width = device - width, initial - scale = 1">
  < title>恒达科技|科研基地</title>
  < link href = "{ % static 'css/bootstrap.css' % }" rel = "stylesheet">
  < link href = "{ % static 'css/style.css' % }" rel = "stylesheet">
  < script src = "{ % static 'js/jquery.min.js' % }"></script >
  < script src = "{ % static 'js/bootstrap.min.js' % }"></script >
</head >


< body >
</body >


</html >
```

首行用于导入 Django 模板的静态资源标签。<! DOCTYPE html >表示该页面为 HTML5 标准页面。在< head >标签部分首先声明元数据信息,采用 utf-8 中文编码,网页初始适配宽度为设备宽度,用于支持响应式设计。< title >标签部分显示页面标题。接下来分别通过< link >和< script >标签导入 Bootstrap 必要的 CSS 和 JS 文件。另外,通过导入自定义的 style.css 文件以方便进行个性化样式设置。

由于所有页面都采用 Bootstrap 框架,因此将 Bootstrap 对应的静态配置文件放在项目根目录的 static 文件夹下以方便其他应用共享该资源。配置好< head >部分以后接下来需要在< body >部分开始进行页面主体设计。

2. 头部 logo 图片和带图标的说明文字

页面的头部可以分为上下两部分,第一部分包括企业 logo 图片(位于左侧)和电话、邮箱等带小图标的说明文字(位于右侧),第二部分为导航栏。采用 Bootstrap 进行页面布局时,每行分配 12 个栅格。对于头部第一行,可以采用 6-3-3 栅格结构,即在大屏情况下企业 logo 图标部分占 6 格,而电话和邮箱各占 3 格,共占满一行。在小屏幕下,如手机,无法在一行情况下同时放置 logo 图片和说明文字,考虑到页面布局的美观,此时将说明文字隐藏。

根据上述分析,在< body >部分添加代码如下。

```
< div class = "container top">
    < div class = "row">
        < div class = "col - md - 6">
            < a >
                < img class = "img - responsive" src = "{ % static 'img/logo.jpg' % }">
            </a>
        </div >
        < div class = "col - md - 3 hidden - xs">
            < a class = "phone ant">
                < span class = "glyphicon glyphicon - phone"></span >电话: 400 1111 0000
   
            </a>
        </div >
        < div class = "col - md - 3 hidden - xs">
            < a class = "mail ant">
                < span class = "glyphicon glyphicon - envelope"></span >邮箱: hengda @
126.com
            </a>
        </div >
    </div >
</div >
```

(1) 外层 div 样式:上述代码首先将内容封装在 container 内,使得页面内容限定在指定宽度,适用于响应式布局。在 container 样式类后面新建了 top 样式类,该类并不是 Bootstrap 提供的默认样式类,而是需要手工创建的,需要后期在 style. css 中进行编辑,用于设置整个 div 的边距、内容颜色等样式。

(2) 内部 div 样式:在< div class = "row">内将内容分为三部分,用样式 col-md-6、col-md-3 和 col-md-3 来设置每部分内容所占栅格,其中,hidden-xs 样式表示小屏幕下该部分内容不显示。所有具体内容均采用< a >标签来实现,其中,网站 logo 图片采用了 Bootstrap 提供的响应式 img-responsive 图片来控制样式,即该图片会根据不同的浏览器分辨率自适应地调整图片大小。这里注意图片的引用方式 src = "{ % static 'img/logo. jpg' % }",与引用静态的 CSS 和 JS 文件一样,通过 static 模板标签系统能够准确找到 logo. jpg 文件并嵌入到页面(所有的静态图片放置在"根目录/static/img"目录下)。

(3) 图标样式:电话、邮箱等说明文字采用了 Bootstrap 提供的小图标类 phone 和 mail 进行显示(Bootstrap 的图标使用可以参考 Bootstrap 官网)。另外,为了对小图标进行样式设置,在样式后面都添加了自定义的 ant 类样式,后续在 style. css 文件中将添加该样式设置。

接下来在 static/css 文件夹下找到 style. css 文件(没有的话则手动添加),编辑 style. css 文件并添加对应的样式设置:

```
.top{
    margin - top: 10px;
}
```

上述修改使得整个 div 距离上边界 10 像素。小图标由于承载在<a>标签中，默认颜色为深蓝色，而本书设计的网站文字都采用深灰色风格，因此需要对 Bootstrap 提供的 phone 和 mail 图标样式进行覆盖和改写。在 style.css 文件中继续添加代码：

```
.phone{
    color:#666;
    float:right;
}
.mail{
    color:#666;
    float:right;
}
```

上述代码中属性 float:right 可以使得图标靠右排列。另外，由于图标嵌入在<a>标签内，因此当鼠标移过或者单击图标时会有默认的下画线，这里通过添加 ant 样式将下画线取消。

```
.ant:link{
    text-decoration:none;        /* 指正常的未被访问过的超链接 */
}
.ant:visited
{
    text-decoration:none;        /* 指已经访问过的超链接 */
}
.ant:hover{
    text-decoration:none;        /* 指光标移动到超链接上 */
}
.ant:active{
    text-decoration:none;        /* 指激活的超链接 */
}
```

运行项目，通过浏览器访问 http://127.0.0.1:8000/scienceApp/science/ 查看页面效果。这里需要注意的是，很多浏览器（例如 360 浏览器）具有缓存功能，因此当修改过 CSS 文件时，有时并不能立刻显示修改后的效果。解决方法就是对浏览器的缓存功能进行设置，可以设置成关闭浏览器时自动清理缓存。

3. 导航栏

在 3.2 节中已经使用了 Bootstrap 的导航栏作为首页跳转的工具，本节将继续采用该组件并在原有基础上做一些样式调整。找到 homeApp 应用 templates 文件夹下的 home.html 文件，将其中的导航栏<nav>部分复制到 science.html 的<body>标签内，保存后启动项目查看效果是否正常。

接下来，需要对导航栏样式进行调整，包括上下边距以及导航栏条目间距。另外，对于导航栏上的响应动作属性：鼠标移入移出、单击等也需要做一些调整，使其交互更加美观合理。编辑 style.css 文件，添加如下代码。

```
/* 导航条默认属性设置 */
.navbar-default{
```

```css
    margin - bottom:0px;            /* 底部边距调整为 0 */
    border:0px;                     /* 去掉边框 */
    background - color:#e7e7e7;      /* 设置导航栏背景色 */
    margin - top: 30px;             /* 设置导航栏的上边距 */
}
/* 导航栏栏目激活时属性 */
.navbar - default .navbar - nav .active a,
.navbar - default .navbar - nav .active a:hover,
.navbar - default .navbar - nav .active a:focus{
    background - color:#005197;      /* 背景色设置为深蓝色 */
    color:#fff;                      /* 前景文字颜色设置为白色 */
}
/* 一级菜单光标移过时属性 */
.navbar - default .navbar - nav li a:hover{
    color:#fff;
    background - color:#005197;
}
/* 一级菜单单击展开时属性 */
.navbar - default .navbar - nav li.open a.on{
    color:#fff;
    background - color:#005197;
}
/* 下拉菜单内边距 */
.dropdown - menu{
    padding:0px;
}
/* 二级菜单标签属性 */
.dropdown - menu li a{
    padding - top:10px;
    padding - bottom:10px;
    color:#777;
    text - align:center;
}
/* 一级菜单宽度和文字对齐方式 */
.nav - top{
    width:14%;
    text - align:center;
}
```

保存文件并运行项目查看效果。这里注意，在使用导航栏的过程中只有单击一级菜单后二级下拉菜单才会显示，实际情况中往往是希望当鼠标移到一级菜单时（mouseover 特性）自动展开二级下拉菜单，而光标移开时二级菜单自动折叠。这时候就需要采用 JavaScript 对下拉菜单的 mouseover 属性进行动态调整。下拉菜单的展开动作可以通过为下拉菜单的 mouseover 属性添加 open 类实现，而下拉菜单的折叠则移除该属性即可。具体地，在< body >末尾添加 JavaScript 代码如下。

```html
< script >
    $ (function () {
```

```
        $(".dropdown").mouseover(function () {
            $(this).addClass("open");
        });
        $(".dropdown").mouseleave(function () {
            $(this).removeClass("open");
        });
    });
</script>
```

至此,已完成整个页面头部的制作。

4.1.2　制作广告横幅

本节在 4.1.1 节基础上继续完善 science.html 页面设计。4.1.1 节已经完成了网页头部的制作,这一节将会制作广告横幅,主要采用 Bootstrap 提供的响应式图片组件将大尺寸横图显示在导航栏下方。

为了方便区分,首先在导航栏与横幅中间插入一根分隔线条。紧接着 4.1.1 节添加的 <nav>标签部分,在下面添加一个<div>用于显示分隔线。

```
<div class = "line"></div>
```

在 style.css 中添加该分隔线的样式设置。

```
.line{
height:3px;
    width:100%;        /* 使宽度占满整个屏幕宽度 */
    background:#005197;
}
```

接下来添加广告横幅对应的 HTML 代码。

```
<div class = "container - fluid">
    <div class = "row">
        <img class = "img - responsive model - img" src = "{% static 'img/science.jpg' %}">
    </div>
</div>
```

为了美观考虑,将广告横幅宽度设置为与导航栏相同,即占满整个屏幕宽度,因此采用了 Bootstrap 提供的 container-fluid 样式可以实现该效果。图像采用了 img-responsive 响应式样式能够自适应地根据浏览器窗口宽度调整图像大小,其 src 属性指向 static/img 文件夹下的 science.jpg 图像,采用了 Django 提供的模板标签{% static %}来进行资源查找。

4.1.3　制作页面主体

"科研基地"页面主体部分包括带下拉线的标题和一些介绍文字以及图片。基本结构如下。

```
< div class = "container">
    < div class = "model - details - title">
    </div >
    < div class = "model - details">
    </div >
</div >
```

外层定义一个 container 容器用来限制主体显示区域,在容器内分别定义了两个 div 用来显示主体标题和主体详细内容。主体标题内容如下。

```
< div class = "model - details - title">
    科研基地介绍
</div >
```

在 style.css 文件中添加主体标题的样式类 model-details-title。

```
.model - details - title{
    padding:15px 0px;
    font - size:18px;
    border - bottom:1px #005197 solid;        /* 底部添加蓝色边框 */
    color:#005197;
    margin - bottom:10px;
    margin - top:10px;
}
```

上述样式对字体和边距做了一些调整。另外,通过对下边框 border-bottom 进行设置可以构造出一条蓝色的下边框线用作分隔线。

主体详细内容是关于"科研基地"的一些说明文字和图片,采用了< p >、< h3 >、< h5 >等常见的 HTML 标签元素进行页面设计,详细代码如下。

```
< div class = "model - details">
    < p >
        近二十年来,恒达致力打造"志存高远,一诺千金"的企业文化...
    </p >
    < img class = "img - responsive" src = "{ % static 'img/kyjd.jpg' % }">
    < h3 >研究方向</h3 >
    < h5 >机器人导航: </h5 >
    < p >
        多传感器路径规划、物联网一体化平台、远程人机交互、强化学习控制。
    </p >
    < h5 >人体行为识别: </h5 >
    < p >
        单用户行为识别、人体骨骼大数据分析、鲁棒特征抽取、多用户行为识别。
    </p >
    < h5 >人脸属性识别: </h5 >
    < p >
        人脸检测、属性分析、行人再识别。
    </p >
</div >
```

为了进一步美化页面,对主体内容部分进行样式设置,包括文字的行高、对齐方式、图片位置等,在 style. css 文件中添加下述代码即可实现。

```
/* 文字段落 */
.model-details p{
    line-height:30px;
    text-indent:2em;
    text-align:justify;
    text-justify:inter-ideograph;
}
/* 主体图像 */
.model-details img{
    margin:0px auto;
}
```

4.1.4 制作带 logo 的二维码

从如图 4-1 所示的示例效果可以看到,网站页面底部嵌入了一张二维码用于给用户提供扫码访问。用户通过手机扫描二维码可以解析出企业网址从而方便地跳转到企业主页。相比于普通的二维码,如图 4-1 所示的二维码还嵌入了企业 logo 图标。下面开始介绍如何使用 Python 制作带有 logo 图标的二维码。

首先使用 VS Code 在项目根目录下新建 test 文件夹,该文件夹将专门作为项目的测试文件夹,用来存放一些具有特殊功能的 Python 脚本文件。在 test 文件夹下新建一个名为 generateQRImg. py 的文件,并且在 test 文件夹下放置一张企业 logo 图片,其文件名为 logo. png。接下来将通过 generateQRImg. py 文件对 logo. png 图片进行处理,将其内嵌到具有指定内容的二维码中。

二维码的生成和处理是一个比较烦琐的过程,庆幸的是 Python 拥有丰富的第三方工具包,其中就有针对二维码处理的。首先安装二维码生成和图像处理需要依赖的第三方库 qrcode 和 pillow。在终端依次输入下述命令完成依赖包安装。

```
pip install qrcode
pip install pillow
```

然后编辑 generateQRImg. py 文件,详细代码如下。

```
import qrcode
from PIL import Image

def create_qrcode(url, filename):
    qr = qrcode.QRCode(
        version = 1,
        # 设置容错率为最高
        error_correction = qrcode.ERROR_CORRECT_H,
        box_size = 10,
```

```
        border = 4,
    )
    qr.add_data(url)
    qr.make(fit = True)
    img = qr.make_image()
    #设置二维码为彩色
    img = img.convert("RGBA")
    icon = Image.open(filename)
    w, h = img.size
    factor = 4
    size_w = int(w / factor)
    size_h = int(h / factor)
    icon_w, icon_h = icon.size
    if icon_w > size_w:
        icon_w = size_w
    if icon_h > size_h:
        icon_h = size_h
    icon = icon.resize((icon_w, icon_h), Image.ANTIALIAS)
    w = int((w - icon_w) / 2)
    h = int((h - icon_h) / 2)
    icon = icon.convert("RGBA")
    newimg = Image.new("RGBA", (icon_w + 8, icon_h + 8), (255, 255, 255))
    img.paste(newimg, (w - 4, h - 4), newimg)
    img.paste(icon, (w, h), icon)
    img.save('qr.png', quality = 100)

if __name__ == '__main__':
    create_qrcode("https://python3web.com", 'logo.png')
    print('完成')
```

- 上述代码头两行分别引入二维码模块 qrcode 和 PIL 包中的 Image 模块。
- 接下来定义了 create_qrcode()函数，该函数第一个参数接收一个内嵌网址，即二维码解析后能够得到并访问的网址；第二个参数是内嵌图片的本地路径，这里我们希望将门户网站 logo 图片嵌入到二维码中。
- 函数中通过创建 qrcode.QRCode 类对象来对二维码进行参数设置，包括容错率（error_correction）、尺寸（box_size）、边界宽度（border）等。
- 接下来生成二维码并且将内嵌 logo 贴到中间位置，最后输出合成的二维码图像 qr.png。
- 文件执行的起始入口为：if __name__ == '__main__'，在该入口处调用 create_qrcode()函数并且传入企业网址和 logo 图片路径两个参数。

运行文件时，先在终端中定位到 test 文件夹下：

```
cd test
```

然后输入下述命令运行程序。

```
python generateQRImg.py
```

最终在 test 目录下会生成制作好的二维码图像文件 qr.png。最终生成的二维码图如图 4-2 所示。

图 4-2　带 logo 的二维码生成效果图

将生成好的 qr.png 图像放置在项目根目录下的 static/img 文件夹下,在制作页脚的时候需要使用到该文件。

4.1.5　制作页脚

页脚主要包括站点地图和版权两部分。站点地图可以用来通知搜索引擎页面的网址和页面的重要性,帮助站点得到比较好的收录。版权部分主要用来注明制作的站点的备案信息。网站备案是指向主管机关报告事由存案以备查考,其目的就是为了防止在网上从事非法的网站经营活动,打击不良互联网信息的传播。如果网站不备案的话,很有可能被查处以后关停。因为备案耗时比较长,如果网站项目确定立项,建议在开发开始的同时立即进入备案流程。网站的详细备案方法将在第 11 章中给出,本章仅完成基本的页面设计。

页脚部分设计如下。

```html
< div class = "container web-footer">
    <!-- 站点地图 -->
    < div class = "row" id = "map-footer">
    </div>
    <!-- 版权 -->
    < div class = "row" id = "patent-footer">
        < p > © 2019 Python Web 企业门户 版权所有 | 苏 ICP 备 19006378 号 </p>
    </div>
</div>
```

上述代码的站点地图和版权部分分别内嵌在 class="row"的两个 div 内。外层通过样式类 class="container web-footer"进行内容限定,其中,container 为 Bootstrap 提供的容器样式类,web-footer 为额外的定制样式类。编辑 style.css 文件,添加 web-footer 样式如下。

```css
.web-footer{
    width:100%;              /* 占满整个浏览器宽度 */
    margin-top:30px;         /* 设置与上边缘距离 */
}
```

接下来制作站点地图,整体采用 Bootstrap 栅格 2-2-2-2-4 布局,共分为 5 列,前 4 列用来放置网站网页超链接,最后 1 列用来放置二维码图片,具体 HTML 代码如下。

```
< div class = "row" id = "map - footer">
    < div class = "col - md - 2">
        < dl >
            < dt >公司简介</dt>
            < dd >< a href = "{ % url 'aboutApp:survey' % }">企业概况</a></dd>
            < dd >< a href = "{ % url 'aboutApp:honor' % }">荣誉资质</a></dd>
        </dl>
    </div>
    < div class = "col - md - 2">
        < dl >
            < dt >产品中心</dt>
            < dd >< a href = "{ % url 'productsApp:robot' % }">家用机器人</a></dd>
            < dd >< a href = "{ % url 'productsApp:monitoring' % }">智能监控</a></dd>
            < dd >< a href = "{ % url 'productsApp:face' % }">人脸识别解决方案</a></dd>
        </dl>
    </div>
    < div class = "col - md - 2">
        < dl >
            < dt >服务支持</dt>
            < dd >< a href = "{ % url 'serviceApp:download' % }">资料下载</a></dd>
            < dd >< a href = "{ % url 'serviceApp:platform' % }">人脸识别开放平台</a></dd>
        </dl>
    </div>
    < div class = "col - md - 2">
        < dl >
            < dt >人才招聘</dt>
            < dd >< a href = "{ % url 'contactApp:contact' % }">欢迎咨询</a></dd>
            < dd >< a href = "{ % url 'contactApp:recruit' % }">加入恒达</a></dd>
        </dl>
    </div>
    < div class = "col - md - 4" id = "wx">
        < p >扫描二维码,关注我们</p>
        < img class = "qrimg" src = "{ % static 'img/qr.png' % }" alt = "wx">
        < p >客服热线:< b style = "font - size:20px"> 400 111 2222 </b></p>
    </div>
</div>
```

上述代码每一列均采用了 HTML5 提供的< dl >、< dt >、< dd >表格标签。最外层使用< dl >来表明这是一个表格,< dt >标签用来表示表格标题,< dd >用来表示具体内容。表格中每一项内容均通过内嵌链接< a >标签将其他页面链接包含进来,每个链接采用了 Django模板提供的逆向路由方式得到访问网址。

接下来需要对上述 HTML 进行一些样式调整,编辑 style.css 文件,添加如下内容。

```
# map - footer{
    background - color: # 3A3A3A;              /* 对整个站点地图设置背景色灰色 */
}
# map - footer dl{
    text - align:center;                      /* 站点链接文字对齐 */
    margin - top:40px;                        /* 设置表格与上边缘边距 */
}
```

```
#map-footer dt{
    padding:3px;                          /* 表格标题内边距为 3 像素 */
    color:#fff;                           /* 表格标题颜色为白色 */
}
#map-footer dd{
    padding:3px;                          /* 表格内容内边距为 3 像素 */
}

/* 二维码广告文字样式设置 */
#map-footer p{
    margin-top:20px;
    margin-bottom:10px;
    color:#fff;
    font-size:16px;
}
#map-footer a{
    color:#A6A6A6;                        /* 站点链接文字颜色设置 */
    font-size:13px;                       /* 站点链接文字大小设置 */
}
#map-footer a:hover{
    color:#fff;
    text-decoration:none;                 /* 去除站点链接鼠标移过时出现的下画线 */
}
#wx{
    text-align:center;                    /* 二维码居中对齐 */
}
.qrimg{
    max-width: 170px;                     /* 二维码最大宽度为 170 像素 */
}
```

最后对版权部分添加对应的 CSS 样式。

```
#patent-footer{
    text-align:center;
    background-color:#3A3A3A;
}
#patent-footer p{
    margin-top:10px;
    padding-right:80px;
    color:#8d8d8d;
    font-size:11px;
}
```

至此,已完成"科研基地"模块前端网页的设计工作,后续内容将会以此为基础,通过组件复用的形式,生成网站模板供其他模块使用。

4.2　基于 Django 模板的页面复用

页面复用就是将网站各页面相同的部分单独抽取出来作为一个共享页面，其他页面在制作时只需要将共享页面包含进来即可，这种方式有以下两个明显的好处。

（1）可以显著减少前端代码编写量。

（2）当需要对各个页面共享的部分进行修改时，例如，需要更换企业 logo 图标时，只需要修改共享页面即可，不需要单独对每个页面进行改动。

本书实战案例将各个共享页面放置于项目根目录下的 templates 文件夹中，其他应用创建页面时只需要包含该文件夹下的共享页面即可，具体项目结构设计已在 3.2 节中给出。

Django 提供的用于页面复用的模板标签主要有下面两个。

（1）继承标签，调用形式如下。

```
{ % extends "base.html" % }
```

通过该标签的使用可以直接继承 base.html 的页面内容。

（2）动态内容声明标签，调用形式如下。

```
{ % block content % }
{ % endblock % }
```

其中，block 和 endblock 是固定标签语句，后面的 content 是可以自定义命名的。使用的时候将非共享的部分用该标签声明，在继承时也采用该方式将动态内容填入标签内即可。

4.2.1　制作项目共享模板

本节将对 4.1 节中制作好的页面按照动态和非动态内容拆分处理。非动态内容即各个页面共享的内容，例如，案例中的页面头部、导航栏、页脚等这些内容在本门户网站中都是固定的，与之相对的，动态内容即为各个页面特有的、与其他页面不相同的部分，例如，案例中的页面主体部分。本节将完成共享模板的制作，需要将 4.1 节中制作的页面的头部、导航栏、页脚等抽取出来，制作成单独的一个共享页面，然后在主体部分嵌入{% block content %}{% endblock %}标签。调用的时候只需要继承该模板页面，然后将动态内容写入该标签中即可。

首先在项目根目录的 templates 文件夹中创建一个名为 base.html 的文件，该文件将作为共享模板文件来使用。将 4.1 节中的 science.html 文件中的内容完整地复制到 base.html 中，然后编辑下面两处地方。

第一处在< head >标签中将：

```
<title>恒达科技|科研基地</title>
```

替换为：

```
<title>恒达科技|{% block title %}{% endblock %}</title>
```

上述代码中页面的标题中有部分内容是动态内容，因此在此处需要嵌入一个动态内容声明标签{% block %}，并将该动态标签命名为 title。

第二处需要修改页面广告横幅和主体内容部分，这部分内容一般情况下各个页面都不一样，因此将整个横幅和主体内容部分全部删除，然后嵌入一个动态内容声明标签如下。

```
{% block content %}
{% endblock %}
```

自此，模板即制作完毕。此处由于篇幅限制不再展示 base.html 的完整代码，读者可以参照本书配套资源中的代码进行参考和使用。

4.2.2 共享模板的使用

4.2.1 节已经完成了共享模板的制作，本节将会对 science.html 进行改写，通过使用共享模板 base.html 来简化代码。

首先在 science.html 中继承 base.html 模板文件，代码如下。

```
{% extends "base.html" %}
{% load staticfiles %}
```

其中，第二行代码是为了导入 Django 模板静态资源标签。根据之前制作的模板可以知道，共有两处动态标签需要填入动态内容，首先填入页面标题：

```
{% block title %}
    科研基地
{% endblock %}
```

然后将广告横幅和主体内容填入另一处动态标签中，具体如下。

```
{% block content %}
<!-- 广告横幅 -->
<div class = "container - fluid">
    <div class = "row">
        <img class = "img - responsive model - img" src = "{% static 'img/science.jpg' %}">
    </div>
</div>
<!-- 主体内容 -->
<div class = "container">
    <div class = "model - details - title">
        科研基地介绍
```

```
    </div>
    < div class = "model - details">
        < p >
            近二十年来,恒达致力打造"志存高远,一诺千金"的企业文化,不断吸纳和培养人工
            智能高精尖人才,逐步形成了…
        </ p >
        < img class = "img - responsive" src = "{ % static 'img/kyjd.png' % }">
        < h3 >研究方向</ h3 >
        < h5 >机器人导航: </ h5 >
        < p >
            多传感器路径规划、物联网一体化平台、远程人机交互、强化学习控制.
        </ p >
        < h5 >人体行为识别: </ h5 >
        < p >
            单用户行为识别、人体骨骼大数据分析、鲁棒特征抽取、多用户行为识别.
        </ p >
        < h5 >人脸属性识别: </ h5 >
        < p >
            人脸检测、属性分析、行人再识别.
        </ p >
    </ div >
</ div >
{ % endblock % }
```

从上述代码可以发现,并不需要改变原先的 HTML 代码,只需要在头部和尾部套上动态标签即可实现模板使用。此时保存文件刷新页面会出现如图 4-3 所示的错误。

TemplateDoesNotExist at /scienceApp/science/

base.html

Request Method:	GET
Request URL:	http://127.0.0.1:8000/scienceApp/science/
Django Version:	2.2.4
Exception Type:	TemplateDoesNotExist
Exception Value:	base.html
Exception Location:	D:\toolplace\python3.7.4\lib\site-packages\django\template\backends\django.py in reraise, line 84
Python Executable:	D:\toolplace\python3.7.4\python.exe
Python Version:	3.7.4
Python Path:	['D:\\code\\hengDaProject', 'c:\\Users\\Administrator\\.vscode\\extensions\\ms-python.python-2019.9.34911 \\pythonFiles', 'D:\\toolplace\\python3.7.4\\python37.zip', 'D:\\toolplace\\python3.7.4\\DLLs', 'D:\\toolplace\\python3.7.4\\lib', 'D:\\toolplace\\python3.7.4\\', 'D:\\toolplace\\python3.7.4\\lib\\site-packages']
Server time:	Tue, 17 Sep 2019 13:06:17 +0000

图 4-3　Django 模板未找到错误

提示无法找到模板文件。Django 提供了默认的模板搜索路径,即在每个应用下寻找templates 文件夹,而非在根目录下寻找。为了能够让 Django 寻找根目录下的 templates 文件夹,需要在 settings.py 文件中进行配置。

编辑 hengDaProject 文件夹下的 settings.py 文件,找到 templates 字段,该字段即为项目模板需要配置的地方。修改 DIRS 如下:

```
'DIRS': [os.path.join(BASE_DIR, 'templates')],
```

上述配置将项目根目录 BASE_DIR 下的 templates 文件夹添加到模板搜索路径中,这样在页面访问时就可以找到共享模板 base.html。保存修改后刷新页面即可正常访问。从这个实例中也可以发现,Django 提供了便捷、详细的错误提示功能,在实际运用 Django 开发的过程中出现的任何错误均可以根据对应的错误提示进行解决。这种方式在项目开发阶段对于开发人员来说比较友好,但是在真实的项目部署阶段我们并不希望因为该错误提示功能造成隐私数据泄露,因此一般在部署阶段会关闭 Django 的 debug 功能,具体地,只需要将 settings.py 文件的 DEBUG 字段改为 False 即可关闭。

4.3 向模板传递动态参数

在访问"科研基地"页面时,可以通过输入网址 http://127.0.0.1:8000/scienceApp/science/ 来跳转到页面,也可以先登录首页 http://127.0.0.1:8000/,然后通过单击首页上的"科研基地"链接跳转到页面。这里会发现一个问题,在切换页面之后导航栏的激活效果并没有同步切换,即单击"科研基地"页面后导航栏上的激活菜单依然是"首页",如图 4-4 所示。

图 4-4 网站页面切换时导航栏激活状态无变更

而实际情况是在切换后希望激活状态显示在"科研基地"链接上,如图 4-5 所示。

图 4-5 网站页面切换时导航栏激活状态正常变更

这时就需要在页面渲染的过程中根据实际情况进行导航栏激活状态转换,也就是说后台服务器会根据不同的渲染页面传入不同的模板参数,页面导航栏根据传入的参数选择不同的激活状态。

具体地，首先查看导航栏"首页"的样式代码（位于 base.html 文件中），其用于控制激活状态的样式类为 Bootstrap 提供的 active 样式。

```
< li class = "nav - top active">
    < a href = "{ % url 'home' % }">首页</a>
</li>
```

为了实现激活状态切换需要动态地为导航链接<li>标签添加 active 样式。实现时，先给每个导航栏<li>标签指明 id 号以方便找到页面元素，例如，为"科研基地"设置 id 如下。

```
< li class = "nav - top" id = 'science'>
    < a href = "{ % url 'scienceApp:science' % }">科研基地</a>
</li>
```

然后通过内嵌的 JavaScript 代码找到该 id 节点并添加样式，具体代码如下。

```
< script type = "text/JavaScript">
    $ ('# science').addClass("active");
</script >
```

此时就可以在页面初始渲染时动态地为"科研基地"链接进行激活。这里注意 JavaScript 代码中使用 jQuery 查找节点的方式，通过节点 id 查找节点 $ ('# science')。尽管可以实现"科研基地"页面的链接激活设置，但是查找的节点是固定的，只能是 science，而 base.html 文件是共享的模板文件，当其他页面调用时也需要激活各自的导航链接。因此，id 号不能是固定值，而应该是变量。Django 提供了模板变量的使用，通过双括号进行标识：{{变量}}。继续修改上述 JavaScript 代码，如下所示。

```
< script type = "text/JavaScript">
    $ ('# {{active_menu}}').addClass("active");
</script >
```

这里用模板变量{{active_menu}}来代替固定 id 值，在页面渲染的过程中只需要在后台的视图函数中传递该变量即可。

打开 scienceApp 应用中的 views.py 文件，修改 science()函数如下。

```
def science(request):
    return render(request, 'science.html',{'active_menu': 'science',})
```

上述代码在 render 返回时额外添加了第三个参数，该参数是由 Python 字典构成，字典里面即为需要向模板传递的变量：字典键即为变量名，键值即为变量值。修改后保存所有文件并重新启动项目，查看导航栏链接切换效果是否正常。后续章节关于导航链接的切换操作全都按照上述步骤执行，即先为导航链接添加 id 号，然后在页面渲染时在对应的 render()函数中向模板传递 active_menu 变量。

小结

　　本章通过一个较为简单的"科研基地"页面帮助读者初步了解了企业门户网站制作的基本流程,重点需要掌握运用 Bootstrap 进行页面设计的技巧、Django 模板复用以及向模板传递动态参数的方法。本章作为实战部分的第一环节,为后续的开发奠定了基础,后续页面设计均在本章基础上进行二次开发。本章重点在于网站页面设计和渲染,因此对于 Web 前端知识做了详细的阐述,读者如果有不清楚的地方可以对照本章配套资源代码进行参考。

第 5 章

开发"公司简介"模块

本章将开发的"公司简介"模块承接第 4 章的内容，对应 hengDaProject 项目中的 aboutApp 应用。该模块一共包含两个子页面："企业概况"和"荣誉资质"，主要用于介绍企业的基本情况和展示企业获得的荣誉。图 5-1 和图 5-2 分别显示了两个子页面最终的效果图。"企业概况"页面与第 4 章制作的"科研基地"页面基本相同，页面全部由静态资源构成，包括说明文字和图片等，所有数据不需要从后台数据库读取。开发"企业概况"页面主要学习如何通过 Bootstrap 制作侧边导航栏。相对于"企业概况"页面，"荣誉资质"页面则采用

视频讲解

动态数据嵌入的方式生成页面，其页面文字和图像均需要从后台读取，其好处在于可以让网站管理员方便地对企业荣誉进行添加、修改和删除。在"荣誉资质"页面开发的过程中，会详细阐述 Django 数据模型概念和基本使用方法。另外，Django 提供了现成的后台管理系统，本章会阐述如何使用该后台管理系统以及如何对后台管理系统进行优化，方便管理员管理网站数据。

5.1 继承模板

本节先来制作"公司简介"模块的基础页面。根据如图 5-1 所示页面效果，其与第 4 章制作的"科研基地"页面基本相同，仅在页面主体部分左侧多出一个侧边导航栏。下面进入具体的制作步骤。

按照第 4 章渲染页面的方法，首先打开 aboutApp 应用，在该应用下创建一个 templates 文件夹，然后在该文件夹下创建一个名为 survey. html 的网页文件。根据第 4 章创建的页面模板，以继承方式继承页面内容，包括：页面头部、导航栏、页脚。具体代码如下。

```
{ % extends "base.html" % }
{ % load staticfiles % }


{ % block title % }
```

图 5-1　"企业概况"页面效果

Python Web
开发从入门到实战（Django+Bootstrap）-微课视频版
body

图 5-2 "荣誉资质"页面效果

```
    企业概况
{% endblock %}

{% block content %}
<!-- 广告横幅 -->
```

```
< div class = "container – fluid">
    < div class = "row">
        < img class = "img – responsive model – img" src = "{ % static 'img/about.jpg' % }">
    </ div >
</ div >
<! – – 主体内容 – – >
{ % endblock % }
```

上述代码通过{% extends "base. html" %}来继承模板 base. html 文件。对于广告横幅,修改相应的静态图片文件路径即可。主体部分暂时不填入内容,详细的主体内容设计将在下一小节进行阐述。

为了能够有效渲染 survey. html 文件,打开 aboutApp 应用下的 views. py 文件,修改视图处理函数 survey 如下。

```
def survey( request):
    return render( request, 'survey.html',{'active_menu': 'about',})
```

此处 render()函数第一个参数直接返回请求,第二个参数传入欲渲染的 HTML 文件名,第三个参数是为了在页面切换到"公司简介"时能够同步地切换导航栏激活状态,因此需要向模板添加 active_menu 参数。按 Ctrl＋S 组合键保存所有修改的文件然后运行项目,单击"公司简介"下的"企业概况"链接,页面效果图如图 5-3 所示。

图 5-3 "企业概况"初始页面效果

按照上述开发方式，在 aboutApp 应用的 templates 文件夹下开发荣誉资质模块对应的页面 honor.html，并修改其视图处理函数 honor：

```
def honor(request):
    return render(request, 'honor.html',{'active_menu': 'about',})
```

至此，“公司简介”模块下的两个页面框架均已制作完成。可以看到，通过模板的复用，仅需使用几行继承代码，就可以将之前制作的子页面完整地导入进来，可以大幅提高项目开发效率。

最后还遗留一个小问题，如果当前已经在“企业概况”页面内，此时光标移到“荣誉资质”导航链接上会发现两个链接颜色是一样的。为了能够有效进行区分，在 style.css 文件中添加如下代码。

```
/* 二级菜单鼠标移过时属性 */
.navbar - default .navbar - nav li ul a:hover{
    color:#fff;
    background - color:#005197;
}
/* 一级菜单激活时,二级菜单鼠标移过时属性 */
.navbar - default .navbar - nav li.active ul a:hover{
    color:#fff;
    background - color:#022a4d;
}
```

通过上述设置，两个子模块链接在鼠标移过时就会呈现不同的颜色。5.2 节将开始制作页面主体部分。

5.2　制作侧边导航栏

5.1 节完成了“公司简介”模块下两个页面的基本框架设计，并修改了对应的视图处理函数，本节将制作主体部分中的侧边导航栏以方便用户切换子页面。

根据如图 5-1 所示效果，页面主体可以分为左右两部分，左边是侧边导航栏，右边是固定位置的图片和介绍性文字。根据页面结构，设计 HTML 基本结构如下。

```
<div class = "container">
    <div class = "row row - 3">
        <!-- 侧边导航栏 -->
        <div class = "col - md - 3">
        </div>
        <!-- 说明文字和图片 -->
        <div class = "col - md - 9">
        </div>
    </div>
</div>
```

上述代码对页面采用 3-9 栅格布局,侧边导航栏占 3 个栅格,右边内容占 9 个栅格。采用 container 将整个页面主体内容限制在指定宽度内,并包含在 class=row 的 div 中,占满一行。其中,为行 div 添加额外的样式". row-3",编辑 style.css 文件添加样式设置:

```css
.row-3{
    margin-top:30px;  /* 设置顶部边距 */
}
```

侧边导航栏部分采用 Bootstrap 提供的列表组件 list-group 实现,其中每一个链接列表项用样式 list-group-item 表示,具体代码如下。

```html
<!-- 侧边导航栏 -->
<div class="col-md-3">
    <div class="model-title">
        公司简介
    </div>
    <div class="model-list">
        <ul class="list-group">
            <li class="list-group-item" id="survey">
                <a href="{% url 'aboutApp:survey' %}">企业概况</a>
            </li>
            <li class="list-group-item" id="honor">
                <a href="{% url 'aboutApp:honor' %}">荣誉资质</a>
            </li>
        </ul>
    </div>
</div>
```

上述代码中"{% url 'aboutApp:survey' %}"和"{% url 'aboutApp:honor' %}"用于逆向寻找路由,方便后期部署。model-title 和 model-list 样式类分别用于定制导航栏标题和列表样式,编辑 style.css 文件,添加对应的样式。

```css
/* 侧边导航栏标题样式 */
.model-title {
    text-align: center;
    color: #fff;
    font-size: 22px;
    padding: 15px 0px;
    background: #005197;
    margin-top: 25px;
}
/* 侧边导航栏列表项样式 */
.model-list li{
    text-align:center;
    background-color: #f6f6f6;
    font-size:16px;
}
```

```css
/*侧边导航栏列表项链接样式*/
.model-list li a{
    color:#545353;
}
/*侧边导航栏列表项链接激活样式*/
.model-list li a:hover{
    text-decoration:none;
    color:#005197;
}
```

通过上述样式设置，可以完成侧边导航栏的基本设计。接下来针对侧边导航栏的页面切换链接进行样式设计。大致思路与设计一级导航栏链接一致，在侧边导航栏链接切换时处于激活状态的链接文字呈现蓝色，其他链接文字呈现灰色，这样用户切换侧边导航栏之后就可以明显地看到当前处于哪个子页面。实现方法可以参照一级导航栏的设计流程，只需要由后台向模板传递二级菜单变量，然后前端通过 JavaScript 脚本的 addClass()函数动态地对<li>标签添加 active 类即可实现。首先，编辑 style.css 文件，添加代码如下。

```css
/*侧边导航栏激活样式*/
.model-list li.active{
    text-align:center;
    background-color:#f6f6f6;
    font-size:16px;
    border-color:#ddd;
}
/*侧边导航栏激活状态下鼠标移过时样式*/
.model-list li.active:hover{
    text-align:center;
    background-color:#f6f6f6;
    font-size:16px;
    border-color:#ddd;
}
/*侧边导航栏激活状态时链接样式*/
.model-list li.active a{
    color:#005197;
}
```

上述 CSS 代码可以使得当侧边导航栏中的某一链接处于激活状态时其链接文字显示蓝色，方便用户浏览和辨识。接下来在 base.html 文件的<body>标签最后添加 JavaScript 代码：

```html
<script type="text/JavaScript">
    $('#{{sub_menu}}').addClass("active");
</script>
```

最后修改 aboutApp 应用中的 views.py 文件，重新编辑 survey()和 honor()函数，在最后 render()函数返回时添加额外的 submenu 变量。

```
def survey(request):
    return render(request, 'survey.html', {
        'active_menu': 'about',
        'sub_menu': 'survey',
    })

def honor(request):
    return render(request, 'honor.html', {
        'active_menu': 'about',
        'sub_menu': 'honor',
    })
```

通过上述修改,即可实现侧边导航栏二级菜单切换。至此,已完成侧边导航栏的开发任务。接下来继续完善"企业概况"页面。主体右边部分是位置固定的介绍性文字和图片,其设计与"科研基地"页面基本一致,包括标题、下画线、段落文字和图片,这里不再过多阐述,详细设计代码可以参照 4.1 节。可以直接将 4.1 节中的代码复制到此处,然后替换文字和图片路径即可。"企业概况"最终效果如图 5-1 所示。

从最终效果来看,"企业概况"页面主体部分的文字和图片均为静态资源文件,即不需要与后台数据库进行交互,直接在 HTML 文件中调用,这种页面称为静态页面,其开发相对较为简单。在 5.3 节,将学习如何通过 Django 数据库模型来构建动态页面。

5.3 Django 数据库模型

本节将会通过 Django 数据库模型来渲染"荣誉资质"页面,其基本实现流程如下。

(1)用户通过浏览器请求页面。

(2)服务器收到浏览器请求,根据 URL 路由找到匹配的视图处理函数。

(3)视图处理函数首先找到需要返回的 HTML 模板文件,然后从数据库中取出数据(图片数据对应的是图片的存储路径),然后将数据过滤后以模板变量形式插入到模板文件中,最后通过 render() 函数返回生成的页面。

(4)浏览器收到请求页面并显示。

在 2.8 节中已经阐述了如何通过 Python 操作数据库,一般步骤为创建数据库、设计表结构和字段、使用 SQLite(MySQL、PostgreSQL 等)引擎来连接数据库、编写数据访问层代码、业务逻辑层调用数据访问层执行数据库操作。这里注意到上述数据库操作流程较为烦琐,需要开发人员直接面向数据库进行数据的增删查改,开发效率较低。是否可以让开发人员直接面向代码中的对象来操作数据库呢? 答案是可以的。这种面向对象的数据库编程方式即为对象关系映射(Object Relational Mapping,ORM)。具体地,在 ORM 中类名对应数据库中的表名,类属性对应数据库里的字段,类实例对应数据库表里的某一行数据。Django 中内嵌了 ORM 框架,不需要直接面向数据库编程,而是通过模型类和对象完成数据表的增删改查操作。

使用 Django 进行数据库开发的步骤如下。

（1）配置数据库连接信息。

（2）在模型文件 models.py 中定义模型类。

（3）数据库模型迁移。

（4）通过类和对象完成数据增删改查操作。

具体地，Django 已经在项目创建时自动地提供了一个 SQLite 数据库用于为项目提供数据库操作，同时已为该数据库的使用配置好了参数。打开配置文件夹 hengDaProject 下的 settings.py 文件，找到其中的 DATABASES 字段，默认配置如下。

```
DATABASES = {
    'default': {
        'ENGINE': 'django.db.backends.sqlite3',
        'NAME': os.path.join(BASE_DIR, 'db.sqlite3'),
    }
}
```

可以看到，该项目默认数据库引擎 ENGINE 为 django.db.backends.sqlite3，数据库路径为当前项目根目录下的 db.sqlite3 数据库文件（SQLite 数据库本质上是一个文件）。如果需要采用其他数据库，那么数据库的配置就在该字段进行设置。在实际 Web 站点部署时，一般不会采用 SQLite 数据库，因为该数据库的并发量、响应速度等具有较大的限制，但是在开发阶段可以采用该数据库进行开发测试。在第 11 章项目部署环节将会详细阐述如何在 Django 中配置和使用 MySQL 数据库。

在了解 Django 数据库的基本概念和配置后，5.3.1 节将会通过 Django 数据库模型来进行具体的开发。

5.3.1　创建荣誉模型

参照如图 5-2 所示效果，可以看到企业获得的每一项荣誉均采用"1 张图片＋1 段简要文字描述"这种形式进行展示。为了能够在后期方便管理人员对荣誉信息进行管理，需要抽象出当前的荣誉数据，并在数据库中生成相应的数据模型。

Django 数据模型是与数据库相关的，与数据库相关的代码通常写在 models.py 文件中。首先打开 aboutApp 中的 models.py 文件，在该文件中添加"荣誉"（Award）模型。

```
from django.db import models

class Award(models.Model):    # 荣誉模型
    description = models.TextField(max_length = 500, blank = True,
                                   null = True)    # 文字描述
    photo = models.ImageField(upload_to = 'Award/', blank = True) # 图片
```

首先导入 django.db 中的 models 模块来方便创建数据库字段。接下来定义了一个 Award 类，对应"荣誉"模型，该类继承自 models.Model。在 Award 类中定义了两个字段：description 和 photo，分别对应"荣誉"模型的文字描述和图片。文字描述采用 models.TextField 来进行字段声明，并且使用 max_length 参数来设置该字段允许的最大长度。另

外,通过设置参数 blank＝True,null＝True 表示该字段允许为空。图片信息采用 models. ImageField 来声明,通过设置 upload_to 参数来定义图片的上传目录,上传的图像信息会存储在服务器媒体资源路径的 Award 文件夹下面。

　　在本节实例中仅使用了 Django 数据库模型中的文本和图像字段,除此以外,Django 还提供了很多其他有用的字段,包括整型数据、字符型数据、浮点型数据等,具体调用形式和参数如表 5-1 所示。

表 5-1　Django 数据库模型常用字段

字段	说明
CharField	字符串字段,用于较短的字符串。CharField 要求必须有一个参数 maxlength,用于从数据库层和 Django 校验层限制该字段所允许的最大字符数
IntegerField	用于保存一个整数
DecimalField	用于保存一个浮点数。使用时必须提供以下两个参数。 max_digits:总位数(不包括小数点和符号)。 decimal_places:小数位数
AutoField	用于保存一个整型数据,添加记录时它会自动增长。通常不需要直接使用这个字段
BooleanField	用于保存真、假逻辑数据
TextField	用于保存一个容量很大的文本字段
EmailField	一个带有检查邮件合法性的字符字段,不接受 maxlength 参数
DateField	用于保存一个日期字段。可选参数主要有以下两个。 auto_now:当对象被保存时,自动将该字段的值设置为当前时间。 auto_now_add:当对象首次被创建时,自动将该字段的值设置为当前时间
DateTimeField	用于保存一个日期时间字段,功能类似 DateField,支持同样的附加选项
FileField	用于上传文件,在声明时必须指定参数 upload_to,该参数表明用于保存文件的本地路径
ImageField	功能类似 FileField,不过要校验上传对象是否是一个合法图片。除了 upload_to 以外它还有两个可选参数:height_field 和 width_field,如果提供这两个参数,则图片将按提供的高度和宽度规格进行保存
URLField	用于保存 URL。若 verify_exists 参数为 True(默认),给定的 URL 会预先检查是否存在,即检查 URL 是否被有效装入且没有返回 404 响应
NullBooleanField	类似 BooleanField,不过允许 NULL 作为其中一个选项

　　注意,在使用表 5-1 中的 Django 模型字段时,其中关于文件上传的两个字段 ImageField 和 FileField 需要额外进行路径设置,即需要在项目中指定媒体资源文件存储目录。由于本节实例也采用了图像 ImageField 字段,因此需要进行配置。具体地,打开配置文件夹 hengDaProject 下的 settings.py 文件,在文件末尾添加代码:

```
MEDIA_URL = '/media/'
MEDIA_ROOT = os.path.join(BASE_DIR, 'media/')
```

　　上述配置可以告诉解释器当前项目的媒体资源文件(此处指图像)的存储根路径为 /media/,即将所有上传的图片存储在项目根目录下的 media 文件夹中,结合数据库 ImageField 字段中参数 upload_to 的设置,最终上传的图片存储路径为/media/Award。

　　模型创建完成后需要将创建的模型同步到数据库系统中。在终端中首先输入命令:

```
python manage.py makemigrations
```

此时，会在终端中输出结果：

```
Migrations for 'aboutApp':
    aboutApp\migrations\0001_initial.py
        - Create model Award
```

此时，已经做好将模型数据存入数据库的准备。打开 aboutApp 应用中的 migrations 文件夹可以查看当前文件夹下已经创建了 0001_initial.py 文件，此文件即为在本地创建好的需要同步的数据模型文件。但是注意，此时并没有真正进行数据库同步，仅仅完成了同步的准备工作。接下来输入命令：

```
python manage.py migrate
```

控制台输出结果为：

```
Operations to perform:
    Apply all migrations: aboutApp, admin, auth, contenttypes, sessions
Running migrations:
    Applying aboutApp.0001_initial... OK
    Applying contenttypes.0001_initial... OK
    Applying auth.0001_initial... OK
    Applying admin.0001_initial... OK
    Applying admin.0002_logentry_remove_auto_add... OK
    Applying contenttypes.0002_remove_content_type_name... OK
    Applying auth.0002_alter_permission_name_max_length... OK
    Applying auth.0003_alter_user_email_max_length... OK
    Applying auth.0004_alter_user_username_opts... OK
    Applying auth.0005_alter_user_last_login_null... OK
    Applying auth.0006_require_contenttypes_0002... OK
    Applying auth.0007_alter_validators_add_error_messages... OK
    Applying auth.0008_alter_user_username_max_length... OK
    Applying sessions.0001_initial... OK
```

此时才真正完成了数据库模型的同步操作，即在数据库中已经为 Award 模型创建好了对应的数据表。接下来可以对该数据库模型进行数据增删查改操作。可以直接在 Python Shell 中通过代码编辑数据库中的数据，但是这种通过代码对数据库进行增删查改的方式并不方便也不直观，而 Django 自带强大的后台管理系统，通过该后台管理系统可以方便地对创建的数据库模型进行管理和操作。

5.3.2　Django 后台管理系统

一个企业门户网站分为前台和后台两部分。前台主要为普通用户提供常规页面的访问，可以浏览基本信息。后台由网站的管理员负责网站数据的查看、添加、修改和删除。开发一套完整的后台管理系统是一件异常烦琐的工作,为此,Django提供了现成高效的后台管理系统,在我们创建项目的过程中已经自动生成了这样一个便捷的后台。

具体地,Django能够根据定义的模型自动地生成管理模块,使用Django的管理功能只需要以下两步操作。

(1)创建超级管理员。

(2)注册模型类。

要使用Django的后台管理系统首先需要创建一个超级管理员账户来登录后台系统。具体地,在终端中输入命令:

```
python manage.py createsuperuser
```

此时会弹出提示需要输入超级管理员用户名:

```
Username (leave blank to use 'administrator'):
```

输入完成后按Enter键,会出现提示需要输入邮箱:

```
Email address:
```

输入完成后按Enter键,会出现提示需要输入超级管理员账户密码:

```
Password:
```

在输入过程中由于是密码因此输入时不会显示当前输入的字符。输入完成后直接按Enter键,会要求再次输入密码以完成密码的前后一致性检查。

```
Password (again):
```

输入完成并且两次密码输入正确后会出现:

```
Superuser created successfully.
```

此时表明超级管理员已经成功创建。接下来启动项目并访问 http://127.0.0.1:8000/admin,访问效果如图5-4所示。

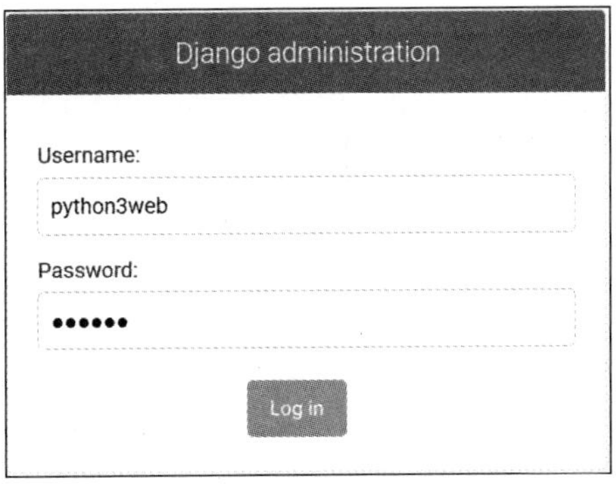

如图5-4所示页面即为后台管理系统的登录页面,输入创建的超级管理员用户名和密码即可登录后台管理系统。登录后的页面如图5-5所示。

进入后台管理系统后可以看到当前已经注册在系统中的模型,包括Groups和Users,这是系统默认提供的账户管理模型。单击Users可以看到如图5-6所示页面,在该页面中列出了当前的所有用户数据,此处由于我们并没有创建

图5-4　Django后台管理系统登录页面

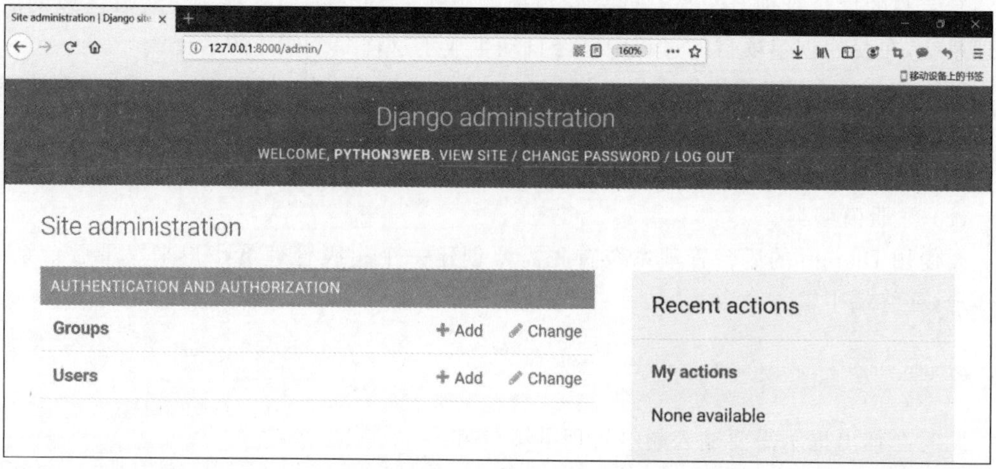

图 5-5　Django 后台管理系统主页面

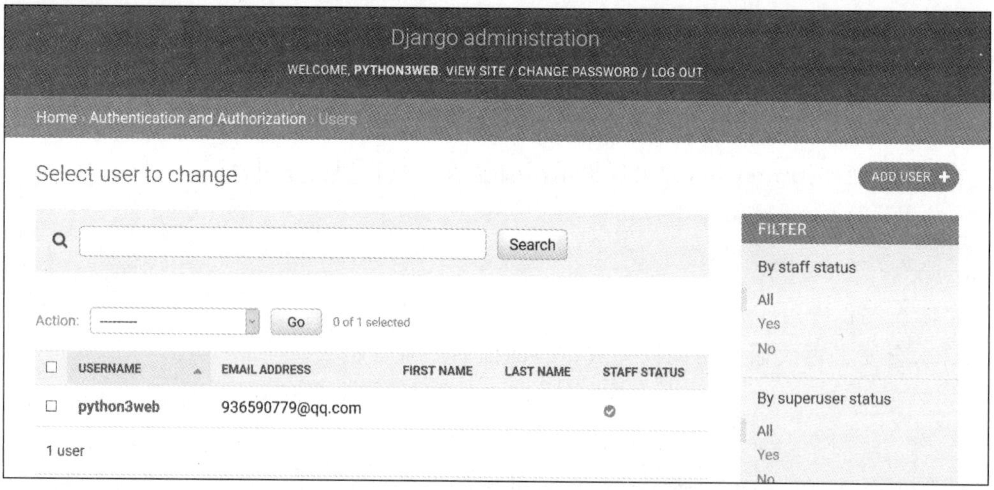

图 5-6　Django 后台管理系统 Users 列表

其他用户数据,因此仅可看到超级管理员账户。

在后台管理系统中,可以通过可视化按钮以及系统提供的默认表单方便地对数据库模型进行操作。

下面继续完成本章开发任务。从图 5-5 中可以看到,当前管理系统主页面并没有 Award 模型的操作设置,这是因为我们在数据库中创建了 Award 模型,但是并没有将该模型注册到后台管理系统中,因此后台管理系统也就无法操作该模型。如果需要将模型注册到后台管理系统,只需要在 admin.py 文件中添加模型对应的注册信息即可。具体地,打开 aboutApp 中的 admin.py 文件,编辑代码如下。

```
from django.contrib import admin
from .models import Award


class AwardAdmin(admin.ModelAdmin):
```

```
    list_display = ['description','photo']

admin.site.register(Award, AwardAdmin)
```

首先引入 Django 中提供的管理员模块 admin,然后从 models.py 文件中导入前面创建的 Award 类。接下来定义了一个名为 AwardAdmin 的荣誉管理类,该类继承自 admin 模块中的 ModelAdmin 类。在 AwardAdmin 中设置了展示列表 list_display 参数,在该参数中将需要编辑的模型字段添加进来,此处包括文字描述字段 description 和图像字段 photo。最后通过 admin.site.register()函数将 AwardAdmin 类与 Award 类进行绑定并实现注册。保存所有修改,刷新浏览页面可以看到在后台管理系统中新增加了 ABOUTAPP 组(对应 AboutApp 应用),在该组中可以操作 Award 类,如图 5-7 所示。

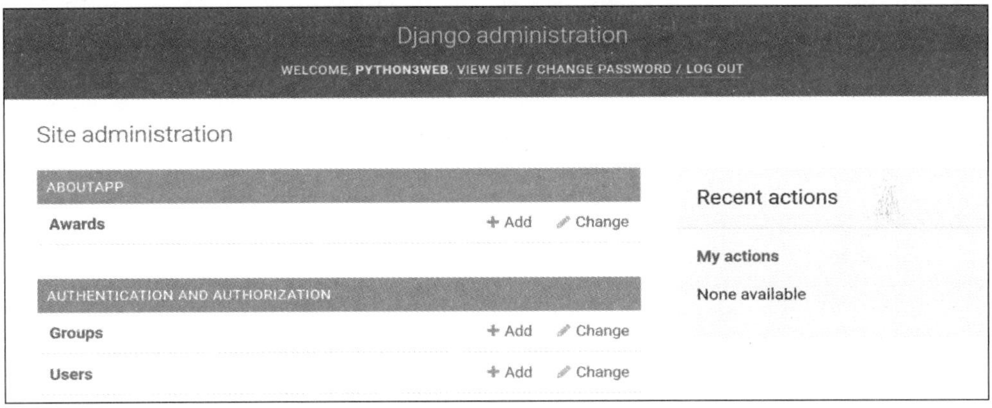

图 5-7　Django 后台管理系统添加注册模型

接下来,通过后台管理系统向 Awards 模型中添加几条数据用于后期使用。单击 Award 所在行对应的 Add 按钮,进入数据添加界面,如图 5-8 所示。

图 5-8　Django 后台管理系统向模型中添加数据

在定义 Award 模型时共有两个字段：description 和 photo，与后台数据添加界面中的两个字段一一对应。由于 description 采用了长文本字段 TextField 来声明，因此后台管理系统自动地为该字段形成多行输入框便于用户输入数据，而 photo 声明时使用了 ImageField 字段，因此后台管理系统自动形成文件上传按钮来执行数据添加操作。按照输入格式，在 description 中添加文字描述，然后单击"浏览"按钮选中一张图片（注意上传的照片名中不要含中文），最后单击右侧的 SAVE 按钮保存数据。

按照上述方式继续添加几条类似的 Award 数据，最终 Award 列表如图 5-9 所示。

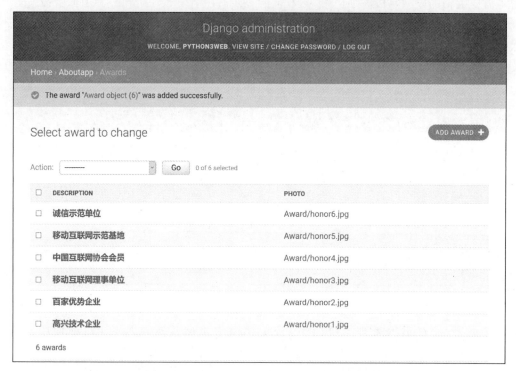

图 5-9　Django 后台管理系统 Award 模型数据列表

此时，Award 模型中所有数据均已存入数据库文件中。值得注意的是，对于图像 photo 字段，在数据库中并不是直接存储了该图像数据，而是存储了对应的图像路径。图像的真实存储路径根据 settings 文件的 MEDIA_URL 和 MEDIA_ROOT 来设置。具体地针对本实例项目，可以查看当前项目根目录下的 media 文件夹中是否存在对应的图片（media/Award 路径下）。

除了向模型添加数据以外，同样可以通过后台管理系统实现模型数据的删、改、查操作，具体的内容此处就不再一一展开演示。在数据库中有了上述的 Award 模型数据以后，就可以在用户请求页面的过程中动态地向页面嵌入数据实现动态页面的访问。5.3.3 节将会阐述如何通过 Django 从数据库中取出模型数据并插入到模板中进行动态页面渲染。

5.3.3　动态页面渲染

Django 提供了方便的 ORM 操作来对数据库模型进行管理。当用户在访问荣誉资质页面时，请求通过路由 URL 分发至 views.py 文件中的 honor() 函数进行处理，该函数收到请求后首先从数据库中取出 Award 模型的所有数据,然后将数据嵌入到 honor. html 模板文件中。

重新编辑 views. py 文件中的 honor() 函数如下。

```
from .models import Award

def honor(request):
    awards = Award.objects.all()
    return render(request, 'honor.html', {
        'active_menu': 'about',
        'sub_menu': 'honor',
        'awards': awards,
    })
```

首先从当前应用下的 model. py 文件中导入 Award 模型,然后在 honor() 函数中通过模型的 objects. all() 函数得到一个查询集并存放于变量 awards 中。在页面渲染时通过 render() 函数将 awards 变量以参数形式添加到页面中。本实例通过 Django 模型管理器的 objects. all() 函数来获取模型数据信息。除此以外,Django 还提供了很多其他的查询功能,具体见表 5-2。此处,并不需要一次性地掌握所有查询语句,只需要在后续章节中通过项目实例逐步学会常见的调用方式即可。

表 5-2　Django 数据库常用查询方法

管理器方法	返 回 类 型	说　　　明
模型类. objects. all()	QuerySet	返回表中所有数据
模型类. objects. filter()	QuerySet	返回符合条件的数据
模型类. objects. exclude()	QuerySet	返回不符合条件的数据
模型类. objects. order_by()	QuerySet	对查询结果集进行排序
模型类. objects. values()	QuerySet	返回一个列表,每个元素为一个字典
模型类. objects. reverse()	QuerySet	对排序的结果反转
模型类. objects. get()	模型对象	返回一个满足条件的对象; 如果没有找到符合条件的对象,会引发模型类. DoesNotExist 异常;如果找到多个,会引发模型类. MultiObjectsReturned 异常
模型类. objects. count()	int	返回查询集中对象的数目
模型类. objects. first()	模型对象	返回第一条数据
模型类. objects. last()	模型对象	返回最后一条数据
模型类. objects. exists()	bool	判断查询的数据是否存在

下面开始编辑 honor. html 页面。根据如图 5-2 所示效果,"荣誉资质"页面的整体设计和"企业概况"页面一致,不同之处在于主体部分采用图片列表的形式展示企业所获荣誉。在布局时可以采用 Bootstrap 现成的缩略图组件(样式类 thumbnail)略加修改即可实现。初始设计方案如下。

```
< div class = "col - md - 9">
    < div class = "model - details - title">
```

```
        荣誉资质
    </div> .
    < div class = "row">
        < div class = "col - sm - 6 col - md - 4">
            < div class = "thumbnail">
                < img src = "{ % static 'img/honor1.jpg' % }">
                < div class = "caption">
                    < p > 2011 年加入互联网协会</p>
                </div >
            </div >
        </div >
        < div class = "col - sm - 6 col - md - 4">
            < div class = "thumbnail">
                < img src = "{ % static 'img/honor2.jpg' % }">
                < div class = "caption">
                    < p > 2012 年加入互联网协会</p>
                </div >
            </div >
        </div >
    </div >
</div >
```

上述代码共包含两个缩略图，每个缩略图包括一个< img >标签用于显示图像以及一个class＝"caption"的< div >标签用于显示图片对应的描述信息。每个缩略图在大屏浏览器下占 4 个栅格，在小屏浏览器上占 6 个栅格。上述代码采用了静态页面方式将图像路径和文字描述信息显式地写在 HTML 中，无法根据数据库信息动态地修改图片和文字数据。接下来需要实现根据后台 honor()函数传入的 awards 参数将数据动态地写入 HTML 中，主要通过模板标签{% for %}{% endfor %}来实现。该模板标签可以动态地遍历传入的变量，实现页面数据循环写入。具体代码如下。

```
< div class = "col - md - 9">
    < div class = "model - details - title">
        荣誉资质
    </div >
    < div class = "row">
        { % for award in awards % }
        < div class = "col - sm - 6 col - md - 4">
            < div class = "thumbnail">
                < img src = "{{award. photo. url}}">
                < div class = "caption">
                    < p >{{award. description}}</p>
                </div >
            </div >
        </div >
        { % endfor % }
    </div >
</div >
```

上述代码通过{% for award in awards %}语句逐个地取出 awards 中的每一条数据并赋值到新的临时变量 award 中,每个 award 都包含一项 photo 和 description 数据。在缩略图中分别使用模板变量{{award.photo.url}}和{{award.description}}对<img>的 src 属性以及段落<p>赋予动态内容。这种方式可以根据 awards 中的实际的条目数来生成缩略图。对该页面数据的增删查改不再需要开发人员变更代码实现,只需要通过后台管理系统操作数据即可完成数据更新。刷新页面后浏览效果如图 5-10 所示。

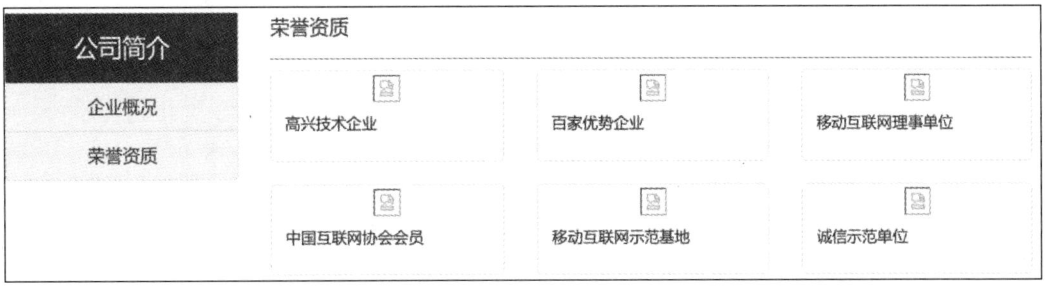

公司简介	荣誉资质		
企业概况	高兴技术企业	百家优势企业	移动互联网理事单位
荣誉资质	中国互联网协会会员	移动互联网示范基地	诚信示范单位

图 5-10 动态页面效果

可以看到每个缩略图的文字信息均已正确显示,但是图片信息没有显示出来。主要原因在于当前 debug 模式下没有将动态资源路径 MEDIA_URL 添加到静态路由 static 下。编辑配置文件夹 hengDaProject 下的 urls.py 文件,添加代码如下。

```
from django.conf import settings
from django.conf.urls.static import static


if settings.DEBUG:
    urlpatterns += static(settings.MEDIA_URL,
                    document_root = settings.MEDIA_ROOT)
```

保存修改后,重新刷新网页即可看到正确的效果图。至此,本节完成了数据库模型的导出和渲染。通过本节"荣誉资质"子模块的开发,相信读者已经掌握动态页面的制作流程和基本的数据库操作方法。后续章节的其他页面均采用这种动态页面的制作方式来实现。因此,希望读者能够牢牢掌握本节内容的知识点,多动手多实践,对于其中不清楚的地方可以结合本书配套资源代码来分析。

5.4 优化后台管理系统

在 5.3 节中介绍了 Django 的后台管理系统的使用方法,对于开发人员来说,掌握该后台管理系统的使用是必需的,但是该系统对于非开发人员来说其交互方式并不友好,包括语言(Django 后台管理系统默认语言为英文)和界面设计等。本节重点阐述如何对后台管理系统进行优化以方便今后将网站交付给实际客户使用。

5.4.1　登录界面优化

1. 界面汉化

Django 在创建项目时默认将英文作为项目主要语言，因此，在后台管理系统中大部分字段都是英文。下面首先对登录界面进行汉化处理。

打开项目配置文件 settings.py，找到其中的 LANGUAGE_CODE 字段，该字段用于设置整个项目的语言，这里需要改为中文支持。另外，需要修改时区字段 TIME_ZONE 为中国时区，对其进行修改如下。

```
LANGUAGE_CODE = 'zh - Hans'    ♯设置语言为中文
TIME_ZONE = 'Asia/Shanghai'    ♯设置中国时区
```

修改后保存并启动项目。访问后台管理系统，可以发现关键字段英文都已转换为中文，效果如图 5-11 所示。

2. 修改管理系统名称

Django 提供的后台管理系统默认的系统名称为"Django 管理"，而在实际交付给客户使用时需要按照网站主题定义后台系统名字，因此接下来需要完成后台管理系统名称的修改。

打开 aboutApp 应用下的 admin.py 文件，在文件末尾添加代码：

```
admin.site.site_header = '企业门户网站后台管理系统'
admin.site.site_title = '企业门户网站后台管理系统'
```

上述代码分别对管理系统头部和页面标题进行了修改，保存修改后刷新页面如图 5-12 所示。这里注意，由于我们创建的项目 hengDaProject 是一个多应用项目，上述代码修改只需要放置在任一应用下的 admin.py 文件中即可生效。

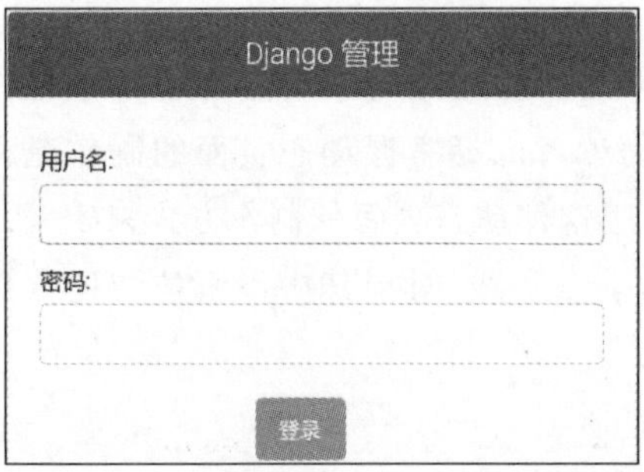

图 5-11　Django 后台管理系统登录界面汉化 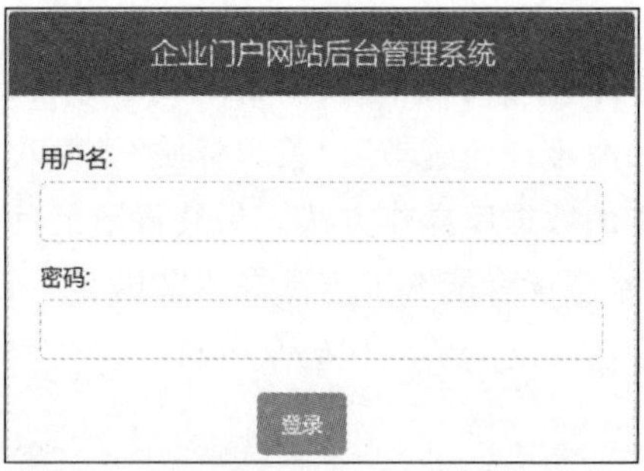　　　图 5-12　修改 Django 后台管理系统名称

5.4.2　主界面优化

1. 模型名称修改

主界面部分首先来修改数据模型的显示。由于创建了 Award 模型，因此在 ABOUTAPP 下可以看到英文显示的"Awards"字样（默认会以模型名的复数形式表示）。尽管开发人员

知道该模型含义,但是对于非开发人员来说英文字样较为突兀,这里希望能够改成"获奖荣誉"。一种有效的解决思路就是在模型的创建过程中为模型创建一个中文别名,这样在后台管理系统中就可以用别名替代模型的真实名来显示。Django 为这种思路提供了简单的实现方法,只需要修改模型的 Meta 元信息即可。打开 aboutApp 应用下的 models.py 文件,为定义的 Award 模型添加 Meta 元信息说明,代码如下。

```
class Award(models.Model): #荣誉模型
    description = models.TextField(max_length = 500, blank = True,
                                   null = True) #文字描述
    photo = models.ImageField(upload_to = 'Award/', blank = True) #图片

    class Meta:
        verbose_name = '获奖和荣誉'
        verbose_name_plural = '获奖和荣誉'
```

其中,verbose_name 字段即为模型定义的别名,verbose_name_plural 为别名对应的复数形式。保存后刷新页面即可看到如图 5-13 所示效果。

图 5-13　修改数据模型名称

2. 应用名称修改

接下来需要对应用名 ABOUTAPP 的显示进行修改。针对本章任务来说,需要将 ABOUTAPP 修改为"公司简介"。Django 在后台默认显示的应用的名称为创建 App 时的名称,需要修改这个 App 的名称达到定制的要求。从 Django 1.7 版本以后不再使用 app_label,修改 App 需要使用 AppConfig。这里只需要在应用的 __ init __.py 里面进行修改即可,打开 aboutApp 下的 __ init __.py 文件,添加代码如下。

```
from os import path
from django.apps import AppConfig

VERBOSE_APP_NAME = '公司简介'

def get_current_app_name(file):
    return path.dirname(file).replace('\\', '/').split('/')[-1]

class AppVerboseNameConfig(AppConfig):
    name = get_current_app_name(__ file __)
    verbose_name = VERBOSE_APP_NAME

default_app_config = get_current_app_name(
    __ file __) + '.__ init __.AppVerboseNameConfig'
```

这里主要参考 Django 官方参考文档来实现,通过继承 AppConfig 类来设置 App 别名,该部分代码如果难以理解可以暂时不做深究,主要注意 VERBOSE_APP_NAME 字段,通

过修改该字段可以为应用添加别名。保存修改后刷新页面，效果图如图 5-14 所示。

图 5-14　修改应用名称

后续章节每个应用在后台管理界面中均按照上述方法进行名称修改，本书对此不再重复阐述。

5.4.3　列表界面优化

单击模型会进入模型列表页面，该页面中显示了模型的所有数据，注意到模型的每个字段依然是英文。接下来将对模型字段进行修改使得 description 和 photo 分别显示为"荣誉描述"和"荣誉照片"。解决方法与模型名称的修改基本一致，通过对模型每个字段取别名来进行显示。重新编辑 Award 模型中的 description 和 photo 字段，为每个字段添加 verbose_name 属性，具体修改如下。

```
description = models.TextField(max_length = 500,
                              blank = True,
                              null = True,
                              verbose_name = '荣誉描述')
photo = models.ImageField(upload_to = 'Award/',
                         blank = True,
                         verbose_name = '荣誉照片')
```

保存修改后刷新页面，效果如图 5-15 所示。

企业门户网站后台管理系统	
欢迎，**PYTHON3WEB**，查看站点 / 修改密码 / 注销	

首页 › 公司简介 › 获奖和荣誉

选择 获奖和荣誉 来修改　　　　　　　　　　　　　　　　　　　　　增加 获奖和荣誉 ＋

动作　 ———— ▾ 　执行　6个中0个被选

□ 荣誉描述	荣誉照片
□ 诚信示范单位	Award/honor6.jpg
□ 移动互联网示范基地	Award/honor5.jpg
□ 中国互联网协会会员	Award/honor4.jpg
□ 移动互联网理事单位	Award/honor3.jpg
□ 百家优势企业	Award/honor2.jpg
□ 高兴技术企业	Award/honor1.jpg

6 获奖和荣誉

图 5-15　修改模型字段名称

小结

  本章实现"公司简介"模块的开发,该模块共包含两个页面:一个静态页面("企业概况"页面)和一个动态页面("荣誉资质"页面)。静态页面主要学习模板的继承以及侧边导航栏的制作。动态页面则通过 Django 实现了"荣誉"模型的后台管理和页面显示,重点需要掌握 Django 数据模型创建方式、后台管理系统的使用技巧以及前端页面渲染动态数据方法。本章最后一节阐述如何对后台管理系统进行优化以方便非开发用户使用。本章内容侧重阐述后端 Python Web 编程知识,通过一个动态页面的制作来学习 Django 数据库的使用,后续章节的页面大部分均采用这种动态页面制作的方式实现。因此,读者需要牢牢掌握本章知识内容。

第 **6** 章

开发"产品中心"模块

本章内容将实现"产品中心"模块的开发,对应 hengDaProject 项目中的 productsApp 应用。根据 3.1 节中提出的网站需求,恒达科技企业产品共分为三类:家用机器人、智能监控、人脸识别解决方案,因此在产品中心模块下有三个子页面,对应三类产品,如图 6-1 所示。用户单击任一产品链接时可以进入对应的产品列表页面,如图 6-2 所示。在产品列表页面,用户单击任意一款产品可以进入产品详情页面,如图 6-3 所示。其中,从产品列表到产品详情页面需要通过页面进行参数传递,即在产品列表页面中,当用户单击某一产品时需要将该产品 id 随页面请求传递到后台,后台根据编号从数据库中取出该产品详细信息,包括文字描述和图片信息等,最后将数据写入产品详情页面并返回给用户浏览器浏览。本章需要重点掌握通过页面传递参数的方法。另外,本章会继续深入学习使用 Django 数据模型并使用数据过滤功能提取特定的数据,在前端页面渲染时配合实际的模型数目采用分页方式实现产品列表的显示。

图 6-1 产品中心各子
页面导航链接

视频讲解

6.1 路由传递参数实现页面切换

在第 5 章中已经接触过子页面的制作和使用。在制作过程中将"公司简介"模块的两个页面"企业概况"和"荣誉资质"分别进行编写,采用两个路由以及两个视图处理函数分别对请求进行处理。这种设计方式使得两个子页面完全独立,没有有效地利用其共性部分。在实际情况中,同一模块的子页面具有高度的相似性,例如,本章即将制作的三个产品列表子页面,每个子页面均是相同的产品展示列表,其设计基本相同,唯一不同的是每个子页面展示不同种类的产品而已。如果还是采用页面完全独立的制作方式,当需要对某一个子页面的设计进行调整或者对某一个子页面的处理函数进行修改时,就需要同时修改其他子页面对应的内容,而这些修改大部分都是重复的,这种方式降低了开发效率。为了解决这个问题,

图 6-2　产品列表页面

产品介绍

检测图中的人脸，并为人脸标记出边框。检测出人脸后，可对人脸进行分析，获得眼、口、鼻轮廓等150个关键点定位，准确识别多种人脸属性，如性别、年龄、表情等信息。该技术可适应大角度侧脸，遮挡，模糊，表情变化等各种实际环境。

人脸识别软件可以直接接入市场上主流安防厂家的监控摄像机实现人脸识别功能。该产品具有：

1. 黑名单人脸图片的实时比对；

2. 白名单人脸图片的动态比对；

3. 动态人脸查询；

4. 超高的识别性能。室内全天识别率超过98%；室外白天识别率超过97%，夜间识别率超过93%；

5. 支持10000张以内的人脸比对库；

6. 单识别引擎。

参考价格

9097.8元

图 6-3　产品详情页面

一种有效的方法就是让每个子页面共享同一个访问路由并且共享同一个视图处理函数,仅需在路由后面附带不同的参数,视图处理函数根据这个附带参数来区别子页面。

为了显示链接切换效果,在具体开发前首先修改主页模块。由于后续需要对基础模板base. html 进行路由修改,而主页模块目前并没有继承 base. html,因此需要对主页的home. html 进行修改。按照5.1 节中的制作方式,打开 homeApp 应用下的 templates 文件夹,编辑 home. html 文件,代码如下。

```
{ % extends "base.html" % }
{ % load staticfiles % }
{ % block title % }
    首页
{ % endblock % }
{ % block content % }
<! -- 广告横幅 -->
<! -- 主体内容 -->
{ % endblock % }
```

同样地,需要对 homeApp 中的 views. py 文件进行修改,重新修改 home()函数。

```
def home(request):
    return render(request, 'home.html',{'active_menu': 'home',})
```

修改完成后保存即可。详细的主页设计将在第 10 章中给出,这里主要是为了方便对基础模板 base. html 进行统一管理。

接下来正式进入"产品中心"模块的制作。在 productsApp 应用中创建一个 templates 文件夹,在该文件夹下新建一个 productList. html 文件作为产品列表页面。按照5.1 节同样的模板继承方式继承 base. html 文件,具体代码如下。

```
{ % extends "base.html" % }
{ % load staticfiles % }

{ % block title % }
{{productName}}
{ % endblock % }

{ % block content % }
<! -- 广告横幅 -->
< div class = "container - fluid">
    < div class = "row">
        < img class = "img - responsive model - img"
            src = "{ % static 'img/products.jpg' % }">
    </div >
</div >
<! -- 主体内容 -->
< div class = "container">
    < div class = "row row - 3">
        <! -- 侧边导航栏 -->
        < div class = "col - md - 3">
            < div class = "model - title">
```

```
            产品中心
        </div>
        <div class = "model - list">
            <ul class = "list - group">
                <li class = "list - group - item" id = "robot">
                    <a href = "{% url 'productsApp:products' 'robot' %}">
                        家用机器人</a>
                </li>
                <li class = "list - group - item" id = "monitor">
                    <a href = "{% url 'productsApp:products' 'monitor' %}">
                        智能监控</a>
                </li>
                <li class = "list - group - item" id = "face">
                    <a href = "{% url 'productsApp:products' 'face' %}">
                        人脸识别解决方案</a>
                </li>
            </ul>
        </div>
    </div>
    <!-- 说明文字和图片 -->
    <div class = "col - md - 9">
        <div class = "model - details - title">
            {{productName}}
        </div>
        <!-- 此处填入产品列表内容 -->
        <div class = "model - details">
        </div>
    </div>
</div>
</div>
{% endblock %}
```

上述代码有以下两点需要注意。

（1）{% block title %}处采用模板变量{{productName}}填入内容，后台在渲染过程中需要额外地传入 productName 参数。

（2）每个产品的链接 href 属性均采用下述形式：

```
href = "{% url '应用名:路由名' 字符串 %}"
```

上述路由通过模板标签{% url '应用名:路由别名' %}来逆向寻找访问网址，在该标签后面紧跟的字符串表示该路由带字符型参数，该参数将由后台进行解析。由于修改了三个产品链接的路由，因此，在 base.html 模板中也需要同步更改这三个链接。

通过使用路由传参，只需要定义一个通用的 URL 映射入口，视图处理函数通过解析请求获得参数来渲染不同的页面。接下来编辑路由文件，打开 productsApp 应用中的 urls.py 文件，重新设置 urlpatterns 字段。原先的 urlpatterns 字段定义了三个路由，分别用作"家用机器人""智能监控""人脸识别解决方案"三个子页面的映射入口，此处由于已经重新将三个子页面路由进行了合并，因此只需要定义一个路由即可，具体修改如下。

```
urlpatterns = [
    path('products/< str:productName >/', views.products, name = 'products'),
]
```

要从 URL 中捕获值,需要使用尖括号<>来定义路由附带的参数。参数类型可以自行定义,在上述实例中使用了< str:productName >,表示该路由带的参数名为 productName,参数类型为 str 字符串类型。

接下来修改 views.py 文件用来对该映射路由进行处理。同样地,由于目前只有一个映射路由,因此删除掉原先的三个响应函数:robot( )、monitoring( )、face( ),然后添加一个新的带参数的处理函数,具体代码如下。

```
def products(request, productName):
    submenu = productName
    if productName == 'robot':
        productName = '家用机器人'
    elif productName == 'monitor':
        productName = '智能监控'
    else:
        productName = '人脸识别解决方案'

    return render(
        request, 'productList.html', {
            'active_menu': 'products',
            'sub_menu': submenu,
            'productName': productName,
        })
```

(1) 上述代码首先定义了带参数的 products( )函数,参数名 productName 与 URL 文件中的路由参数名相同。请求经过 URL 解析,对应的 productName 参数会自动传入 products( )函数。

(2) 根据传入的 productName 参数转换为对应的中文,并将变量传入最后的 render( )响应函数的字典变量中。

修改完成后保存文件并启动,通过浏览器浏览页面,依次单击三个子页面查看页面切换效果。通过带参数的路由设置,实现了子页面的内容共享和切换。从本质上来说,后台渲染的只是一个页面,只不过该页面会根据不同的路由参数进行内容调整,实现效果等价于多个子页面切换。这种处理方式的好处是显而易见的,只需要编辑并维护一个 HTML 模板文件并且只需要处理一个视图函数即可,可以极大地提高开发效率。

6.2　制作产品列表页面

为了方便用户浏览产品,每个子页面均采用列表的形式展现产品。参照如图 6-2 所示效果,列表中每一项包含 1 张产品照片(占 6 个栅格)、1 行产品标题和部分文字说明(占

6 个栅格）。另外，为了方便排列多个产品，采用 Bootstrap 的分页控件将产品进行分页显示，每页最多排列 3 个产品。所有产品数据均以动态数据形式存放于数据库中，在页面请求时需要从后端数据库中提取指定类型的产品数据。

接下来首先创建对应的"产品"（Product）模型以方便对产品数据进行存储和管理。

6.2.1　创建"产品"模型

在 5.3.1 节中创建了"荣誉"（Award）模型，通过该模型学习了图像字段 models. ImageField 和文字字段 models. TextField 的基本使用方法。但是该 Award 模型每条数据只包含一张图像，而本节将要创建的"产品"（Product）模型每条数据需要包含一张或多张图像。这在实际情况中也是比较常见的，例如，一款产品可以从不同角度拍摄多张照片，这种情况下，Django 并没有为模型提供类似 models. ImageField 对应的多图字段以供使用，因此需要自行扩展数据模型字段功能。本节将使用模型之间的一对多关系——外键，来实现多图字段功能。

首先来简单解释一下数据库中的外键的基本概念。举例来说，比如现在数据库中有三个表，每个表对应 Django 中的一个数据模型，分别表示书、作者和出版社。一本书只能有一个出版社，一个出版社可以出版很多书，那么书和出版社的关系就是多对一。而一本书可能有多个作者，一个作者也可以出版过多本书，这两者的关系就是多对多。除了上述两种关系以外，在实际应用中还存在一对一关系。当然，可以将一对一这种模型结构完全用一个模型来表示，只需要将两个模型的所有字段合并到一个模型中，因此，这种一对一结构使用得相对较少。类比到本章开发的"产品"模型，如果将模型中的图像单独拆分出去组成一个"产品图片"模型，那么一张产品图片只属于一个产品，而一个产品可以包含多张产品图片，因此这是一种多对一关系。一般情况下，模型在创建时都有一个主键 id 用来区分模型中的每一条数据，对于"产品"模型，使用主键 id 作为唯一的区分标识。对于"产品图片"来说，可以通过定义外键的形式来表示与"产品"模型之间的多对一关系，这里的外键也就是"产品"模型的主键。

下面开始定义具体的模型，首先定义一个"产品"类 Product。

```
from django.utils import timezone

class Product(models.Model):
    PRODUCTS_CHOICES = (
        ('家用机器人', '家用机器人'),
        ('智能监控', '智能监控'),
        ('人脸识别解决方案', '人脸识别解决方案'),
    )
    title = models.CharField(max_length=50, verbose_name='产品标题')
    description = models.TextField(verbose_name='产品详情描述')
    productType = models.CharField(choices=PRODUCTS_CHOICES,
                                   max_length=50,
                                   verbose_name='产品类型')
    price = models.DecimalField(max_digits=7,
```

```
                            decimal_places = 1,
                            blank = True,
                            null = True,
                            verbose_name = '产品价格')
    publishDate = models.DateTimeField(max_length = 20,
                                default = timezone.now,
                                verbose_name = '发布时间')
    views = models.PositiveIntegerField('浏览量', default = 0)

    def __str__(self):
        return self.title

    class Meta:
        verbose_name = '产品'
        verbose_name_plural = '产品'
        ordering = ('-publishDate', )
```

上述模型除了图片以外对产品的多个字段进行了定义，下面逐个分析。

title：产品的标题。它对应字符类型字段 CharField，其最大长度限定在 50 以内。

description：产品的详细描述。它对应文本字段 TextField。

productType：产品类型。对应字符字段 CharField。在本章开发案例中，产品共分为三种类型，每种类型的定义在 PRODUCTS_CHOICES 中给出。PRODUCTS_CHOICES 是一个元组，在定义 productType 字段时通过参数 choices 传入使用。

price：产品价格。对应小数字段 DecimalField，通过设置 blank = True 和 null = True 表示该字段允许为空。

publishDate：对应时间字段 DateTimeField，该字段表明该产品的发布时间。这里使用 timezone.now 方法来设置默认值为当前时间。

views：对应整数字段 PositiveIntegerField，该字段用来记录该产品页面被浏览的次数。

除了上述字段以外，在 Product 模型中额外定义了一个 __str__() 函数，该函数以 self 为参数，这里的 self 即为自身，返回值为当前模型数据的 title 字段。该函数的作用是使得该模型的每条数据在后台管理系统列表中均以每条数据的 title 字段来显示。在元信息类 Meta 中，通过定义 verbose_name 和 verbose_name_plural 来规范 Product 模型在后台管理系统中的显示名。这里值得注意的是 ordering 属性，该属性中填入了带负号的 publishDate，这样在后台管理系统中产品将按照产品发布时间由近到远来显示。

接下来定义一个"产品图片"类 ProductImg，该类从属于产品类，其定义如下。

```
class ProductImg(models.Model):
    product = models.ForeignKey(Product,
                            related_name = 'productImgs',
                            verbose_name = '产品',
                            on_delete = models.CASCADE)
    photo = models.ImageField(upload_to = 'Product/',
                        blank = True,
```

```
                    verbose_name = '产品图片')

    class Meta:
        verbose_name = '产品图片'
        verbose_name_plural = '产品图片'
```

该类有两个字段：

（1）product：产品字段，这是一个外键，用 models.ForeignKey 来声明，该外键第一个参数用于指明从属的类，此处为产品类 Product。另外一个参数 related_name 用来声明逆向名称，也就是说如果需要在 Product 类中调用产品图片可以采用该名称进行调用，具体调用示例会在后续章节中再详细阐述。在末尾添加了 on_delete 参数，这是在 Django 2.0 版本后，为了避免两个表里的数据不一致问题而需要额外设置的。

（2）photo：该字段与"荣誉"（Award）模型中的 photo 字段一样，用来存储上传的产品图片。其根路径由 settings.py 中的 media 参数设置，而子路径由 upload_to 参数指定。

定义完上述模型以后，为了能够方便管理员管理模型，需要将上述模型添加到 admin 管理模块中。具体地，编辑 productsApp 下的 admin.py 文件，代码如下。

```
from django.contrib import admin
from .models import Product,ProductImg

admin.site.register(Product)
admin.site.register(ProductImg)
```

首先从当前 models.py 文件中导入前面创建的 Product 和 ProductImg 模型，然后通过 admin.site.register() 函数分别将两个模型进行注册。

至此，模型创建工作已经完成，接下来需要同步模型到数据库中。在终端中依次输入下述命令完成数据模型同步工作。

```
python manage.py makemigrations
python manage.py migrate
```

保存所有修改后重新启动项目，进入管理后台，可以发现当前管理系统后台中已经集成了"产品"和"产品图片"两个模型，如图 6-4 所示。

图 6-4　后台管理系统中"产品中心"模型

本节完成了"产品"模型的创建，为了让每条产品数据能够包含多张图片，本节额外地创建了 ProductImg 模型，该模型通过外键附属于 Product 模型。6.2.2 节将介绍如何在后台管理系统中管理多对一模型。

6.2.2 后台管理系统多对一模型处理

6.2.1 节已经创建了"产品"（Product）模型以及对应的"产品图片"（ProductImg）模型，本节首先将通过后台管理系统来学习如何添加产品数据。由于"产品"和"产品图片"模型具有多对一关系，一般情况下先添加产品数据，然后再逐条添加产品图片数据，这样在添加产品图片时只需要指明对应的所属产品即可。

首先在"产品"模型右侧单击"增加"按钮，按照表单提示添加一条数据，如图 6-5 所示。这里注意，其中"产品价格"字段对应 Product 模型中的 price，该字段在定义时允许为空，因此在添加数据时呈现灰色，即可以不添加。"产品类型"字段由于使用了 choices 参数，因此默认的表单输入控件使用了带下拉按钮的选择框。"发布时间"字段默认以当前时间填入，因此可以不做处理。编辑完成后单击右侧"保存"按钮即可完成一条数据的添加。

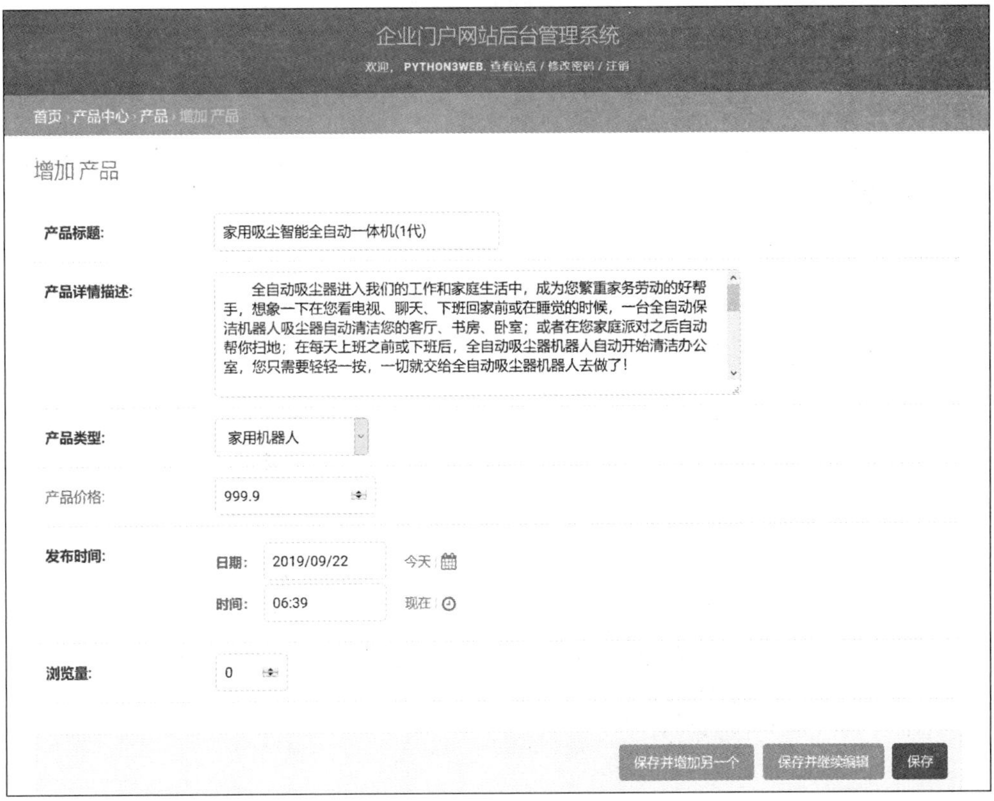

图 6-5 添加"产品"数据

接下来为该条产品数据添加产品图片。按照同样的方法，进入"产品图片"添加页面，如图 6-6 所示。产品图片中的两个字段与模型构建时设计的 product 和 photo 字段一一对应。这里注意到，"产品"字段使用了下拉菜单来填写信息。单击下拉菜单可以看到之前已经增加的产品数据，也就是说后台管理系统通过模型的外键已经自动地为数据创建了关联，这里只需要选择图片所属的产品即可。最后，通过单击"产品图片"上的"浏览"按钮上传一张照片，单击“保存”按钮即可完成一条“产品图片”数据的添加。按照该步骤可以继续为同一款产品数据添加多个产品图片。

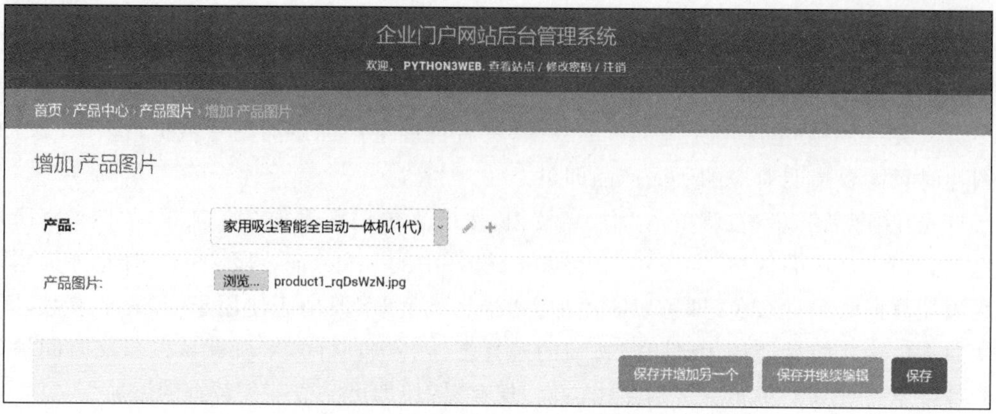

企业门户网站后台管理系统
欢迎，PYTHON3WEB. 查看站点 / 修改密码 / 注销
首页 › 产品中心 › 产品图片 › 增加 产品图片
增加 产品图片
产品:
家用吸尘智能全自动一体机(1代)
产品图片:
浏览...
product1_rqDsWzN.jpg
保存并增加另一个
保存并继续编辑
保存

图 6-6　添加“产品图片”数据

这里需要注意的是，由于模型之间的关联性，当删除“产品”模型中的某一条数据时，会同时删除其包含的所有“产品图片”数据。

通过上述操作步骤，可以实现“产品”模型数据的添加。但是整个添加过程分为两个步骤执行，需要操作两个表单来添加一条数据，对于非开发人员来说这种交互方式并不友好。下面介绍一种关联模型协同管理方法，即将“产品”和“产品图片”模型在一个页面中进行管理。数据模型在后台管理系统中的呈现主要通过 admin. py 文件进行设置，在 6.2.1 节创建“产品”模型时我们仅简单地通过 admin. site. register()函数直接注册两个模型，并没有考虑两模型之间的关联性。为了能够在后台管理系统中仅通过一张表单来实现两个模型数据的添加，需要在 admin. py 文件中定制化两个模型的后台呈现，将子模型 ProductImg 的 admin 管理器嵌套在父模型 Product 的 admin 管理器中。

具体实现如下，重新编辑 productsApp 中的 admin. py 文件：

```
from django.contrib import admin
from .models import Product,ProductImg

class ProductImgInline(admin.StackedInline):
    model = ProductImg
    extra = 1        #默认显示条目的数量

class ProductAdmin(admin.ModelAdmin):
    inlines = [ProductImgInline,]

admin.site.register(Product, ProductAdmin)
```

首先通过 admin. StackedInline 创建了一个内联模型管理器 ProductImgInline，该管理器使得模型以集成方式在后台管理系统中显示，对应的 model 属性为 ProductImg。extra 属性用于设置子模型在父模型中的显示数目。然后定义了“产品”模型管理器 ProductAdmin，其内联属性 inlines 指向前面创建的 ProductImgInline，从而将“产品图片”模型管理器嵌入在了“产品”模型管理器中。最后通过 admin. site. register()函数将“产品”模型和“产品”管理器模型进行绑定。保存修改后刷新页面，打开一条产品模型数据，可以看到原本需要在两个表单中进行数据添加，现在可以全部集成在一个表单中实现，效果如图 6-7 所示。通过这种方式可以方便地进行多表统一编辑。

图 6-7　“产品”和“产品图片”在一个表单内同时编辑

　　根据上述设置，通过后台管理系统分别向“家用机器人”“智能监控”“人脸识别解决方案”三大类产品添加多条数据信息以方便后续对模型数据的处理演示。

6.2.3　模型数据过滤、排序和渲染

　　本节实现“产品”模型的数据读取、过滤、排序、页面渲染等操作。在读取模型数据时，需要根据不同的产品类型提取不同的数据，因此需要实现数据的过滤功能。另外，在实际使用

时希望最新发布的产品能够显示在页面最前端，也就是说，在数据提取时需要按照时间进行排序。除了上述操作以外，多对一模型如何在模板中进行数据渲染也是本节需要重点掌握的内容。

Django 为模型提供了方便的数据过滤和排序功能，其核心函数分别为 filter() 和 order_by()。下面对照本章例程来学习具体的使用方法。

打开 productsApp 中的 views.py 文件，继续编辑其中的 products() 函数，在获取当前请求后根据解析得到的产品类型从数据库中提取数据，并进行排序，完整代码如下。

```python
from .models import Product

def products(request, productName):
    submenu = productName
    if productName == 'robot':
        productName = '家用机器人'
    elif productName == 'monitor':
        productName = '智能监控'
    else:
        productName = '人脸识别解决方案'

    productList = Product.objects.all().filter(
        productType = productName).order_by('-publishDate')

    return render(
        request, 'productList.html', {
            'active_menu': 'products',
            'sub_menu': submenu,
            'productName': productName,
            'productList': productList,
        })
```

（1）上述代码首先解析参数 productName 并进行转换，然后通过 Product.objects.all() 获取所有的产品数据。

（2）紧接着使用 filter() 函数进行过滤，该函数是 Django 提供的数据过滤函数，可以对提取到的数据查询集按照指定条件进行过滤，此处指定的过滤条件为 productType = productName，即找到所有产品模型 Product 中 productType 字段为 productName 的产品并将其提取出来。

（3）接下来在提取到的新的查询子集上采用 order_by() 函数进行数据排序。排序方式以产品模型的 publishDate 字段为依据。此处在 publishDate 前的负号表示按照时间由近到远排序，反之不加负号表示由远到近排序。

（4）最后的 render() 函数添加新的变量 productList 用于将查询到的数据集变量添加到模板中进行渲染。

下面需要设计产品列表的页面主体，然后实现数据模型的渲染。参照如图 6-2 所示页面效果，在产品列表部分采用左右对称方式排列产品内容。左侧显示产品图像，右侧显示产品标题和详细内容。这里注意两点,由于一款产品可以包含多幅产品图像,这里为了方便,仅显示每款产品的第一幅图像。右侧采用了 Bootstrap 的缩略图组件来排列产品文字信息。由于产品的描述信息可能比较长,如果将其全部显示那么容易超出左侧图片高度影响页面的浏览体验,比较好的方式就是对产品描述文字进行字数限制,超过部分不再显示。打开 productList. html 文件,在页面主体< div class = "model-details">标签内添加代码如下。

```
{ % for product in productList % }
< div class = "row">
    < div class = "col - md - 6">
        { % for img in product.productImgs. all % }
        { % if forloop. first % }
        < a href = " # " class = "thumbnail row - 4">
            < img class = "img - responsive " src = "{{img. photo. url}}">
        </a>
        { % endif % }
        { % endfor % }
    </div>
    < div class = "col - md - 6">
        < h3 >{{ product. title|truncatechars:"20" }}</h3>
        < p >{{ product. description|truncatechars:"150"|linebreaks }}</p>
        < div class = "thumbnail row - 5">
            < div class = "caption">
                < a href = " # " class = "btn btn - primary" role = "button">
                    查看详情
                </a>
            </div>
        </div>
    </div>
</div>
{ % endfor % }
```

(1)上述代码首选采用模板标签{% for product in productList %}{% endfor %}来遍历传入的产品列表变量 productList,此时遍历的每个产品赋值到新变量 product 中。

(2)在定义的"产品-产品图片"模型中,采用的是"一对多"关系结构。为了能够从新变量 product 中取出对应的"产品图片"中的第一幅图像,需要使用 ProductImg 模型中product 字段的 related_name 参数,通过该参数来获取对应的产品图片列表。对应上述代码{% for img in product. productImgs. all %}。

(3)接下来采用了模板标签{% if forloop. first %}来判断当前是否遍历到第一张产品图片,如果是则取出图片 URL 并在< img >中进行显示。

(4)产品文字部分采用{{ product. title}}模板变量来实现,其后紧跟的 truncatechars 为 Django 提供的模板过滤器,可以对文字进行截断显示。此处对应的 product. title 截断字数为 20,产品文字描述{{ product. description }}截断字数为 150。Django 提供了多达三十多种的过滤器可供使用,各个过滤器可以级联使用。例如,在本例的产品文字描述部分,不仅使用了 truncatechars 过滤器,同时也使用了 linebreaks 过滤器,使得文字的换行能够有效地在 HTML 中实现。

最后对页面列表的样式做一些美化，调整间距和边框。由于这些美化样式是专门针对产品列表页面的，因此最好不要将这些 CSS 样式代码写到全局的 style. css 文件中，而是独立使用一个样式文件。具体地，在 style. css 同目录下创建一个 products. css 文件，在 products. css 文件中添加如下代码。

```
.model - details .row - 4
{
    margin - top: 20px;
}
.model - details .row - 5
{
    border:none;
}
```

然后在 productList. html 文件的{％ block content ％}内，引入 products. css 文件。

```
< link href = "{ % static 'css/products.css' % }" rel = "stylesheet">
```

保存所有修改后，启动项目，查看页面效果。

6.3 Django 分页显示

在 6.2 节已经基本完成了产品列表的页面制作，实现了产品模型的创建、管理、查询、过滤、排序和页面渲染，所有模型数据在单一页面显示，用户可以通过浏览器滚动条进行翻滚以浏览产品。很明显，当商品数量较多时这种浏览方式显得不够直观、不方便，并且无法估计页面的下边界，因此容易影响整个页面的美观效果。一种比较好的解决方法就是将所有产品分布到不同的页面，每个页面只允许显示固定数量的产品，这种方式方便页面布局也方便用户快速定位浏览。

Django 提供了一个分页类 Paginator 来帮助管理分页数据，这个类存放在 django/core/paginator. py 文件中，它可以接收列表、元组或其他可迭代的对象。为了能够正常使用该分页类，需要在使用文件中引入分页对象，在 productsApp 的 views. py 文件中添加下面的代码。

```
from django.core.paginator import Paginator
```

接下来就可以在 product()函数中使用该分页对象。具体操作时将数据库中取出的产品数据 productList 直接作为分页类的参数来创建分页对象，然后通过该分页对象来控制页面的切换，详细代码如下。

```
p = Paginator(productList,2)
if p.num_pages <= 1:
```

```
        pageData = ''
else:
    page = int(request.GET.get('page',1))
    productList = p.page(page)
    left = []
    right = []
    left_has_more = False
    right_has_more = False
    first = False
    last = False
    total_pages = p.num_pages
    page_range = p.page_range
    if page == 1:
        right = page_range[page:page + 2]
        print(total_pages)
        if right[ - 1] < total_pages - 1:
            right_has_more = True
        if right[ - 1] < total_pages:
            last = True
    elif page == total_pages:
        left = page_range[(page - 3) if (page - 3) > 0 else 0:page - 1]
        if left[0] > 2:
            left_has_more = True
        if left[0] > 1:
            first = True
    else:
        left = page_range[(page - 3) if (page - 3) > 0 else 0:page - 1]
        right = page_range[page:page + 2]
        if left[0] > 2:
            left_has_more = True
        if left[0] > 1:
            first = True
        if right[ - 1] < total_pages - 1:
            right_has_more = True
        if right[ - 1] < total_pages:
            last = True
    pageData = {
        'left':left,
        'right':right,
        'left_has_more':left_has_more,
        'right_has_more':right_has_more,
        'first':first,
        'last':last,
        'total_pages':total_pages,
        'page':page,
    }
```

（1）上述代码对原始的查询集 productList 进行整理，按照页数进行拆分，然后找到对应页数的数据。在具体实现上，为了能够动态地变换页面按钮，在逻辑上进行了多种判断和处理,这段代码读者可以对照最终的实现效果逐步分析。

（2）页数的获取方式是通过代码 page = int(request. GET. get('page',1))来得到的。如果说 urls. py 文件是 Django 中前端页面和后台程序的桥梁,那么 request 就是桥上负责运输的小汽车,后端接收到前端的信息几乎全部来自于 requests。本案例的分页制作也是基于此原理,用户在产品列表上翻页时会通过浏览器将翻页的页数以参数形式封装到 request 里,然后传入后端,后端通过 request. GET. get 来得到指定的参数。

（3）最后将有关分页的一些关键数据以字典"键-值"对形式存储于变量 pageData 中。在最终渲染时,只需要额外地添加变量 pageData 即可,返回函数如下。

```
return render(
    request, 'productList.html', {
        'active_menu': 'products',
        'sub_menu': submenu,
        'productName': productName,
        'productList': productList,
        'pageData': pageData,
    })
```

编辑完后台视图处理函数以后,接下来开始编辑前端页面文件 productList. html 以实现产品的分页浏览。这里采用了 Bootstrap 的分页控件,该控件采用一个无序列表< ul >来实现,对应的 class 类为 pagination。紧接着 6.2.3 节的内容,在完成列表显示以后添加分页控件,并编写分页控件各个按钮逻辑,详细代码如下。

```
{ % if pageData % }
< div class = "paging">
    < ul id = "pages" class = "pagination pagination - sm pagination - xs">
        { % if pageData.first % }
        < li >< a href = "?page = 1"> 1 </a></li>
        { % endif % }
        { % if pageData.left % }
        { % if pageData.left_has_more % }
        < li >< span >...</span></li>
        { % endif % }
        { % for i in pageData.left % }
        < li >< a href = "?page = {{i}}">{{i}}</a></li>
        { % endfor % }
        { % endif % }
        < li class = "active">< a href = "?page = {{pageData.page}}">
            {{pageData.page}}</a>
        </li>
        { % if pageData.right % }
        { % for i in pageData.right % }
        < li >< a href = "?page = {{i}}">{{i}}</a></li>
        { % endfor % }
        { % if pageData.right_has_more % }
        < li >< span >...</span></li>
```

```
            { % endif % }
            { % endif % }
            { % if pageData.last % }
        < li >< a href = "?page = {{pageData.total_pages}}">
                {{pageData.total_pages}}</a >
        </li >
            { % endif % }
    </ul >
</div >
{ % endif % }
```

（1）上述代码通过传入的 pageData 变量来实现分页。由于当前分页数据以两条数据为一页，因此当产品数量不足两条时不显示分页控件，这个功能通过代码{ % if pageData % }来实现。当产品数量超过两个以上时，就需要分页控件。

（2）分页控件本质上是由指定数量的链接< a >组成的，每个链接采用类似< a href ＝ "? page＝3">的语句来链接到指定页数的列表页。这里注意带参数的访问网址的基本写法，用户在单击该链接时会将参数 page 封装到 request 中，后台会从 request 中解析到 page 变量值。

分页控件的使用可以改善用户的浏览体验，为了使分页控件功能更加丰富，上述代码在实现时相对较为复杂，需要结合后端代码仔细推敲。读者可以先自行尝试翻页效果，然后对照本书实例代码进行分析和学习。

最后为了页面美观，对分页控件做一些样式调整，使其居中显示并且对激活状态的链接设置背景色和边框色。编辑 products.css 文件，添加代码如下。

```
.paging{
    text - align:center;
}
.pagination .active a{
    background - color:#005197;
    border - color:#005197;
}
```

保存所有修改后启动项目，查看页面访问效果。

6.4　制作"产品详情"页面

"产品详情"页面附属于"产品列表"页面，用户在浏览产品列表时单击某一产品即可进入"产品详情"页面查看该款产品的详细介绍，具体包括产品图片、文字介绍和价格等信息。

下面梳理一下实现上述功能的基本流程。

（1）用户在产品列表中单击某一产品链接，该链接包含产品的唯一 id 作为附带参数。

（2）服务器接收请求，通过定义好的 URL 调用带参数的视图函数进行处理。

（3）视图函数根据传入的 id 参数从数据库中查找对应的产品，找到产品后通过 render()

函数返回产品内容给客户端。

在具体操作前，先分析一下其中实现的难点。在用户单击产品链接的时候需要能够准确地获取产品 id，并将其作为参数附带在访问网址中。在制作产品列表页面时，已经使用过带参数的路径访问，例如，在访问"家用机器人"列表页面时采用了下面的访问形式。

```
"{% url 'productsApp:products' 'robot' %}"
```

可以发现，这里的参数即为字符串'robot'，该参数是通过硬编码的方式直接写入到 HTML 文件中，因此该链接的参数是无法根据实际情况动态变化的。而针对产品详情页面，所附带的参数是需要根据产品 id 动态变更的。因此其解决方案就是其链接附带的参数也通过模板变量来替代，而模板变量的值即为产品 id，对应的链接形式如下。

```
"{% url 'productsApp:productDetail' product.id %}"
```

将上述访问路径替换到 productList.html 产品列表图片和"查看详情"按钮的 href 属性中，使得用户无论是单击产品图片还是单击"查看详情"按钮都可以进入到该产品的详情页面。

下面开始开发具体的"产品详情"页面。首先编辑 productsApp 应用中的 urls.py 文件，在 urlpatterns 字段中为产品详情页面添加一条新的路由：

```
path('productDetail/< int:id >/', views.productDetail, name = 'productDetail'),
```

上述路由附带一个 int 型参数，参数名为 id。该路由映射到视图中的 productDetail()函数。下面打开 views.py 文件，添加 productDetail()函数如下。

```
from django.shortcuts import get_object_or_404

def productDetail(request, id):
    product = get_object_or_404(Product, id = id)
    product.views += 1
    product.save()
    return render(request, 'productDetail.html', {
        'active_menu': 'products',
        'product': product,
    })
```

（1）上述代码首先引入 get_object_or_404()函数，该函数可以根据模型 id 查找指定的产品数据，如果查找不到则会返回 404 错误。视图函数 productDetail()根据前面定义的路由附带参数 id，然后在函数实现部分通过 get_object_or_404()函数查找到指定 id 的产品并由 render()函数返回给前端。

（2）找到指定 id 的产品后，需要同步更新该款产品的访问量 views，并且通过 product.save()函数将改动保存到数据库中。

接下来开始设计"产品详情"页面。根据如图 6-3 所示页面效果，"产品详情"页面并没有广告横幅，这主要是为了突出产品本身的内容，可以将用户注意力更多地保留在产品本身。"产品详情"主体部分主要包括产品图片、产品完整描述信息和产品参考价格三部分,其中,产品图片以堆叠的方式显示在主体头部。由于视图处理函数已经传回了当前需要渲染的 product 变量,因此只需要在产品详情页中调用 product 相关字段即可。

在 productsApp/templates 文件夹中新增 productDetail.html 文件,编辑代码如下。

```
{ % extends "base.html" % }
{ % load staticfiles % }

{ % block title % }
    产品详情
{ % endblock % }

{ % block content % }
< link href = "{ % static 'css/products.css' % }" rel = "stylesheet">
<! -- 主体内容 -->
< div class = "container">
    < div class = "model - details - product - title">
        {{product.title}}
    </div>
    < div class = "model - details">
        { % for img in product.productImgs.all % }
        < div class = "row - 4">
            < img class = "img - responsive" src = "{{img.photo.url}}">
        </div>
        { % endfor % }
        < h3 >产品介绍</h3 >
        < p >
            {{product.description|linebreaks}}
        </p>
        < h3 >参考价格</h3 >
        < p >
            {{product.price}}元
        </p>
    </div>
</div>
{ % endblock % }
```

另外,编辑 products.css 文件,添加样式代码:

```
.model - details - product - title{
    padding:15px 0px;
    font - size:18px;
    border - bottom:1px # 005197 solid;
    color: # 005197;
    margin - bottom:10px;
    margin - top:10px;
    text - align:center;
}
```

至此,"产品中心"模块已全部开发完成。

小结

　　本章内容在前面章节的基础上深入使用 Django 数据模型，重点需要掌握多对一模型的使用、后台管理，以及模型的数据过滤、排序和渲染等内容。另一方面，对于 Web 应用中常见的分页控件本章给出了实用的使用示例，并且对带参数的访问方法做了详细的阐述。截至本章，已完成"科研基地""公司简介""产品中心"三个模块的开发，这三章内容层层递进，从基础的静态页面开始逐步过渡到动态页面的开发，通过这三章内容的学习，相信读者已经掌握了门户网站的基本开发技巧，掌握这些内容基本可以胜任门户网站的开发需求，后续章节将会更多地阐述一些第三方应用以丰富网站特性。

## 第 7 章

开发"新闻动态"模块

本章延续之前的内容框架,开发"新闻动态"模块,对应 hengDaProject 项目中的 newsApp 应用。"新闻动态"模块共分为三个子页面:"企业要闻""行业新闻"和"通知公告"。整体设计流程与第 6 章开发的"产品中心"模块相似,三个子页面采用统一的路由和视图处理函数,仅通过路由附带的参数来区别请求的页面类型。同样,类似于第 6 章创建的"产品"模型,本章将创建"新闻"模型用于数据管理,与第 6 章的不同之处在于本章对于"新闻"模型的渲染不再局限于固定格式(图像显示在前、文字显示在后),而是可以通过一种富文本技术让后台管理员自己编辑页面,使得图像和文字可以在任意位置排布。另外,本章会提供新闻的搜索功能,通过简单的数据库精确匹配搜索和基于 django-haystack 的模糊匹配搜索学习如何构建模型数据的搜索功能。如图 7-1～图 7-3 所示分别显示了"新闻动态"模块的"新闻列表"页面、"新闻详情"页面、"新闻搜索"页面的效果图。下面开始进入具体的开发环节。

视频讲解

7.1 基于富文本的"新闻"模型

7.1.1 富文本编辑器介绍

在开发第 6 章产品详情页面时,后台需要先创建一条包含图片和文字描述的产品数据,然后再将产品文字和图片渲染在前端浏览器上。这些文字和图片在前端显示的时候往往没有格式或者格式是固定的,并且这些数据需要采用模型外键关联的方式进行管理,这种处理方式不方便也不直观,渲染的界面比较死板,管理员无法个性化地定制页面。富文本编辑器就是为了解决这个问题而产生的。

富文本编辑器(Rich Text Editor,RTE)是一种可内嵌于浏览器、所见即所得的文本编辑器。富文本编辑器不同于普通的文本编辑器,富文本编辑器可以方便地内嵌于 Web 应用中以方便用户编辑文章或信息。简单来说,以 Django 项目为例,通过富文本的导入,可以让用户在后台管理系统中像使用 Word 一样编辑文章,而文章在前端最终的显示形式与编辑

图 7-1 "新闻列表"页面

的时候一致,用户不用再去管理繁杂的数据存储机制,仅需简单的配置接口和路径即可完成上述功能。目前,有很多有名的富文本编辑器,比如国外的有 TinyMCE、CKEditor、bootstrap-wysiwyg 等,而国内的则有 UEditor、KindEditor 和 LayEdit 等。总体来说,国内的富文本编辑器在编辑风格方面相对国外具有更大的天然优势,对中文网站的支持更加友好,其中以百度的 UEditor 知名度较高。

UEditor 是由百度 Web 前端研发部开发的所见即所得富文本编辑器,具有轻量、可定

图 7-2　基于富文本的"新闻详情"页面

制、注重用户体验等特点，基于开源 MIT 协议，允许自由使用和修改。本章将集成 UEditor
到 hengDaProject 项目中，实现用户的个性化新闻页面编辑功能。下面进入具体的开发
环节。

图 7-3 "新闻搜索"页面

7.1.2 富文本 DjangoUeditor 安装

目前，已有现成的 UEditor 组件可供 Django 项目使用，下载组件并安装后通过简单的配置就可以直接在 Django 项目中使用 UEditor 编辑器。如果使用 Python 2，则可以直接通过 pip 命令进行下载和安装。由于本书使用的是 Python 3，需要手动下载安装包。下载网址：https://github.com/twz915/DjangoUeditor3/。读者也可以在本书配套资源中找到下载后的 DjangoUeditor3-master.zip 压缩文件夹。解压该文件夹后进行安装,安装方式采用本地安装方法,需要在终端中通过 cd 命令定位到 DjangoUeditor3-master 根文件夹下面(与 setup.py 同级目录),然后输入下述命令即可完成安装。

```
python setup.py install
```

安装完成后为了能够在自己的 Django 项目中集成 UEditor 编辑器,需要将 DjangoUeditor3-master 项目中的 DjangoUeditor 文件夹复制到当前项目中。从本质上来说,DjangoUeditor 即为一个 Django 应用,接下来只需要将该应用添加到 hengDaProject 项目中即可。将 DjangoUeditor 文件夹复制到 hengDaProject 项目的根目录下,然后打开配置文件 settings.py,将 DjangoUeditor 应用添加到项目中。

```
INSTALLED_APPS = [
    …其他应用…
    'DjangoUeditor',  # 添加富文本应用
]
```

然后对添加的 DjangoUeditor 应用进行路由配置,打开配置文件夹 hengDaProject 下的 urls.py 文件,在 urlpatterns 字段中添加 DjangoUeditor 应用对应的路由:

```
path('ueditor/',include('DjangoUeditor.urls')),
```

至此,已在 Django 项目中完成富文本组件 DjangoUeditor 的安装和配置。

7.1.3　创建富文本"新闻"模型

在创建"新闻"模型前,先分析该模型需要创建的字段。参考第 6 章创建的"产品"模型,"新闻"模型同样需要标题(title)和详细内容(description)字段,其中,标题是字符型数据,而详细内容则可以包含文字、图片、文件下载链接等,并且可以任意排布这些内容元素,该字段需要使用富文本来实现。除了上述两个字段以外,还需要添加新闻类型、发布时间、浏览量等字段,这些字段可以采用 Django 的常用模型字段来实现。

具体地,打开 newsApp 文件夹下面的 models.py 文件,在该文件中创建"新闻"模型。

```
from django.db import models
from DjangoUeditor.models import UEditorField
import django.utils.timezone as timezone

class MyNew(models.Model):
    NEWS_CHOICES = (
        ('企业要闻', '企业要闻'),
        ('行业新闻', '行业新闻'),
        ('通知公告', '通知公告'),
    )
```

```
    title = models.CharField(max_length = 50, verbose_name = '新闻标题')
    description = UEditorField(u'内容',
                              default = '',
                              width = 1000,
                              height = 300,
                              imagePath = 'news/images/',
                              filePath = 'news/files/')
    newType = models.CharField(choices = NEWS_CHOICES,
                               max_length = 50,
                               verbose_name = '新闻类型')
    publishDate = models.DateTimeField(max_length = 20,
                                       default = timezone.now,
                                       verbose_name = '发布时间')
    views = models.PositiveIntegerField('浏览量', default = 0)

    def __str__(self):
        return self.title

    class Meta:
        ordering = ['-publishDate']
        verbose_name = "新闻"
        verbose_name_plural = verbose_name
```

（1）上述代码首先引入所需的模块，其中尤其需要注意富文本模块 DjangoUeditor.models 中 UEditorField 的导入，这样可以在模型中使用 UEditorField 来创建富文本字段从而可以方便地嵌入各种文本、图像、链接元素。

（2）接下来创建"新闻"模型 MyNew 类。根据之前的分析，MyNew 类包含新闻标题（title）、内容描述（description）、新闻类型（newType）、发布时间（publishDate）和浏览量（views）字段。各字段除了 description 以外，均采用了 django.db 默认提供的常规数据字段，读者可以参考表 5.1 列出的常规模型字段来查看各字段具体含义和使用方法。由于需要对新闻按内容进行划分，因此参考第 5 章中"产品类型"的设计方式将新闻类型字段 newType 通过传入 choices 参数来设置类型。

（3）description 字段使用了富文本 UEditorField 来声明，其中，u'内容'用来定义该字段在后台管理系统中的别名。width＝1000 和 height＝300 表示后台管理系统中该字段最后的编辑界面宽度为 1000 像素，长度为 300 像素。imagePath 和 filePath 分别用来指明用户上传的图像和文件最终的存储目录。这里注意，imagePath 和 filePath 参数的使用需要依赖项目配置文件 settings.py 中 MEDIA_URL 和 MEDIA_ROOT 的配置。对于本书实例，最终的图像和文件的输出目录会在 media 文件夹中。

（4）除了上述模型字段以外，MyNew 模型还通过定义 def __str__(self)()函数来设置后台管理系统中新闻列表每条新闻的显示名称。通过定义 Meta 类来声明模型数据的排序方式（按照发布时间进行排序，注意负号的作用）以及模型在后台管理系统中的别名。

创建完模型以后在命令终端中进行模型数据迁移完成数据库同步。

```
python manage.py makemigrations
python manage.py migrate
```

7.1.4　后台管理系统使用富文本

为了能够在后台管理系统中使用前面创建的 MyNew 模型,需要在 admin 中进行模型注册。打开 newsApp 应用中的 admin.py 文件,对创建的 MyNew 模型进行注册,具体代码如下。

```
from django.contrib import admin
from .models import MyNew

class MyNewAdmin(admin.ModelAdmin):
    style_fields = {'description':'ueditor'}

admin.site.register(MyNew, MyNewAdmin)
```

上述代码需要注意富文本字段的注册形式,通过定义 style_fields 属性来绑定富文本字段。

打开后台管理系统,在 newsApp 模块中添加一条记录,此时会出现下述错误。

```
TypeError: render() got an unexpected keyword argument 'renderer'
```

上述错误是由于 Django 2 系列和 UEditor 的兼容性问题导致的。解决方法就是定位到出现错误的位置处("D:\toolplace\python3.7.4\lib\site-packages\django\forms\boundfield.py", line 93),然后按照下述方式注释掉最后的 render 参数。

```
return widget.render(
        name = self.html_initial_name if only_initial else self.html_name,
        value = self.value(),
        attrs = attrs,
        # renderer = self.form.renderer,  # 注释掉这一行
    )
```

保存修改后重新运行,进入后台管理系统,图 7-4 即为"新闻添加"页面效果图。可以看到,富文本编辑器已经自动添加到对应的界面中,其使用方式与 Microsoft Office Word 类似,允许管理人员自己编辑页面内容,包括文字、图片等,并且允许对这些内容元素样式和位置进行修改。读者可以自行尝试使用 UEditor 编辑器进行新闻内容编辑,使用相对简单,本书不再对其进行介绍。

最后,利用后台管理系统添加一些新闻数据,以方便后续的开发演示。

图 7-4　后台管理系统"新闻添加"页面

7.2　开发"新闻列表"和"新闻详情"页面

本节开发"新闻列表"和"新闻详情"页面。开发流程和实现方法与第 6 章开发的"产品列表"和"产品详情"基本相似，区别在于前端界面的设计以及最终富文本的渲染方式不同。本节对差异部分将重点阐述，而与第 6 章相同的地方则仅给出重要的代码，不再深入分析，读者可以参考本书代码实例查看详细内容。

具体地,"新闻"模块整体访问流程如下。

(1)用户单击"企业要闻""行业新闻""通知公告"任一子页面产生请求,通过浏览器将请求发送至服务器。

(2)服务器采用统一的路由进行映射,匹配指定的视图函数进行处理。

(3)视图函数根据请求附带的参数来确定请求的子页面类型,通过 ORM 操作来过滤、查询数据并返回页面。

(4)前端收到返回的页面内容进行输出,其中富文本内容按照编辑时的样式进行渲染。

7.2.1 "新闻列表"后台处理函数

"新闻列表"对应的视图处理函数主要完成数据的读取任务,其中,为了方便浏览需要使用分页组件进行分页处理。参照第 6 章"产品列表"对应的视图函数,将 products()函数复制到"新闻列表"中,修改函数名为 news(),然后同步修改对应的参数名称即可。详细代码如下。

```python
from .models import MyNew
from django.core.paginator import Paginator

def news(request, newName):
    #解析请求的新闻类型
    submenu = newName
    if newName == 'company':
        newName = '企业要闻'
    elif newName == 'industry':
        newName = '行业新闻'
    else:
        newName = '通知公告'
    #从数据库获取、过滤和排序数据
    newList = MyNew.objects.all().filter(newType = newName).order_by('-publishDate')
    #分页
    p = Paginator(newList, 5)
    if p.num_pages <= 1:
        pageData = ''
    else:
        page = int(request.GET.get('page', 1))
        newList = p.page(page)
        left = []
        right = []
        left_has_more = False
        right_has_more = False
        first = False
        last = False
        total_pages = p.num_pages
        page_range = p.page_range
        if page == 1:
```

```
                    right = page_range[page:page + 2]
                    print(total_pages)
                    if right[-1] < total_pages - 1:
                        right_has_more = True
                    if right[-1] < total_pages:
                        last = True
                elif page == total_pages:
                    left = page_range[(page - 3) if (page - 3) > 0 else 0:page - 1]
                    if left[0] > 2:
                        left_has_more = True
                    if left[0] > 1:
                        first = True
                else:
                    left = page_range[(page - 3) if (page - 3) > 0 else 0:page - 1]
                    right = page_range[page:page + 2]
                    if left[0] > 2:
                        left_has_more = True
                    if left[0] > 1:
                        first = True
                    if right[-1] < total_pages - 1:
                        right_has_more = True
                    if right[-1] < total_pages:
                        last = True
            pageData = {
                'left': left,
                'right': right,
                'left_has_more': left_has_more,
                'right_has_more': right_has_more,
                'first': first,
                'last': last,
                'total_pages': total_pages,
                'page': page,
            }
        return render(
            request, 'newList.html', {
                'active_menu': 'news',
                'sub_menu': submenu,
                'newName': newName,
                'newList': newList,
                'pageData': pageData,
            })
```

接下来修改对应的路由。打开 newsApp 应用下的 urls.py 文件，由于新闻动态中的三个子页面共享同一个路由，因此删除原先设计的路由，重新编辑 urlpatterns 字段如下。

```
urlpatterns = [
    path('news/< str:newName >/', views.news, name = 'news'), #新闻列表
]
```

自此,已完成新闻列表的视图函数处理部分以及对应路由的设置。由于修改了 "新闻动态"各子页面的路由形式,因此需要修改基础模板 base.html 中 "新闻动态"各子页面的访问路径。打开 base.html 文件,修改 "新闻动态"部分代码:

```
<li><a href = "{% url 'newsApp:news' 'company' %}">企业要闻</a></li>
<li><a href = "{% url 'newsApp:news' 'industry' %}">行业新闻</a></li>
<li><a href = "{% url 'newsApp:news' 'notice' %}">>通知公告</a></li>
```

完成上述设置后开始创建并编辑 "新闻列表"页面。

7.2.2 设计 "新闻列表"页面

在 newsApp 应用中创建 templates 文件夹,然后在该文件夹下创建 newList.html 文件。编辑 newList.html 文件,详细代码如下。

```
{% extends "base.html" %}
{% load staticfiles %}

{% block title %}
{{newName}}
{% endblock %}

{% block content %}
<!-- 广告横幅 -->
<div class = "container - fluid">
    <div class = "row">
        <img class = "img - responsive model - img" src = "{% static 'img/new.jpg' %}">
    </div>
</div>
<!-- 主体内容 -->
<div class = "container">
    <div class = "row row - 3">
        <!-- 侧边导航栏 -->
        <div class = "col - md - 3">
            <div class = "model - title">
                新闻动态
            </div>
            <div class = "model - list">
                <ul class = "list - group">
                    <li class = "list - group - item" id = 'company'>
                        <a href = "{% url 'newsApp:news' 'company' %}">企业要闻</a>
                    </li>
                    <li class = "list - group - item" id = 'industry'>
                        <a href = "{% url 'newsApp:news' 'industry' %}">行业新闻</a>
                    </li>
                    <li class = "list - group - item" id = 'notice'>
                        <a href = "{% url 'newsApp:news' 'notice' %}">通知公告</a>
```

```
                        </li>
                    </ul>
                </div>
            </div>
            <!-- 说明文字和图片 -->
            <div class = "col - md - 9">
                <div class = "model - details - title">
                    {{newName}}
                </div>
                <div class = "model - details">
                    {% for mynew in newList %}
                        <div class = "news - model">
                            <img src = "{% static 'img/newsicon.gif' %}">
                            <a href = "#"><b>{{mynew.title}}</b></a>
                            <span>【{{mynew.publishDate|date:"Y - m - d"}}】</span>
                            <p>
                                <!-- 添加新闻简要说明 -->
                            </p>
                        </div>
                    {% endfor %}

                    {% if pageData %}
                    <div class = "paging">
                        <ul id = "pages" class = "pagination">
                            {% if pageData.first %}
                            <li><a href = "?page = 1">1</a></li>
                            {% endif %}
                            {% if pageData.left %}
                            {% if pageData.left_has_more %}
                            <li><span>…</span></li>
                            {% endif %}
                            {% for i in pageData.left %}
                            <li><a href = "?page = {{i}}">{{i}}</a></li>
                            {% endfor %}
                            {% endif %}
                            <li class = "active"><a href = "?page = {{pageData.page}}">
                                {{pageData.page}}</a></li>
                            {% if pageData.right %}
                            {% for i in pageData.right %}
                            <li><a href = "?page = {{i}}">{{i}}</a></li>
                            {% endfor %}
                            {% if pageData.right_has_more %}
                            <li><span>…</span></li>
                            {% endif %}
                            {% endif %}
                            {% if pageData.last %}
                            <li><a href = "?page = {{pageData.total_pages}}">
                                {{pageData.total_pages}}</a></li>
                            {% endif %}
                        </ul>
```

```
            </div>
          { % endif % }
        </div>
      </div>
    </div>
</div>
{ % endblock % }
```

（1）上述代码与第 6 章"产品中心"模块 productList. html 内容大致相同，只是在主体渲染部分没有采用 Bootstrap 的缩略图组件，而是采用了一个 class = "news-model"的< div >类来进行新闻列表显示，该样式类的定义将在后面给出。

（2）在 newList. html 文件中新闻日期在输出时采用了模板过滤器 date："Y-m-d"来格式化显示。在新闻列表的每个< div >内还包含一个< p >标签用于显示新闻的简要介绍，也就是将每条新闻的文字部分提取出一部分进行显示。

（3）由于新闻模型采用了富文本进行内容绑定，而富文本本身是以格式化的 HTML 字符串存储在数据库中，因此需要借助第三方 HTML 字符串解析工具来对新闻内容解析以获得页面元素，这部分内容将在 7.2.5 节中进行介绍，本节可以先暂时不做处理。

类似于"产品列表"页面，为了定制化"新闻列表"样式，在 style. css 文件的同目录下创建 news. css 文件，在该文件中添加样式定义。

```css
/ * 分页控件样式 * /
.paging{
    text - align:center;
}
.pagination .active a{
    background - color: # 005197;
    border - color: # 005197;
}
/ * 新闻列表样式 * /
.news - model{
    margin - top:15px;
}
.news - model span{
    float:right;
}
.news - model a{
    color: # 666;
    font - size:16px;
}
.news - model a:hover, .news - model a:focus{
    text - decoration:none;
    color: # d30a1c;
}
.news - model p{
    margin - top:5px;
    font - size:13px;
}
```

最后，在 newList.html 文件的{% block content %}内添加样式引用。

```
< link href = "{ % static 'css/news.css' % }" rel = "stylesheet">
```

保存所有修改后启动项目，"新闻列表"初始效果如图 7-5 所示。

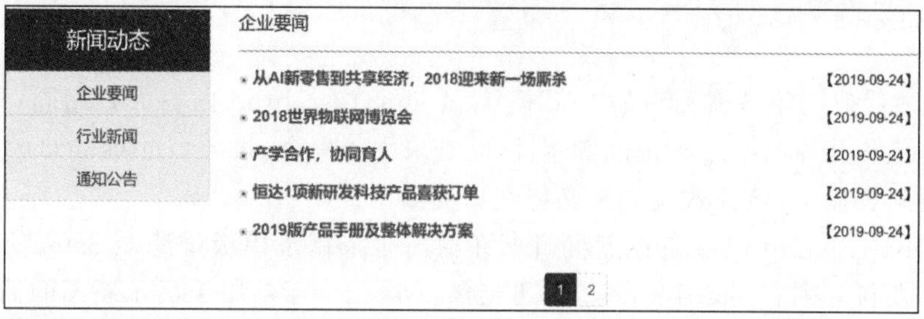

图 7-5 "新闻列表"初始效果

7.2.3 "新闻详情"后台处理函数

"新闻详情"页面的渲染主要通过在"新闻列表"页面为每条新闻链接绑定 id 号来实现。后台视图处理函数解析该 id 然后从数据库中获取数据再返回页面内容。同样，参照第 6 章"产品详情"视图处理函数实现方法，在 newsApp 的 views() 函数中添加"新闻详情"视图处理函数，代码如下。

```
from django. shortcuts import get_object_or_404

def newDetail(request, id):
    mynew = get_object_or_404(MyNew, id = id)
    mynew. views += 1
    mynew. save()
    return render(request, 'newDetail.html', {
        'active_menu': 'news',
        'mynew': mynew,
    })
```

其中，mynew. views+=1 表示每次页面访问的时候浏览次数累计加 1，从而方便统计每条新闻的浏览次数。mynew. save()表示将数据的更改保存到数据库中。

接下来修改 newsApp 应用下的 urls. py 文件，为 newDetail 绑定对应的路由。在 urlpatterns 字段中添加路由：

```
path('newDetail/< int:id >/', views. newDetail, name = 'newDetail'),
```

最后修改 newList. html 文件中每一条新闻的访问路径，将

```
< a href = " # "><b>{{mynew. title}}</b></a>
```

替换为：

```
<a href="{% url 'newsApp:newDetail' mynew.id %}"><b>{{mynew.title}}</b></a>
```

这样就可以将每条新闻的 id 作为参数动态地绑定到访问路径中，通过使用逆向解析的方式得到每条新闻的真实 URL。

7.2.4 设计"新闻详情"页面

参照第 6 章"产品详情"页面的设计方式，将其沿用到"新闻详情"页面。在 newsApp 应用的 templates 文件夹下创建一个 newDetail.html 文件，添加代码如下。

```
{% extends "base.html" %}
{% load staticfiles %}
{% block title %}
    新闻详情
{% endblock %}
{% block content %}
<link href="{% static 'css/news.css' %}" rel="stylesheet">
<!-- 主体内容 -->
<div class="container">
    <div class="model-details-product-title">
        {{mynew.title}}
        <div class="model-foot">发布时间：{{mynew.publishDate|date:"Y-m-d"}}  
              浏览次数：{{mynew.views}}</div>
    </div>
    <div class="model-details">
        {{ mynew.description | safe }}
    </div>
</div>
{% endblock %}
```

上述代码在主体标题部分通过传入的模板变量 mynew 来渲染"发布时间"和"浏览次数"。在主体描述部分则采用了{{ mynew.description ｜ safe }}来实现富文本的内容渲染，此时 Django 模板标签会自动解析富文本中的内容，并将其按照特定的格式进行展现。最后，在 news.css 文件中添加相关样式。

```
/* 新闻详情 */
.model-details-product-title{
    padding:15px 0px;
    font-size:18px;
    border-bottom:1px #005197 solid;
    color:#005197;
    margin-bottom:10px;
    margin-top:10px;
    text-align:center;
}
```

```
/* 新闻主体副标题 */
.model - foot{
    padding:5px 0px;
    font - size:14px;
    color:#545353;
    margin - top:10px;
    text - align:center;
}
```

保存所有修改后启动项目，将"新闻列表"和"新闻详情"页面串联起来进行测试，在"新闻列表"页面单击任一一条新闻进入"新闻详情"页面，查看跳转逻辑和显示是否正常。

7.2.5 从富文本中提取文字

前面几节内容详细描述了"新闻列表"和"新闻详情"页面的开发过程，完成了两个子模块的前后串联以及富文本的集成使用。通过上述步骤，可以方便地让用户自定义新闻页面内容，但是有一种情况需要提取富文本特定内容。对照如图 7-1 所示的"新闻列表"页面，在每条新闻的下方需要同步地显示部分新闻描述用以进行提示和吸引用户浏览，而"新闻详情"本身采用的是一种富文本字段来表示，那么如何从富文本字段中提取出文字信息呢？本节内容就来阐述相关方法。

从本质上来说，通过富文本存储的内容都是以带格式的 HTML 字符串存储的，在渲染时 Django 模板会自动解析字符串中的特定 HTML 标签符号。因此，如果要解析特定的内容，只需要在获取到数据后抽取出对应标签的内容即可。这里主要借助第三方工具包 pyquery 来进行 HTML 解析。

首先安装 pyquery：

```
pip install pyquery
```

修改 views.py 文件，在头部引入 pyquery 模块：

```
from pyquery import PyQuery as pq
```

然后修改 news()函数，在取出模型数据之后利用 pyquery()函数对每一条新闻进行 HTML 解析，抽取出其中的<p>标签对应的内容，代码如下。

```
newList = MyNew.objects.all().filter(newType = newName).order_by(' - publishDate')
for mynew in newList:
    html = pq(mynew.description)        # 使用 pq 方法解析 html 内容
    mynew.mytxt = pq(html)('p').text() # 截取 html 段落文字
```

上述代码抽取每条新闻的文字内容并赋值到 newList 每条记录的 mytxt 中。这里需要注意 newList 本身是一个临时变量，其临时增加的 mytxt 也是一个临时变量，在真实的数据库中并没有额外对 MyNew 模型添加 mytxt 字段。

接下来修改 newList.html 文件,在每条新闻标题下方添加文字说明。

```
{ % for mynew in newList % }
< div class = "news - model">
    < img src = "{ % static 'img/newsicon.gif' % }">
    < a href = "{ % url 'newsApp:newDetail' mynew.id % }"><b>{{mynew.title}}</b></a>
    < span >【{{mynew.publishDate|date:"Y-m-d"}}】</span>
    <!-- 添加新闻说明 -->
    < p>{{mynew.mytxt|truncatechars:"110"}}...</p>
</div >
{ % endfor % }
```

其中,truncatechars:"110"用于截断字符串,使得其只显示前面 110 个字符。最终实现效果如图 7-6 所示。

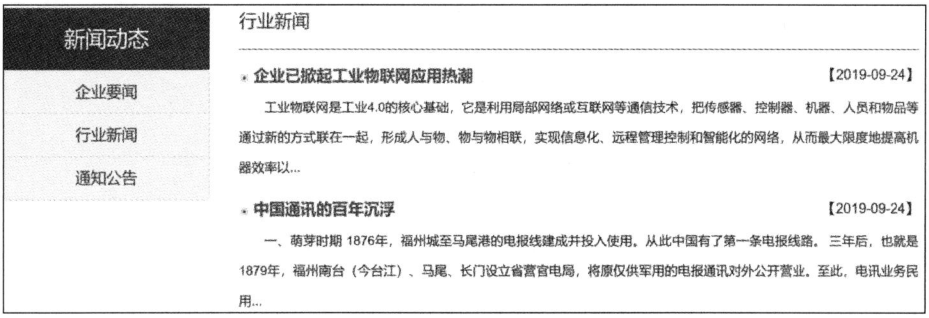

图 7-6　"新闻列表"最终效果

7.3　新闻搜索

本节将通过 Django 实现新闻搜索功能。具体实现效果如图 7-3 所示,用户可以在表单搜索框中输入关键词信息,然后单击搜索图标将表单数据发送至后台,后台解析出关键词,然后从数据库中找到与关键词所匹配的新闻信息并且传回前台。在 2.9 节中已经阐述过表单的基本概念,其主要作用是收集用户的输入信息(文本、复选框、单选按钮等),然后以统一的表单形式提交给服务器进行处理。本节主要介绍如何在 Django 中利用表单技术获取用户提交的信息并进行内容检索。检索按照难易程度分为基于模糊查询的新闻标题搜索以及基于 haystack 的全文高级搜索。简单搜索主要对新闻的标题进行模糊查询,该过程仅通过数据库查询语句即可实现,不需要安装和配置额外的第三方组件。而在实际使用 Python 进行 Web 开发的时候,免不了需要使用到全文搜索,全文搜索和平常使用的数据库的模糊搜索查询不一样。例如,在 MySQL 数据库中,如果进行模糊查询可以使用类似 name like '%wang%'等查询语句实现,但是这种查询方式效率是非常低的,当需要进行全文搜索时,模糊查询会对服务器造成很重的负担,影响整个网站的执行效率。因此,进行全文搜索时需要依赖更加强大的搜索工具来实现。本节先通过阐述模糊查询的使用方式来初步搭建网站新闻查询系统,然后再逐步阐述更为复杂的基于 haystack 的查询方法。

7.3.1 基于模糊查询的新闻标题搜索

打开 newList. html 文件，在< div class = "model-details-title">标签中添加表单，并且在表单中添加对应的文本搜索框和提交按钮，关键代码如下。

```
< div class = "model - details - title">
    {{newName}}
    < div class = "col - md - 7 hidden - xs model - details - title - search">
        < form method = "get" action = "{ % url 'newsApp:search' % }">
            { % csrf_token % }
            < div class = "input - group">
                < input type = "text" name = "keyword" class = "form - control"
                    placeholder = "请输入关键词" required />
                < span class = "input - group - btn">
                    < input type = "submit" class = "btn btn - default" value = "查询" />
                </ span >
            </div>
        </ form >
    </div >
</ div >
```

（1）此处表单的提交方式为 get 方式，这样表单请求就不会被 Django 后台系统所屏蔽。如果采用的提交方式为 post，则需要在对应的视图函数前添加 require_POST 装饰器。

（2）搜索框采用文本框来实现关键词内容输入，文本框 name 属性定义为 keyword，后台视图处理函数将通过 name 属性来解析用户输入的文本信息。

在 news. css 文件中添加对应的样式设计：

```
. model - details - title - search{
    font - size:18px;
    width: 300px;
    float: right;
    margin - bottom: 20px;
}
```

在视图文件 views. py 中添加新闻搜索对应的响应处理函数：

```
def search(request):
    keyword = request.GET.get('keyword')
    newList = MyNew. objects. filter(title __ icontains = keyword)
    newName = "关于 " + "\"" + keyword + "\"" + " 的搜索结果"
    return render(request, 'searchList.html', {
        'active_menu': 'news',
        'newName': newName,
        'newList': newList,
    })
```

上述代码首先利用 request. GET. get()函数提取出用户输入的关键词信息,然后采用数据库模糊查询方法 MyNew. objects. filter(title __ icontains＝keyword)找出所有新闻标题中包含用户输入关键词的新闻,最后将结果传入模板文件 searchList. html 进行渲染。在templates 文件夹中新建 searchList. html 文件用来制作新闻搜索页面,代码如下。

```
{ % extends "base. html" % }
{ % load staticfiles % }

{ % block title % }
{{newName}}
{ % endblock % }


{ % block content % }
< link href = "{ % static 'css/news.css' % }" rel = "stylesheet">
<! -- 广告横幅 -->
< div class = "container - fluid">
    < div class = "row">
        < img class = "img - responsive model - img" src = "{ % static 'img/new.jpg' % }">
    </div>
</div>
<! -- 主体内容 -->
< div class = "container">
    < div class = "row row - 3">
        < div class = "model - details - title">
            {{newName}}
            < div class = "col - md - 7 hidden - xs model - details - title - search">
                < form method = "get" action = "/search/">
                    { % csrf_token % }
                    < div class = "input - group">
                        < input type = "text" name = "keyword" class = "form - control"
                            placeholder = "请输入关键词" required />
                        < span class = "input - group - btn">
                            < input type = "submit" class = "btn btn - default"
                                value = "查询" />
                        </span >
                    </div >
                </form >
            </div >
        </div >
        < div class = "model - details">
            { % for mynew in newList % }
            < div class = "news - model">
                < img src = "{ % static 'img/newsicon.gif' % }">
                < a href = "{ % url 'newsApp:newDetail' mynew. id % }"><b>
                    {{mynew. title}}</b></a>
                < span >【{{mynew. publishDate|date:"Y - m - d"}}】</span >
            </div >
            { % endfor % }
        </div >
```

```
    </div>
  </div>
{% endblock %}
```

最后,配置 URL 路由。打开 urls.py 文件,在 urlpatterns 字段中添加新闻搜索对应的路由。

```
path('search/', views.search, name = 'search'),
```

保存所有修改后运行项目,在搜索框中输入关键词信息,然后按 Enter 键查看搜索结果,效果如图 7-7 所示。

关于 "物联网" 的搜索结果	请输入关键词	查询
· 关于物联网处理器Spectre漏洞的公告		【2019-09-24】
· 企业已掀起工业物联网应用热潮		【2019-09-24】
· 2018世界物联网博览会		【2019-09-24】
· 物联网家居技术专业建设研究会议		【2019-09-24】

图 7-7　基于模糊查询的新闻标题搜索

7.3.2　基于 django-haystack 的全文高级搜索

7.3.1 节通过使用 Django 内置的数据库查询方法实现了一个简易的新闻标题搜索功能,但这个搜索功能过于简单,实用性不强。对于一个搜索引擎来说,至少应该能够根据用户搜索关键词对全文进行搜索并且能够将关键词高亮显示。本节将使用 django-haystack 库实现这些更高级的特性。

django-haystack 是一个专门提供搜索功能的 Django 第三方应用,它支持 Solr、ElasticSearch、Whoosh、Xapian 等多种搜索引擎,配合著名的中文自然语言处理库 jieba 分词,就可以为 "新闻动态" 模块构建一个效果不错的新闻搜索系统。要使用 django-haystack,首先必须安装它,并且安装一些必要的依赖,具体需要安装的依赖如下。

(1) Whoosh:一个由纯 Python 实现的全文搜索引擎,功能小巧,配置简单方便。

(2) jieba:中文分词库,由于 Whoosh 自带的是英文分词,对中文的分词支持不是太好,所以需要使用 jieba 替换 Whoosh 的分词组件。

直接使用 pip 安装这些包即可,安装命令如下。

```
pip install whoosh django - haystack jieba
```

安装好后需要在项目的 settings.py 中做一些简单的配置。首先是把 django-haystack 加入到 INSTALLED_APPS 选项里:

```
INSTALLED_APPS = [
    …其他应用…
    'haystack',    # 添加搜索应用
]
```

然后在 settings.py 文件末尾添加如下配置项。

```
HAYSTACK_CONNECTIONS = {
    'default': {
        'ENGINE': 'newsApp.whoosh_backend.WhooshEngine',
        'PATH': os.path.join(BASE_DIR, 'whoosh_index'),
    },
}
HAYSTACK_SEARCH_RESULTS_PER_PAGE = 10
HAYSTACK_SIGNAL_PROCESSOR = 'haystack.signals.RealtimeSignalProcessor'
```

（1）上述代码中，HAYSTACK_CONNECTIONS 的 ENGINE 指定了 django-haystack 使用的搜索引擎。

（2）PATH 指定了索引文件需要存放的位置，此处设置为项目根目录 BASE_DIR 下的 whoosh_index 文件夹（在建立索引时会自动创建）。

（3）HAYSTACK_SEARCH_RESULTS_PER_PAGE 用于表示搜索结果每页显示数目，默认为 20。

（4）HAYSTACK_SIGNAL_PROCESSOR 指定什么时候更新索引，这里使用 haystack.signals.RealtimeSignalProcessor，作用是每当有新闻更新时就更新索引。由于门户网站的新闻更新不会太频繁，因此可以使用实时更新方式。

完成上述配置后接下来就要告诉 django-haystack 使用哪些数据建立索引以及如何存放索引。如果要对 newsApp 应用下的新闻内容进行全文检索，具体做法是在 newsApp 应用下建立一个 search_indexes.py 文件，然后添加代码如下。

```
from haystack import indexes
from .models import MyNew

class MyNewIndex(indexes.SearchIndex, indexes.Indexable):
    text = indexes.CharField(document = True, use_template = True)
    def get_model(self):
        return MyNew
    def index_queryset(self, using = None):
        return self.get_model().objects.all()
```

django-haystack 规定如果要对某个 App 下的数据进行全文检索，就要在该 App 下创建一个 search_indexes.py 文件，然后创建一个××Index 类（××为含有被检索数据的模型，如这里的 MyNew），并且继承 SearchIndex 和 Indexable。创建索引是因为索引就像是一本书的目录，可以为读者提供更快速的导航与查找。在这里也是同样的道理，当数据量非常大的时候，若要快速地从这些数据里找出所有满足搜索条件的内容几乎是不太可能的，将会给服务器带来极大的负担。所以需要为指定的数据添加一个索引，在这里是为 MyNew 创建一个索引，索引的实现细节是不需要关心的，只需要关注为哪些字段创建索引。每个索引里面必须有且只能有一个字段为 document＝True，这代表 django-haystack 和搜索引擎将使用此字段的内容作为索引。注意，如果其中一个字段设置了 document＝True，则一般约定此字段名为 text，这是在 SearchIndex 类里面一贯的命名，以防止后台混乱。在 text 字段中，Haystack 还设置了参数 use_template＝True，这样就允许使用数据模板去建立搜索引擎索引的文件，简单来说就是索引里面需要存放一些检索字段，例如 MyNew 的 title 和 description 字段，这样就可以通过 title 和 description 内容来检索 MyNew 数据了。数据模板的路径为：

```
templates/search/indexes/<应用名>/<模型名>_text.txt
```

以本节新闻内容为例，其路径为：

```
templates/search/indexes/newsApp/MyNew_text.txt
```

创建上述路径和 txt 文件，编辑其中内容如下。

```
{{ object.title }}
{{ object.description }}
```

这个数据模板的作用是对 MyNew 中的 title 和 description 两个字段建立索引，当检索的时候会对这两个字段做全文检索匹配，然后将匹配的结果排序后返回。

接下来配置 URL，搜索应用的视图处理函数和 URL 在 django-haystack 中都已经实现，只需要在项目全局路由文件 urls.py 中包含它：

```
urlpatterns = [
    …其他应用…
    path('search/', include('haystack.urls')),
]
```

然后修改 newList.html 文件中的表单 action 属性，让它提交关键词数据到 django-haystack 搜索视图对应的 URL。

```
< form method = "get" id = "searchform" action = "{ % url 'haystack_search' % }">
    { % csrf_token % }
    < div class = "input - group">
        < input type = "text" name = "q" class = "form - control"
            placeholder = "请输入关键词" required />
        < span class = "input - group - btn">
            < input type = "submit" class = "btn btn - default" value = "查询" />
        </ span >
    </ div >
</ form >
```

注意修改对应的输入文本框的 name 属性，将其改为 name＝"q"，否则 django-haystack 默认的视图处理函数无法解析出数据。

haystack_search 视图函数会将搜索结果传递给项目根目录下模板文件夹 templates/search 中的 search.html 文件，因此创建这个模板文件，对搜索结果进行渲染。

```
{ % extends "base.html" % }
{ % load staticfiles % }
{ % load highlight % }


{ % block title % }
新闻搜索
{ % endblock % }


{ % block content % }
< link href = "{ % static 'css/news.css' % }" rel = "stylesheet">
<!-- 广告横幅 -->
< div class = "container - fluid">
    < div class = "row">
        < img class = "img - responsive model - img" src = "{ % static 'img/new.jpg' % }">
    </div>
</div>
<!-- 主体内容 -->
< div class = "container">
    < div class = "row row - 3">
        < div class = "model - details - title">
            关于"{{query}}"的搜索结果
            < div class = "col - md - 7 hidden - xs model - details - title - search">
                < form method = "get" id = "searchform"
                    action = "{ % url 'haystack_search' % }">
                    { % csrf_token % }
                    < div class = "input - group">
                        < input type = "text" name = "q" class = "form - control"
                            placeholder = "请输入关键词" required />
                        < span class = "input - group - btn">
                        < input type = "submit" class = "btn btn - default" value = "查询" />
                        </span>
                    </div>
                </form>
            </div>
        </div>
        < div class = "model - details">
            { % for result in page.object_list % }
            < div class = "news - model">
                < img src = "{ % static 'img/newsicon.gif' % }">
                < a href = "{ % url 'newsApp:newDetail' result.object.id % }">
                    < b >{{result.object.title}}</b >
                </a>
                < span >{{result.object.publishDate|date:"Y - m - d"}}</span >
                <!-- 添加新闻简要说明 -->
                < p class = "news - search - model">
                    { % highlight result.object.description with query % }
                </p>
            </div>
            { % empty % }
            < p >没有找到相关新闻</p>
```

```
            { % endfor % }
        </div>
        { % if page.has_previous or page.has_next % }
        < div >
            { % if page.has_previous % }
            < a href = "?q = {{ query }}&amp;page = {{ page.previous_page_number }}">
            { % endif % }&laquo; 上一页{ % if page.has_previous % }</a>{ % endif % }
            |
            { % if page.has_next % }
            < a href = "?q = {{ query }}&amp;page = {{ page.next_page_number }}">
            { % endif % }下一页
            &raquo;{ % if page.has_next % }</a>{ % endif % }
        </div>
        { % endif % }
    </div>
</div>
{ % endblock % }
```

（1）上述模板基本和 searchList.html 一样，由于 haystack 对搜索结果做了分页，传给模板的变量是一个 page 对象，所以从 page 中取出这一页对应的搜索结果，然后对其循环显示，即{% for result in page.object_list %}。

（2）为了取得新闻的标题和详细内容，需要从 result 的 object 属性中获取。query 变量的值即为用户搜索的关键词。注意如图 7-3 所示的搜索结果页面，含有用户搜索的关键词的地方都是被标红的，即实现了搜索内容的高亮显示以方便用户阅览，在 django-haystack 中实现这个效果也非常简单，只需要使用{% highlight %}模板标签即可。

（3）在新闻搜索页中对 description 做了高亮处理：{% highlight result.object. description with query %}。高亮处理的原理其实就是给文本中的关键字包上一个 span 标签并且为其添加 highlighted 样式。

为了实现高亮效果，还要给 highlighted 类定义对应的样式，在 news.css 中添加相关样式。

```
.news - search - model span{
    float:none;
}
.news - model a span{
    float: none;
}
.highlighted {
    color: red;
}
```

本节使用 Whoosh 作为搜索引擎，但在 django-haystack 中为 Whoosh 指定的分词器默认是英文分词器，可能会使得搜索结果不理想，因此需要把这个分词器替换成 jieba 中文分词器。在 haystack 安装目录的 backends 文件夹中找到 whoosh_backends.py 文件（位于 Python 安装目录下：python3.7.4\Lib\site-packages\haystack\backends），并将其复制到

newsApp 文件夹下(前面在 settings.py 中的 HAYSTACK_CONNECTIONS 指定的就是这个文件),然后找到如下一行代码。

```
schema_fields[field_class.index_fieldname] = TEXT(stored = True, analyzer = StemmingAnalyzer
(), field_boost = field_class.boost, sortable = True)
```

将其中的 analyzer＝StemmingAnalyzer()改为 analyzer＝ChineseAnalyzer(),从而可以将分词器改成中文分词器。另外为了使用它,需要在文件顶部引入:

```
from jieba.analyse import ChineseAnalyzer
```

至此,完成了整个搜索框架的搭建。最后,运行下述命令来重建索引文件完成内容索引。

```
python manage.py rebuild_index
```

保存所有修改后运行项目,查看搜索效果。

小结

本章完成门户网站"新闻动态"模块的开发,重点需要掌握富文本的使用以及构建站内新闻内容搜索的基本技巧。为了能够加强用户体验,将新闻中的文字、图片等多种媒体资源信息以富文本形式进行管理和展示。另一方面,通过数据库模糊查询和基于 django-haystack 的全文内容搜索,读者能够逐步掌握在门户网站中构建稳定、高效的内容搜索系统。本章主体框架、界面等延续第 6 章"产品中心"模块的设计,在第 6 章基础上进行了相关延续和扩展。掌握本章内容有助于进一步提高企业门户网站的用户体验。

第8章

开发"人才招聘"模块

视频讲解

前面章节的内容重点介绍了门户网站的基本设计框架,涵盖页面制作、页面切换、数据库操作、后台系统管理、模板显示等基本知识点。本章将在此基础上通过学习一些常见的第三方工具和接口来进一步丰富门户网站的功能。本章内容对应 hengDaProject 项目中的 contactApp 应用,分为两个子页面:"欢迎咨询"和"加入恒达"。"欢迎咨询"子页面主要将企业的地址、电话、联系人、定位地图等相关信息进行展示,其中重点介绍如何在项目中集成百度地图。"加入恒达"子页面主要以招聘和应聘需求为导向构造一个简易的在线互动系统,招聘人员可以通过后台管理系统发布招聘信息并显示在"加入恒达"页面上,用户浏览招聘信息后可以以表单的形式提交个人简历信息来进行应聘,在用户提交信息完成后,后台服务器会通过邮件服务向指定邮箱发送邮件通知。本章重点介绍地图模块的嵌入、基于表单的信息上传、邮件发送、触发器等内容。需要指出的是,这些技术点并不是制作企业门户网站所必需的,但是掌握好本章的这些内容有助于加深前端和 Python Web 的理解,能够进一步丰富企业门户网站内容。

在阐述各组件应用前,需要先开发"人才招聘"模块两个子页面对应的基础页面。本章基础页面依然继承于第 4 章开发的 base.html 模板文件。从如图 8-1 和图 8-2 所示的界面效果看出,两个子页面主体部分仍然采用左右布局形式,左侧为二级导航栏,右侧为具体内容信息。子页面切换效果与第 5 章效果相同,每个子页面采用独立页面的形式进行展示。由于内容相对简单并且与第 5 章具有高度的一致性,因此本章不再重复阐述页面的布局和子页面切换流程设计,读者可以按照第 5 章内容以及最终的实现效果自行完成页面设计和后台编码,同时可以参考本书配套资源代码查看完整细节。这里仅对关键部分做一些说明,"欢迎咨询"子页面对应 templates 文件夹下面的 contact.html 文件,而"加入恒达"子页面对应 recruit.html 文件,两个子页面的路由为:

```python
urlpatterns = [
    path('contact/', views.contact, name = 'contact'),  #欢迎咨询
    path('recruit/', views.recruit, name = 'recruit'),  #加入恒达
]
```

对应的视图处理函数分别为 views.contact() 和 views.recruit()。制作好基础页面后下面开始进入本章重点开发环节。

图 8-1　欢迎咨询页面

图 8-2 "加入恒达"页面

8.1 嵌入百度地图

contact.html 文件内容主体分为两列，左列为一些联系信息，包括咨询电话、企业传真、邮编、地址等信息，右列用于放置地图。左列部分代码如下。

```html
<div class = "col - md - 4">
    <div class = "contact - left">
        <h1>
            <strong>恒达科技有限公司</strong>
            <span>HengDa Science and Technology</span>
        </h1>
        <ul>
            <li><span>业务质询一：</span>111 - 111111</li>
```

```
            <li><span>业务质询二: </span>222-222222</li>
            <li><span>咨询电话: </span>0111-1111111</li>
            <li><span>企业传真: </span>0222-2222222</li>
            <li><span>地址: </span>某某大道某某号</li>
            <li><span>邮编: </span>2222-222222</li>
            <li><span>网址: </span>
                <a href="https://python3web.com">https://python3web.com</a>
            </li>
        </ul>
    </div>
</div>
```

然后在 css 文件夹中新建一个名为 contact.css 的样式文件,添加对应的 CSS 代码如下。

```
.contact-left h1 strong {
    display: block;
    color: #777;
    font-size: 1.6rem;
}
.contact-left h1 span {
    display: block;
    font-size: 1.2rem;
    font-weight: 500;
    margin-top: 10px;
}
.contact-left ul {
    padding: 0;
}
.contact-left li {
    display: block;
    width: 100%;
    padding: 0.5rem;
    color: #777;
    margin-top: 17px;
}
.contact-left li a {
    color: #777;
}
```

设置完上述 CSS 样式后需要在 contact.html 中引用该样式文件。在{% block content %}中添加引用如下。

```
<link href="{% static 'css/contact.css' %}" rel="stylesheet">
```

上述所有开发的说明信息均以 HTML 静态文字形式呈现,这里也可以仿照第 5 章中创建"荣誉"模型的方法,将企业联系信息以模型的形式进行定义,页面渲染时通过模板变量进行导出,从而方便后期企业联系信息的变更。

接下来进入地图开发步骤。目前百度地图等一系列地图软件已经陆续开放标注权限。这就意味着，企业可以免费将企业所在位置标注到地图上，便于用户在浏览企业网站的时候，可以准确地了解企业详细的地理信息。对于企业门户网站来说，添加百度地图标注，可以起到有效的推广作用，使用户可以进一步了解企业，便于拓展业务。下面按照步骤开始为hengDaProject 添加百度地图功能。

1. 创建地图

百度提供了免费的接口用于地图标注，打开网址 http://api.map.baidu.com/lbsapi/creatmap/index.html，在"定位中心点"中首先切换城市为当前企业所在城市，然后输入详细地址进行查找。然后在"添加标注"中将标记放置在企业准确位置，同时为该标记填入名称和备注，最后单击"获取代码"按钮即可完成地图创建。

2. 地图代码集成

当用户创建地图完毕并且单击"获取代码"以后会自动生成地图调用的示例代码。下面需要借助该代码将其添加到 hengDaProject 项目中的欢迎咨询页面中来。

首先将地图调用的 CSS 样式添加到 contact.html 文件的{% block content %}模板标签中。

```html
<!-- 引用百度地图 API -->
<style type = "text/css">
    .iw_poi_title {
        color: #CC5522;
        font-size: 14px;
        font-weight: bold;
        overflow: hidden;
        padding-right: 13px;
        white-space: nowrap
    }
    .iw_poi_content {
        font: 12px arial, sans-serif;
        overflow: visible;
        padding-top: 4px;
        white-space: -moz-pre-wrap;
        word-wrap: break-word
    }
</style>
<script type = "text/JavaScript"
    src = "http://api.map.baidu.com/api?key = &v = 1.1&services = true">
</script>
```

然后在主体内容右侧添加一个<div>用于引用和显示地图组件。

```html
<div style = "width:500px;height:400px;border:#ccc solid 1px;" id = "dituContent">
</div>
```

最后，将实例代码中的<script>脚本文件全部复制到 contact.html 文件中。详细代码请参考本书配套资源文件。

本节通过第三方应用百度地图实现了企业门户网站地图显示的功能,这里仅给出基本的地图演示功能,而实际上百度地图提供了多种操作接口,通过原生的 JavaScript 代码可以进行地图控制和展示,详细使用教程可以参考百度地图官方文档,本书不再深入探讨。

8.2　招聘与应聘互动模块

参考图 8-2,"加入恒达"页面作为招聘页面允许招聘者通过后台管理系统在该页面上发布招聘信息,同时也允许应聘人员通过表单将个人应聘信息上传到后台使招聘者可以查看应聘信息。应聘人员通过初面后将收到系统发送的邮件通知。通过这样一个应聘与招聘模块的开发,可以形成一个简易的在线互动系统。

8.2.1　招聘信息发布

为了能够让网站管理员动态地发布招聘信息,需要在数据库中创建对应的招聘广告模型,从而可以使用后台管理系统进行招聘信息的发布、查看、管理。下面首先在 contactApp 中创建"招聘广告"(Ad)模型。打开 contactApp 中的 models.py 文件,添加模型。

```python
from django.utils import timezone

class Ad(models.Model):
    title = models.CharField(max_length = 50, verbose_name = '招聘岗位')
    description = models.TextField(verbose_name = '岗位要求')
    publishDate = models.DateTimeField(max_length = 20,
                            default = timezone.now,
                            verbose_name = '发布时间')

    def __str__(self):
        return self.title

    class Meta:
        verbose_name = '招聘广告'
        verbose_name_plural = '招聘广告'
        ordering = ('-publishDate', )
```

该 Ad 模型包含三个字段,分别表示"招聘岗位""岗位要求""发布时间"。添加完上述模型以后进行数据迁移,终端中依次输入下述命令完成数据库同步。

```
python manage.py makemigrations
python manage.py migrate
```

最后编辑 admin.py 文件,将模型注册到后台管理系统 admin 中。

```
from .models import Ad
admin.site.register(Ad)
```

然后打开后台管理系统，在招聘模块中添加几条招聘记录，如图 8-3 所示。

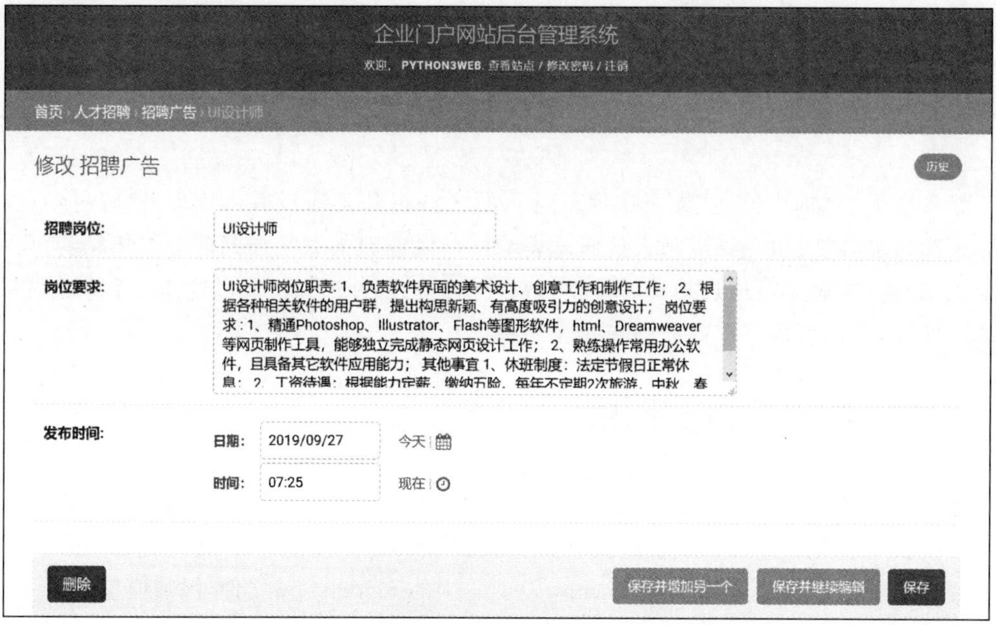

图 8-3　添加招聘信息

接下来修改视图处理函数，在每次请求"加入恒达"页面时后台系统从数据库中按照时间从近到远的顺序取出所有招聘信息，传入到模板文件 recruit.html 中，并由前端进行渲染。重新编辑 views.py 文件中的 recruit()函数：

```
from .models import Ad

def recruit(request):
    AdList = Ad.objects.all().order_by('-publishDate')
    return render(request, 'recruit.html', {
        'active_menu': 'contactus',
        'sub_menu': 'recruit',
        'AdList': AdList
    })
```

最后，对前端页面进行设计并将招聘信息逐条显示。本书将采用 Bootstrap 提供的"手风琴"面板组件来展现招聘列表信息，该组件的样式类为 class="panel-group"。该组件可以看作面板的一个容器，可以放置多个面板，每个面板用于展示一条信息并且每个面板均可以折叠。下面给出核心代码。

```
< div class = "model - details">
    < div class = "panel - group" id = "accordion">
```

```
{ % for ad in AdList % }
< div class = "panel panel – default">
    < div class = "panel – heading" role = "tab" id = "panel{{ad.id}}">
        < h4 class = "panel – title">
            { % if forloop.first % }
            < a role = "button" data – toggle = "collapse"
                data – parent = " # accordion" href = " # collapse{{ad.id}}">
            { % else % }
            < a class = "collapsed" data – toggle = "collapse"
                data – parent = " # accordion" href = " # collapse{{ad.id}}">
            { % endif % }
                {{ad.title}}
            </a>
        </h4>
    </div>
    { % if forloop.first % }
    < div id = "collapse{{ad.id}}" class = "panel – collapse collapse in">
    { % else % }
    < div id = "collapse{{ad.id}}" class = "panel – collapse collapse">
    { % endif % }
        < div class = "panel – body">
            < p >{{ad.description}}</p>
        </div>
    </div>
</div>
{ % endfor % }
    </div>
</div>
```

值得注意的是,面板的折叠效果需要对每一个面板的 id 进行绑定。为了区分各个面板的 id,需要通过传入招聘信息 id 来动态生成每个面板的 id。另外,上述代码使用了模板标签语言中的条件判断语句:

```
{ % if forloop.first % }
…条件 1
{ % else % }
…条件 2
{ % endif % }
```

如果当前循环执行到第一次,则执行条件 1;否则执行条件 2。通过上述逻辑判断,可以区分显示第一条和其余的招聘信息(第一条招聘信息默认为打开,其余默认为折叠)。同样地,为了美化列表显示效果,需要对其 CSS 样式进行设置。在 contact.css 文件中添加对应的样式代码,此处限于篇幅原因不再展示完整的 CSS 样式代码,读者可以从配套的资源代码中获取并浏览该文件。最终效果如图 8-4 所示。

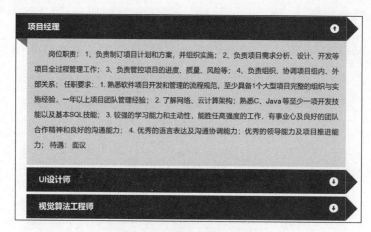

图 8-4　招聘信息展示列表

8.2.2　基于模型表单的应聘信息上传

在 2.9 节中已经介绍并且使用过表单。表单可以将用户的输入信息规整、打包发送至后端服务器，后端服务器可以通过 request.GET.get()函数将这些信息逐个提取，验证通过后再封装成一条数据存入数据库。这种逐个提取信息的方式在实际使用时并不是很方便，需要在用户和后台数据库之间额外增加一个解析步骤，并且对于用户上传的字段不能自动进行错误检查（例如有些字段不能为空、有些字段只能是数字等）。那么是否有一种框架，可以直接完成中间的表单数据解析、验证和存储步骤，使得用户仿佛在直接操作后端数据库？答案是可以的。Django 有一个内置的表单框架允许通过简单的方式来管理这一系列表单操作。在这个表单框架下面，可以根据数据模型定义对应的表单字段，并且指明每个字段采用何种验证方式。值得一提的是，Django 表单还提供了一种灵活的方式来渲染表单以及操作数据。

Django 提供了以下两种表单的基本类。

（1）Form：标准表单。可以对输入数据做验证，但没有与数据库模型关联。

（2）ModelForm：模型表单。可以对输入数据做验证，同时与数据库模型进行了关联，可以直接通过模型表单存储和修改数据库数据。

为了方便开发，本章重点阐述模型表单的使用方法。具体分为以下 3 个步骤。

（1）定义模型。

（2）根据模型创建模型表单。

（3）视图处理函数中通过模型表单接收并解析数据，最后渲染页面。

首先为用户上传的数据定义模型，上传数据主要为用户的个人应聘信息，包括：姓名、性别、身份证号、邮箱、出生日期、学历、毕业院校、专业、照片、申请职位、学习或工作经历。

在 models.py 文件中新增 Resume 模型，该模型作为"简历"模型将对用户上传的所有信息字段进行管理和存储。具体代码如下。

```
from datetime import datetime

class Resume(models.Model):
    name = models.CharField(max_length = 20, verbose_name = '姓名')
    personID = models.CharField(max_length = 30, verbose_name = '身份证号')
    sex = models.CharField(max_length = 5, default = '男', verbose_name = '性别')
    email = models.EmailField(max_length = 30, verbose_name = '邮箱')
    birth = models.DateField(max_length = 20,
                    default = datetime.strftime(datetime.now(),
                                    "%Y-%m-%d"),
                    verbose_name = '出生日期')
    edu = models.CharField(max_length = 5, default = '本科', verbose_name = '学历')
    school = models.CharField(max_length = 40, verbose_name = '毕业院校')
    major = models.CharField(max_length = 40, verbose_name = '专业')
    position = models.CharField(max_length = 40, verbose_name = '申请职位')
    experience = models.TextField(blank = True,
                        null = True,
                        verbose_name = '学习或工作经历')
    photo = models.ImageField(upload_to = 'contact/recruit/%Y_%m_%d',
                    verbose_name = '个人照片')
    grade_list = (
        (1, '未审'),
        (2, '通过'),
        (3, '未通过'),
    )
    status = models.IntegerField(choices = grade_list,
                        default = 1,
                        verbose_name = '面试成绩')
    publishDate = models.DateTimeField(max_length = 20,
                        default = timezone.now,
                        verbose_name = '提交时间')

    def __str__(self):
        return self.name

    class Meta:
        verbose_name = '简历'
        verbose_name_plural = '简历'
        ordering = ('-status', '-publishDate')
```

上述模型中多数字段采用了文本 CharField,该类型字段在前面章节中已经重点介绍过其使用方法。下面对其余字段做一些说明。

sex:性别。尽管该字段依然使用了文本 CharField,但是参照如图 8-2 所示效果可以发现该字段在前端最终呈现形式为下拉菜单形式,因此必然需要进行转换显示。由于本章采用 Django 的模型表单来接收用户输入信息,因此其对应的显示方式将在表单部分来进行控制,实际在数据库中依然以文本形式存储该字段。

email:邮箱。Django 拥有专门针对邮箱字段的管理机制,与之对应的也拥有对应的模型表单字段用于邮箱格式的验证,这里只需要使用 Django 提供的 EmailField 字段即可。

birth：出生日期。该字段使用了 DateField，相比于 DateTimeField，DateField 只包含年、月、日信息。为了统一输出格式，这里对 default 属性指明的字符串进行了格式设置，采用 datetime.strftime()函数将当日时间转换为类似"1989-04-12"这种格式。

experience：学习或工作经历。因为该字段内容较多，因此采用 TextField 长文本来进行声明。

photo：个人照片。该字段采用 ImageField 进行声明，通过参数 upload_to 将用户上传的图像上传至/media/contact/recruit/％Y_％m_％d 文件夹下。此处的％Y_％m_％d 指用户上传照片的日期，采用这种方式可以按照日期将每日用户上传的照片存放于同一个文件夹内，方便管理员查看和管理。

status：面试成绩。该字段采用 IntegerField 进行声明，由管理员通过后台管理系统进行操作，用来指明当前简历所处状态，其参数 choices 指向 grade_list，在后台管理系统中以单选下拉菜单形式呈现。

除了上述字段以外，需要额外注意元信息类中的排序属性，该属性采用字段联合的方式进行排序，未审核的简历排在最前端，然后是通过的简历，排在最后的是未通过的简历。各个分类中再以时间顺序进行二级排序。创建完模型以后在终端中输入下述命令完成数据库同步。

```
python manage.py makemigrations
python manage.py migrate
```

本实例用户通过表单提交的数据较多，尽管可以采用前面章节中的方法，对用户上传的每个字段逐个进行检查并提取数据，但是这无疑降低了开发效率并且增加了大量功能重复的冗余代码。而采用模型表单则可以作为中间转换器，直接衔接前端用户输入的数据同时与后端数据库相连，大量的验证和数据提取工作可以直接由模型表单完成。从某种意义上来看，可以将模型表单看作模型的一个格式定制化器，可以对模型中的每一个字段进行格式和验证方式的定制。

下面开始为前面创建的 Resume 模型建立对应的模型表单。在 contactApp 下新建一个 Python 文件，命名为 forms.py，编辑代码如下。

```
from django import forms
from .models import Resume


class ResumeForm(forms.ModelForm):
    class Meta:
        model = Resume
        fields = ('name', 'sex', 'personID', 'email', 'birth', 'edu', 'school',
                  'major', 'experience', 'position', 'photo')
        sex_list = (
            ('男', '男'),
            ('女', '女'),
        )
        edu_list = (
            ('大专', '大专'),
```

```
            ('本科', '本科'),
            ('硕士', '硕士'),
            ('博士', '博士'),
            ('其他', '其他'),
        )
        widgets = {
            'sex': forms.Select(choices = sex_list),
            'edu': forms.Select(choices = edu_list),
            'photo': forms.FileInput(),
        }
```

（1）首先从 Django 中导入 Forms 类来使用表单组件。新建的模型表单类 ResumeForm 继承自 forms.ModelForm，表明该表单是一个模型表单。

（2）模型表单通过元信息类 Meta 来进行模型的定制化。model 属性指向具体需要定制化的模型。fields 属性用来指明需要定制化的具体字段。

（3）由于模型中有两个字段是单选菜单形式展示，因此需要为这两个字段设置可选项 sex_list 和 edu_list。

（4）最后一个属性 widgets 用来控制各个表单字段在前端的具体展现形式，默认情况下模型中的 CharField 字段对应 HTML 中的输入文本框，其他字段的前端形式在 widgets 中进行设置。

（5）两个单选下拉菜单 sex 和 edu 采用 forms.Select 来进行定制，对 choices 参数进行绑定即可完成可选项的设置。

（6）图像字段采用文件输入形式 forms.FileInput。

完成模型表单的构造以后，下面开始修改视图 views.py 中的 recruit() 函数，具体如下。

```
from .forms import ResumeForm

def recruit(request):
    AdList = Ad.objects.all().order_by('-publishDate')
    if request.method == 'POST':
        resumeForm = ResumeForm(data = request.POST, files = request.FILES)
        if resumeForm.is_valid():
            resumeForm.save()
            return render(request, 'success.html', {
                'active_menu': 'contactus',
                'sub_menu': 'recruit',
            })
    else:
        resumeForm = ResumeForm()
    return render(
        request, 'recruit.html', {
            'active_menu': 'contactus',
            'sub_menu': 'recruit',
            'AdList': AdList,
            'resumeForm': resumeForm,
        })
```

（1）在 recruit()函数中，当请求以 POST 形式提交时，通过带参数的表单类构造函数创建一个表单变量 resumeForm，参数 data 用来从 request.POST 中获取对应的数据，files 用来接收对应的文件（此处指用户上传的照片）。

（2）接下来采用 is_valid()函数来验证表单各字段格式是否符合要求。如果符合则通过接下来的 resumeForm.save()语句进行数据保存，并且返回成功页面给前端。如果当前并非处于提交状态，则通过 ResumeForm()建立非带参的模板表单变量，然后将该变量一起返回给前端显示。

通过上述代码可以发现，使用 Django 的模型表单类可以自动地对模型的各个字段做检查，可以极大程度地简化代码。最后开始进行模型表单的渲染。由于原生的模型表单渲染出来的表单组件不够美观，因此本章采用 Bootstrap 提供的表单组件。为了能够使用 Bootstrap 表单组件，同时能够利用模型表单的自动渲染功能，需要使用一个额外的第三方应用 django-widget-tweaks，该应用允许在前端中使用特定的模板标签语言为模型表单组件添加样式类和属性。首先下载和安装该应用，在终端中执行下述命令完成安装。

```
pip install django - widget - tweaks
```

然后打开配置文件 settings.py，在 INSTALLED_APPS 字段中添加应用。

```
INSTALLED_APPS = [
    …其他应用…
    'widget_tweaks',      ＃添加模型表单组件定制化渲染应用
]
```

为了能够在前端模板中使用该应用，需要在模板文件 recruit.html 头部添加引用，采用标签语句{% load widget_tweaks %}实现。紧接着上一节中发布的招聘信息模块，下面开始在 recruit.html 中编写简历信息上传功能。详细代码如下。

```
< div class = "panel panel - default">
    < div class = "panel - heading">
        请填写个人简历
    </div>
    < div class = "panel - body">
        < div class = "row">
            < form action = "." name = "resumeForm" class = "form - horizontal"
                method = "post" role = "form" enctype = "multipart/form - data">
                { % csrf_token % }
                <! -- 左侧 -->
                < div class = "col - md - 6">
                    < div class = "form - group">
                        < label class = "col - sm - 3 control - label">姓名：</label>
                        < div class = "col - sm - 9">
                            {{resumeForm.name|add_class:"form - control"|
                                attr:"placeholder = 请填写姓名"}}
                        </div>
```

```
            </div>
            <div class = "form-group">
                <label class = "col-sm-3 control-label">身份证号: </label>
                <div class = "col-sm-9">
                    {{resumeForm.personID|add_class:"form-control"}}
                </div>
            </div>
            <div class = "form-group">
                <label class = "col-sm-3 control-label">性别: </label>
                <div class = "col-sm-9">
                    {{resumeForm.sex|add_class:"form-control"}}
                </div>
            </div>
            <div class = "form-group">
                <label class = "col-sm-3 control-label">出生日期: </label>
                <div class = "col-sm-9">
                    {{resumeForm.birth|add_class:"form-control"}}
                </div>
            </div>
            <div class = "form-group">
                <label class = "col-sm-3 control-label">邮箱: </label>
                <div class = "col-sm-9">
                    {{resumeForm.email|add_class:"form-control"}}
                </div>
            </div>
            <div class = "form-group">
                <label class = "col-sm-3 control-label">学历: </label>
                <div class = "col-sm-9">
                    {{resumeForm.edu|add_class:"form-control"}}
                </div>
            </div>
            <div class = "form-group">
                <label class = "col-sm-3 control-label">毕业院校: </label>
                <div class = "col-sm-9">
                    {{resumeForm.school|add_class:"form-control"}}
                </div>
            </div>
            <div class = "form-group">
                <label class = "col-sm-3 control-label">专业: </label>
                <div class = "col-sm-9">
                    {{resumeForm.major|add_class:"form-control"}}
                </div>
            </div>
            <div class = "form-group">
                <label class = "col-sm-3 control-label">申请职位: </label>
                <div class = "col-sm-9">
                    {{resumeForm.position|add_class:"form-control"}}
                </div>
            </div>
        </div>
```

```
<!-- 右侧 -->
<div class = "col - md - 6">
    <div class = "form - group">
        <div class = "col - sm - 12" style = "text - align:center">
            <img id = "profileshow" style = "width:120px"
                src = "{% static 'img/sample.png' %}">
        </div>
        <label class = "col - sm - 5 control - label">上传证件照片:</label>
        {{resumeForm.photo}}
    </div>
    <div class = "form - group">
        <label class = "col - sm - 12 control - label">
            学习或工作经历:</label>
        <div class = "col - sm - 12">
            {{resumeForm.experience|add_class:"form - control"}}
        </div>
    </div>
</div>
<div class = "col - md - 12">
    <center><input type = "submit" class = "btn btn - primary"
        value = "提交" /></center>
</div>
</form>
</div>
</div>
</div>
```

（1）整体布局样式：采用 Bootstrap 提供的面板组件 panel 进行布局，样式采用默认样式 panel-default，分为头部和主体两部分，头部显示表单主题，主体显示各个表单控件。

（2）表单构造：基本形式如下。

```
<form action = "." name = "resumeForm" method = "post" class = "form - horizontal" role = "form"
enctype = "multipart/form - data">
    …各个表单控件…
</form>
```

上述表单中 action 参数用来指向表单提交的网址，此处"."表示当前网址。method 表明提交形式，表单的提交方式一般为 post。class="form-horizontal"表示当前表单里面的控件以行的形式进行排列。enctype="multipart/form-data"与 post 结合使用可以使得后台获取到 request. FILES 中用户上传的文件（图片）信息。下面解释如何通过 Django 表单对各个 HTML 表单元素进行渲染。

（1）模型表单组件渲染：模型表单组件可以直接通过传入的模板表单变量resumeForm 进行渲染，通过额外的过滤标签 add_class 来添加样式类，并且通过 attr 添加属性。

（2）日期的使用和渲染：为了能够方便用户输入日期信息，本书采用额外的日期组件laydate. js 来实现该功能；将下载下来的 laydate. js 组件包放置在本项目 static/js 文件夹下

（该组件包也可以从本书配套资源中获取），然后在 recruit.html 中进行引用。

```
< script src = "{ % static 'js/layDate - v5.0.9/laydate.js' % }"></script >
```

为了能够正常使用该日期组件功能，需要添加额外的 JS 代码来调用。

```
< script >
    laydate.render({
        elem: '#id_birth'
    });
</script >
```

这里调用 laydate 组件的 render()函数，其中，elem 用来指定需要绑定的组件，通过 id 号进行绑定。需要特别指出的是，由于采用了模型表单，在组件渲染的过程中会自动地为每个组件生成 id，其生成形式为模型字段名前加上"id_"。日期控件最终使用效果如图 8-5 所示。

图 8-5 日期控件使用效果

（3）照片上传：为了在用户选择照片后能够显示照片缩略图，需要添加额外的 JS 代码来控制<img>标签的图片切换，主要通过响应按钮的 change 事件实现，具体代码如下。

```
< script >
    $ (function () {
        $ ('#id_photo').on('change', function () {
            var r = new FileReader();
            f = document.getElementById('id_photo').files[0];
            r.readAsDataURL(f);
            r.onload = function (e) {
                document.getElementById('profileshow').src = this.result;
            };
        });
    });
</script >
```

最后，需要制作成功页面 success. html 用于在提交成功后进行提示。这里主要采用 Bootstrap 提供的消息提示框组件 alert 来实现，完整代码如下。

```
{ % extends "base. html" % }
{ % load staticfiles % }

{ % block title % }
    人才招聘
{ % endblock % }

{ % block content % }
<! -- 主体内容 -->
< div class = "container">
    < div class = "row">
        < div class = "alert alert - success">
            < strong>成功!</strong> 简历信息已成功上传,初试结果会以邮件方式发给您.
        </div >
    </div >
</div >
{ % endblock % }
```

至此，已完成用户简历信息上传模块的开发。在 admin. py 文件中导出该模型到后台管理系统，添加代码如下。

```
from . models import Resume
admin. site. register( Resume)
```

启动项目，在"加入恒达"页面上输入完整的简历信息并提交，然后打开后台管理系统，管理员可以查看用户上传的简历信息。这里需要注意的是，后台管理系统中用户上传的照片是以路径字符串 URL 形式提供的，并不是以缩略图形式显示，这对于管理员来说显得不直观，需要根据路径去本地寻找和查看图片。

下面介绍一种定制化后台管理系统展示列表的方法。具体地，模型的展示列表形式可以通过 admin 文件进行设置。在 admin. py 文件中对于模型 Resume 的注册是通过 admin. site. register(Resume)来实现，即采用了默认的注册方式，并没有对模型字段的展示形式进行设置。因此，为了能够有效地浏览用户上传的简历信息，需要对各字段进行定制化设置。代码如下。

```
from django. utils. safestring import mark_safe
from . models import Resume

class ResumeAdmin(admin. ModelAdmin):
    list_display = ('name', 'status', 'personID', 'birth', 'edu', 'school',
                    'major', 'position', 'image_data')

    def image_data(self, obj):
```

```
        return mark_safe(u'< img src = " % s" width = "120px" />' % obj.photo.url)

    image_data.short_description = u'个人照片'

admin.site.register(Resume, ResumeAdmin)
```

（1）转义：首先引入 make_safe 转义函数用来对 HTML 关键字进行转义，将 HTML 代码转换为 HTML 实体。

（2）模型管理器：为了能够定制化模型的输出，可以采用 Django 提供的模型管理器进行模型定制输出。模型管理器通过继承类 admin. ModelAdmin 来创建，其中，list_display 属性列出了需要在后台管理系统中展示的模型字段，此处并没有列出 photo 字段，而是采用了另一个变量 image_data。通过函数 image_data()将 photo 的 URL 赋值到 HTML 中，并通过转义字符进行转换，从而使得最终渲染的 image_data()能以缩略图形式显示。

（3）绑定模型和模型管理器：通过 admin. site. register()函数将模型与模型管理器绑定并且注册。

打开后台管理系统，最终展现形式如图 8-6 所示。

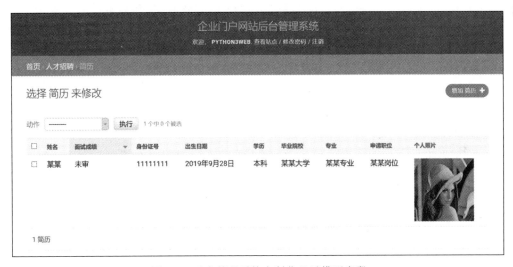

图 8-6　后台管理系统定制化显示模型字段

8.2.3　信号触发器

在 8.2.2 节中，招聘人员可以通过企业门户网站的后台管理系统查看应聘者上传的简历信息。当招聘人员浏览完某一份简历并决定录用后，招聘人员可以通过修改 status 字段将其改为"通过"。后台管理系统在执行字段修改的同时需要做一些额外的处理操作，比如发送录用通知邮件给应聘者、本地生成 Word 简历进行后期归档等。这些操作均需要捕捉并判断招聘人员动作，即只有当招聘人员将简历中的 status 字段从"未审"改为"通过"或者从"未审"改为"未通过"时需要触发额外操作。本节阐述如何利用 Django 的信号机制实现这种触发效果。

Django 信号触发器的功能类似于回调函数，用于为项目增加事件的监听与触发机制。其中，灵活使用其内置的模型信号就可以监控大部分模型对象的变化，并且不需要修改原模型的代码。下面根据实际需求进行开发。

编辑 models.py 文件，添加代码如下。

```python
from django.db.models.signals import post_init, post_save
from django.dispatch import receiver

@receiver(post_init, sender = Resume)
def before_save_resume(sender, instance, ** kwargs):
    instance.__original_status = instance.status

@receiver(post_save, sender = Resume)
def post_save_resume(sender, instance, ** kwargs):
    print(instance.__original_status)
    print(instance.status)
```

（1）首先引入 Django 自带的模型信号 post_init 和 post_save，其中，post_init 表示在管理员单击"保存"按钮前触发信号，post_save 表示在单击"保存"按钮后触发信号。

（2）信号的接收采用装饰器@receiver 来实现，其中，第一个参数是信号类型，第二个参数是需要监控的模型类。

（3）对应两个不同的信号，分别采用两个不同的函数进行响应，其中，instance 参数即为传入的模型变量。在保存前，将当前状态记录在__original_status 变量中，保存后输出前后变量的值来查看变化。

当管理员将简历中的 status 从"未审"改为"通过"时，此时可以查看控制台输出。控制台分别输出"1"和"2"，说明管理员对 status 的状态更改可以被有效地监控到。这里暂时使用通过控制台输出状态的形式来查看触发器效果，具体触发内容将在 8.3 节进行介绍。

8.3 发送邮件

通过 8.2 节的开发学习，已经搭建完一个简易的招聘与应聘互动模块。这里梳理一下基本流程。

（1）招聘人员在后台发布招聘信息并且通过数据库显示在前端。

（2）应聘人员浏览招聘信息并且填写个人简历进行应聘，应聘信息以模型表单的形式直接与数据库进行关联，并且自动对每个字段进行格式检查。

（3）招聘人员通过后台管理系统浏览简历信息，在进行状态更改的时候触动触发器进行额外的操作。

对于步骤（3），8.2 节仅实现了基本的控制台打印功能，即当招聘人员修改简历状态时在后台输出关键信息，实际情况下我们希望无论是招聘人员将简历状态 statue 从"未审"改为"通过"还是从"未审"改为"未通过"，都能够在修改后自动地将初试结果发送至应聘者邮箱，无须招聘人员再额外地进行邮件发送。为了实现这个自动发送邮件的功能，需要在

Django 中使用对应的邮箱功能。本节将详细阐述如何通过 Django 发送邮件。

为了能够使用 Django 的邮箱服务,需要预先设置好邮箱服务器信息。本质上来说,通过 Django 搭建的 Web 应用只是一个外壳,只负责邮件内容的编辑,而实际的邮件发送等功能还是依托第三方邮箱服务器(例如 QQ 邮箱或新浪邮箱)来进行。下面以 QQ 邮箱为例,阐述具体的操作过程。

1. QQ 邮箱设置

首先进入 QQ 邮箱,单击顶部"设置"按钮,然后在邮箱设置中单击"账户"进入账户信息编辑界面,如图 8-7 所示。

图 8-7　QQ 邮箱账户设置

然后向下滚动找到"开启服务"面板,选择开启 POP/SMTP 服务,如图 8-8 所示。

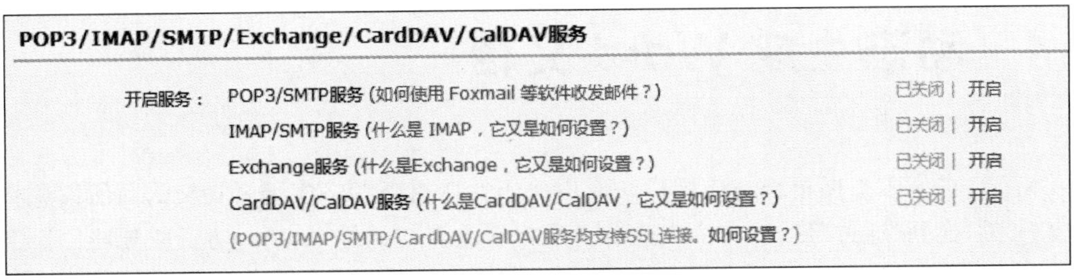

```
POP3/IMAP/SMTP/Exchange/CardDAV/CalDAV服务

开启服务：  POP3/SMTP服务 (如何使用 Foxmail 等软件收发邮件？)          已关闭 | 开启
          IMAP/SMTP服务 (什么是 IMAP，它又是如何设置？)              已关闭 | 开启
          Exchange服务 (什么是Exchange，它又是如何设置？)           已关闭 | 开启
          CardDAV/CalDAV服务 (什么是CardDAV/CalDAV，它又是如何设置？)   已关闭 | 开启
          (POP3/IMAP/SMTP/CardDAV/CalDAV服务均支持SSL连接。如何设置？)
```

图 8-8　开启服务

在开启服务的过程中需要通过手机短信验证,验证通过后会获得一个授权码,将该授权码保存下来,稍后会使用到该授权码。

2. Django 配置

Django 框架中自带了邮箱模块,只需要简单地进行配置即可使用。打开配置文件 settings.py,添加邮箱对应的配置。

```
EMAIL_HOST = 'smtp.qq.com'
EMAIL_PORT = 25                              #端口号
EMAIL_HOST_USER = 'xxxx@qq.com'              #企业 QQ 账号
EMAIL_HOST_PASSWORD = 'xxxxxxxxxx'           #授权码
EMAIL_USE_TLS = True
```

将企业 QQ 邮箱账号和对应的授权码填入其中。接下来重新编辑 models.py 文件中的 post_save_resume()函数,当保存修改时检查当前状态变化,然后按条件发送指定的邮件内容,具体代码如下。

```
from django.core.mail import send_mail

@receiver(post_save, sender = Resume)
```

```
def post_save_resume(sender, instance, ** kwargs):
    email = instance.email                         ♯应聘者邮箱
    EMAIL_FROM = 'xxxxxxxx@qq.com'                  ♯企业 QQ 邮箱
    if instance.__original_status == 1 and instance.status == 2:
        email_title = '通知：恒达科技招聘初试结果'
        email_body = '恭喜您通过本企业初试'
        send_status = send_mail(email_title, email_body, EMAIL_FROM, [email])
    elif instance.__original_status == 1 and instance.status == 3:
        email_title = '通知：恒达科技招聘初试结果'
        email_body = '很遗憾，您未能通过本企业初试，感谢您的关注'
        send_status = send_mail(email_title, email_body, EMAIL_FROM, [email])
```

在填写邮件内容时，email_title 表示邮件标题，email_body 为邮件主体内容，最后通过 django.core.mail 模块中的 send_mail() 函数完成邮件的发送。

保存所有修改后运行项目，通过后台管理系统来修改应聘者简历的状态信息，查看邮件发送情况。本节主要阐述 Django 中使用 QQ 邮箱的基本方法，其他邮箱服务器的使用请参照各个邮箱提供商提供的接口来执行。

8.4　动态生成 Word 文档

本节将进一步扩展招聘与应聘模块应用功能。在招聘者将应聘者提交的简历信息状态由"未审"切换到"通过"后，一方面发送邮件通知应聘者初试结果，另一方面需要将简历字段插入到特定格式的 Word 文档中，生成 Word 版简历，用于后期归档和打印处理。本节重点阐述如何使用 Python 进行 Word 操作。

Python 提供了简单易用的 Word 文档操作包 python-docx-template，可以用来对 Word 文档进行修改，包括文档中的文本、图片、富文本等内容，具体执行时以模板变量形式将指定字段替换到指定位置，操作起来就如同 Django 框架中的模板变量一样，因为它也是和 jinjia2 模板语言结合使用的。

首先安装第三方工具包：

```
pip install docxtpl
```

接下来就可以直接在 post_save_resume() 函数中使用 Python 进行 Word 操作。具体操作流程主要分为下面两个步骤。

（1）制作 Word 模板文件，在指定位置插入模板标签，使用模板标签{{模板变量}}来声明。

（2）在 Python 脚本中对模板文件进行替换，包括文字和图片。

在 Python 中操作 Word 的一种简单方式就是以模板文件的形式进行文字和图片替换，这样可以大幅减少 Word 文档操作的任务，仅需完成字段替换即可。首先开始制作 Word 模板文件，在 media 文件夹下面创建一个简历模板文件 recruit.docx，然后在关键位置处用模板标签对模板变量进行标识（双大括号），如图 8-9 所示。

基本资料					
姓名	{{name}}	性别	{{sex}}	出生日期	{{birth}}
		学历	{{edu}}	毕业院校	{{school}}
身 份 证 号 {{personID}}		邮箱 {{email}}			{{photo}}
专业		{{major}}			
申请职位					
职位		{{position}}			
学习或工作经历					
{{experience}}					

图 8-9 简历模板文件

接下来编辑 models.py 文件中的 post_save_resume()函数,当简历状态从"未审"变为"通过"时,开始进行 Word 模板文件渲染,将关键字段插入到 Word 模板文件中并保存,代码如下。

```python
if instance.__original_status == 1 and instance.status == 2:
    template_path = os.getcwd() + '/media/recruit.docx'  #模板文件
    template = DocxTemplate(template_path)
    #从 instance 实例中获取当前简历字段信息
    name = instance.name
    personID = instance.personID
    sex = instance.sex
    email = instance.email
    birth = instance.birth
    edu = instance.edu
    school = instance.school
    major = instance.major
    position = instance.position
    experience = instance.experience
    photo = instance.photo

    context = {
        'name': name,
        'personID': personID,
        'sex': sex,
        'email': email,
        'birth': birth,
        'edu': edu,
        'school': school,
        'major': major,
        'position': position,
        'experience': experience,
        'photo': InlineImage(template, photo, width = Mm(30), height = Mm(40)),
    }
    template.render(context)
    filename = '%s/media/contact/recruit/%s_%d.docx' % (
            os.getcwd(), instance.name, instance.id)
    template.save(filename)
```

（1）建立模板文件：首先通过 DocxTemplate()函数建立模板文件，该函数传入参数即为提前制作好的 Word 模板文件路径。

（2）设置渲染内容：从 instance 实例中获取当前简历的各个字段信息，并按照"键-值"对形式封装成 content 变量，最后调用模板的 render()函数进行字段替换。其中需要注意图像字段，需要通过特殊的 InlineImage()函数进行图像字段的替换，width 和 height 参数分别用来设置最终在 Word 中显示的宽度和高度。

（3）Word 文件保存：通过模板文件的 save()函数将文件保存到指定路径，这里为了防止 Word 文件命名冲突，以每个实例的姓名加上 id 来命名。

为了能够使用上述 Word 模板文件库，需要在 models.py 文件头部引入相关库文件。

```
import os
from docxtpl import DocxTemplate
from docxtpl import InlineImage
from docx.shared import Mm, Inches, Pt
```

运行项目，登录后台管理系统，将简历状态从"未审"修改为"通过"并保存，然后查看/media/contact/recruit 文件夹下导出的简历文件。最终效果如图 8-10 所示。

图 8-10　动态生成的 Word 简历文件

小结

本章通过"人才招聘"模块的开发重点学习了模型表单的使用方法，需要重点掌握模型表单的构造、渲染、字段验证等方法。将来无论是制作企业门户网站还是更复杂的办公自动化系统或者 ERP 企业管理系统，都不可避免地会使用到模型表单，掌握好模型表单的使用能够加速项目的开发，减少冗余代码。另外，本章介绍了很多第三方应用，包括百度地图的嵌入、触发器、邮件发送、Word 操作等内容，掌握这些内容有助于读者更全面地理解 Python Web 框架，在今后的项目集成应用中能够更加得心应手。

## 第 9 章

开发"服务支持"模块

本章开发企业门户网站的服务支持模块,对应 hengDaProject 项目中的 serviceApp 应用。服务支持模块包含两个子页面:"资料下载"和"人脸识别开放平台"。"资料下载"页面主要是为了进一步完善企业门户网站的实际需求而设计,用户在购买产品后往往会需要额外地下载各个产品对应的说明手册或 SDK 驱动包等,这时候就需要在官网提供相应的资料下载功能以方便用户获取。这一部分内容在进行开发时可以沿用"新闻动态"模块的设计思路,以列表形式展现每一条下载信息并且提供额外的下载链接,其效果如图 9-1 所示。通过该页面的开发,重点需要掌握 Django 中实现文件下载的方法。

视频讲解

"人脸识别开放平台"则是本章的一个重点补充内容。近年来,人工智能(Artificial Intelligence,AI)吸引了大众和媒体的目光,AlphaGo 的成功更加让人工智能技术变得炙手可热。而实际上,随着算法和硬件性能的不断升级,AI 也逐渐进入人们的日常生活中,例如手机中的语音助理、视频推荐、人脸识别等。国内很多科技型企业均将人工智能技术作为未来的重点发力方向,也不断地涌现出很多真实落地的优秀人工智能产品。这些人工智能产品在实际部署时往往以 Web 的形式对外提供 AI 服务(人脸识别、OCR 识别、语音识别等)。以人脸检测为例,用户通过特定的 API 上传需要检测的照片,然后 Web 服务器对照片进行人脸检测,并将检测结果返回给用户。由于 AI 算法往往需要较多的配置、较高的服务器性能才能进行算法推演,采用这种 Web 部署人工智能产品可以使得管理员只需要管理和配置服务器即可,不需要再关注用户 PC 的配置和性能。另外,AI 算法的更新也只需要在服务器上进行即可,适合生产环境的快速部署。

本章拟模仿上述流程,通过 Django 框架搭建一个基于 Web 的人脸检测平台,以 API 形式对外提供服务。这里为了简单,只使用 OpenCV 提供的现成的人脸检测算法来进行检测,实际情况下可以根据服务器配置采用更高级的人脸检测算法(例如基于深度学习的 MTCNN 人脸检测算法等)来提高检测精度。人脸识别开放平台示例如图 9-2 所示。

图 9-1　资料下载列表

人脸识别接口文档

一. 体验产品

人脸检测

二. API接口说明

基本信息：

请求类型：HTTP/HTTPS。请求方式：POST

接口地址：http://myhengda.cn/serviceApp/facedetect/

接口描述：

人脸检测，此接口多用于调用人脸识别、人脸比对的接口之前，用于从图像数据中检测出人脸区域，并以矩形框形式返回人脸检测结果。目前该接口仅供测试使用，调用该接口暂时不限制调用次数。

本地调用示例：

```
1    import cv2, requests
2    # web地址(http://localhost:8000)+访问接口（facedetect）
3    url = "http://localhost:8000/serviceApp/facedetect/"
4
5    # 上传图像并检测
6    tracker = None
7    imgPath = "face.jpg"   #图像路径
8    files = {
9        "image": ("filename2", open(imgPath, "rb"), "image/jpeg"),
10   }
11
12   req = requests.post(url, data=tracker, files=files).json()
13   print("获取信息: {}".format(req))
14
15   # 将检测结果框显示在图像上
```

调用结果：

图 9-2　人脸识别开放平台页面

213

9.1　开发资料下载功能

9.1.1　创建"资料"模型

为了能够让管理员上传并且管理资料文件，可以对资料进行建模，在数据库中创建对应的资料类 Doc。

打开 serviceApp 应用中的 models.py 文件，参照 7.1 节创建的"新闻"模型，定义"资料"模型如下。

```python
from django.db import models
import django.utils.timezone as timezone

class Doc(models.Model):
    title = models.CharField(max_length = 250, verbose_name = '资料名称')
    file = models.FileField(upload_to = 'Service/',
                    blank = True,
                    verbose_name = '文件资料')
    publishDate = models.DateTimeField(max_length = 20,
                        default = timezone.now,
                        verbose_name = '发布时间')

    def __str__(self):
        return self.title

    class Meta:
        ordering = ['-publishDate']
        verbose_name = "资料"
        verbose_name_plural = verbose_name
```

创建的"资料"模型 Doc 包含三个字段：title、file 和 publishDate，其中，file 字段用于接收管理员上传的资料文件，通过参数 upload_to 的设置使得上传的文件统一放置在 media/Service 文件夹下面。

完成上述创建后使用迁移命令将 Doc 模型同步到数据库中。

```
python manage.py makemigrations
python manage.py migrate
```

接下来打开 admin.py 文件，将 Doc 模型注册到后台管理系统中。

```python
from django.contrib import admin
from .models import Doc

admin.site.register(Doc)
```

保存所有修改后启动项目,登录后台管理系统,找到"资料"模型,为其添加几条数据,每条数据输入文件名并且上传对应的文件资料,如图 9-3 所示。注意,上传的文件资料路径中不能含有中文。

图 9-3　文件资料上传

9.1.2　"资料下载列表"页面开发

"资料下载列表"页面的开发可以借鉴 7.2 节"新闻"列表的开发方法。首先在 serviceApp 应用下创建 templates 模板文件夹,然后在该 templates 文件夹下新建模板文件 docList.html。将 7.2 节中创建的 newList.html 全部内容复制到 docList.html 内,然后对关键部分进行修改。由于内容基本相同,此处不再对 docList.html 的修改部分进行赘述,详细内容请参考本书配套资源代码。这里需要注意每项资料的链接设置,具体如下。

```
{% for doc in docList %}
<div class="news-model">
    <img src="{% static 'img/newsicon.gif' %}">
    <a href="{% url 'serviceApp:getDoc' doc.id %}"><b>{{doc.title}}</b></a>
    <span>{{doc.publishDate|date:"Y-m-d"}}</span>
</div>
{% endfor %}
```

模板文件中传入模板变量 docList 用来显示每项资料,通过模板标签{% for doc in docList %}逐条迭代显示。每一项资料的下载链接以"资料访问路由＋文件 id"的形式给出,资料访问路由{% url 'serviceApp:getDoc' %}将在 urls.py 文件中进行设置。

接下来修改 urls.py 文件,添加 getDoc 路由,具体如下。

```
urlpatterns = [
    …其他路由…
```

```
        path('getDoc/< int:id>/', views.getDoc, name = 'getDoc'),
]
```

然后打开 views. py 文件，修改 download 函数，该函数主要用来获取资料列表并进行页面渲染，具体内容与 newsApp 应用下 views. py 文件中的 news()函数基本一致，实际操作时只需要将 news()函数中的内容复制过来并且简单修改即可，具体内容不再重复阐述，请参考配套资源代码。

本节重点阐述如何编写资料下载函数 getDoc()。在第 3 章构建企业门户网站框架时通过 HttpResponse()返回字符串来响应用户请求，后面几章则采用了 render()函数来渲染页面并返回。无论是 HttpResponse()还是 render()函数，从本质上来看都可以将这种页面的请求和响应看作是文件下载，即用户请求指定内容，服务器收到请求后将内容按照指定的格式下载到浏览器，浏览器再将内容进行输出。因此，对于特定的文件（Word 文档、PDF 文件、压缩包等）下载均可以采用 HttpResponse()来直接响应用户的下载行为。HttpResponse()会使用迭代器对象，将迭代器对象的内容存储成字符串，然后返回给客户端，同时释放内存。但是当文件比较大时，如果仍然采用 HttpResponse()，将会是一个非常耗费时间和内存的过程，并且容易导致服务器崩溃。因此，一般文件下载并不会采用这种方式。

Django 针对文件下载专门提供了 StreamingHttpResponse 对象用来代替 HttpResponse 对象，以流的形式提供下载功能。StreamingHttpResponse 对象用于将文件流发送给浏览器，与 HttpResponse 对象非常相似。对于文件下载功能，使用 StreamingHttpResponse 对象更稳定和有效。

具体地，在 views. py 文件中先添加一个文件分批读取的函数 read_file()，该函数通过构建一个迭代器，分批处理文件，然后将这个迭代器作为结果返回，代码如下。

```
def read_file(file_name, size):
    with open(file_name, mode = 'rb') as fp:
        while True:
            c = fp.read(size)
            if c:
                yield c
            else:
                break
```

其中，file_name 参数为文件路径，size 参数表示分批读取文件的大小。接下来开始编写 getDoc()函数，代码如下。

```
from django.shortcuts import get_object_or_404
from django.http import StreamingHttpResponse
import os

def getDoc(request, id):
    doc = get_object_or_404(Doc, id = id)
    update_to, filename = str(doc.file).split('/')
    filepath = '% s/media/% s/% s' % (os.getcwd(), update_to, filename)
```

```
response = StreamingHttpResponse(read_file(filepath, 512))
response['Content - Type'] = 'application/octet - stream'
response['Content - Disposition'] = 'attachment;filename = "{}"'.format(
    filename)
return response
```

（1）获取文件：根据传入的文件 id 通过 get_object_or_404() 函数将文件从数据库中提取出来。

（2）读取文件：通过 read_file() 函数读取文件，并以 512B 为单位构造迭代器，该迭代器返回后直接传给 StreamingHttpResponse。

（3）设置文件类型：上述代码可以将服务器上的文件通过文件流传输到浏览器，但文件流通常会以乱码形式显示到浏览器中，而非下载到硬盘上，因此，还要对文件做一些声明，让文件流写入硬盘。实现时只需要给 StreamingHttpResponse 对象的 Content-Type 和 Content-Disposition 字段赋值即可。

保存所有修改后启动项目，打开"资料下载"页面，单击其中一条资料链接进行文件下载，效果图如图 9-4 所示。

图 9-4　文件下载

9.2　搭建"人脸识别开放平台"

人工智能出现至今已六十余年，近几年深度学习全面爆发推动其走向一个更为兴盛的阶段。尤其是 2016 年谷歌的 AlphaGo 横扫棋坛，让人工智能在大众中掀起一波关注热潮。时至今日，人工智能依然是最热门的研究领域之一。众多巨头企业、初创企业等纷纷加入人工智能领域，尝试寻找全新突破口。而人工智能想要改变社会，不能仅停留于理论和概念层面，更重要的是要实现商业化、场景化落地。

目前，很多科技企业均提供基于 AI 的开放平台，以 Web 的形式对外提供 AI 服务，例如人脸识别、OCR 识别、语音识别等。以人脸检测为例，用户通过特定的 API 上传需要检测的照片，然后由 Web 服务器对照片进行人脸检测，并将检测结果返回给用户。实际的 AI

算法往往需要复杂的配置、较高的服务器性能才能进行算法推演，采用 Web 部署这种方式使得开发人员只需要配置和维护服务器环境即可，不需要再关注用户 PC 的配置和性能。另外，AI 算法的更新也只需要在服务器上修改即可，使用 Web 架构适合生产环境下 AI 产品的快速部署和更新。

本书拟模仿上述流程，通过 Django 框架搭建一个人脸检测 Web 平台，以 API 形式提供对外服务。这里为了简化演示效果，降低读者的学习难度，只使用 OpenCV 提供的现成的人脸检测算法来进行检测，实际情况下可以根据服务器的 CPU 或 GPU 性能，采用更高级的人脸检测算法来提高检测精度，例如，可以采用基于深度学习的 MTCNN 人脸检测算法等。本节旨在为读者提供一个结合人工智能的 Web 开发方向，有兴趣转向人工智能方向的读者可以从本节内容出发，学习基本的 AI 算法推理和部署技巧，而更复杂的人脸识别或者 AI 算法研发则需要读者参考其他人工智能书籍或论文。

9.2.1　人脸识别后台搭建

本章采用 OpenCV 提供的人脸检测算法来搭建人脸检测后台。OpenCV 是一个开放源代码的计算机视觉应用库，由英特尔企业下属研发中心俄罗斯团队发起，开源免费，设计目标是实现实时高效的计算机视觉任务，是一个跨平台的计算机视觉库，从开发之日起就得到了迅猛发展，获得了众多企业和业界学者的鼎力支持与贡献。因为是 BSD 开源，因此可以免费应用在科研和商业应用领域。OpenCV 中多数模块是基于 C++实现的，其中有少部分是基于 C 语言实现的，算法经过高度优化，实现效率高，非常适合生产环境使用。当前 OpenCV 提供的 SDK 已经支持 C++、Java、Python 等语言的应用开发。

首先，下载并安装用于 Python 的 OpenCV 开发包。

```
pip install opencv_python
```

在国内在线安装上述 Python 包速度比较慢，安装往往不能成功，为了便于读者能够有效地实现安装，本书配套资源中已经提供了对应的 numpy 和 opencv 安装包：numpy-1.17.2-cp37-cp37m-win_amd64.whl、opencv_python-4.1.1.26-cp37-cp37m-win_amd64.whl。读者可以采用离线安装的方式，将上述安装包放置在某个路径下，然后采用下述命令安装。

```
pip install 路径\包名.whl
```

接下来开发后台视图处理函数。由于需要开发基于 API 的接口，因此大部分功能代码都会在 views.py 文件中编写。当后台收到用户的请求以后，由指定的视图函数对用户上传的图片进行读取，然后调用 OpenCV 人脸检测算法进行检测，最后将检测结果以 JSON 字符串形式返回给用户。

打开 serviceApp 应用下的 views.py 文件，在头部导入一些 Python 库。

```
import numpy as np        #矩阵运算
import urllib             #URL 解析
import json               #JSON 字符串使用
```

```
import cv2                    # OpenCV 包
import os                     # 执行操作系统命令
from django.views.decorators.csrf import csrf_exempt    # 跨站点验证
from django.http import JsonResponse                    # JSON 字符串响应
```

为了能够进行人脸检测，需要使用特定的人脸检测器，一般情况下需要运用机器学习算法进行训练得到，而本书使用的 OpenCV 库自带高效的人脸检测器，无须再训练直接拿来使用即可。在 OpenCV 的安装目录中找到 haarcascade_frontalface_default.xml 文件（路径：Python 安装目录＋\Lib\site-packages\cv2\data），也可以从本书提供的代码资源中获取得到。该 XML 文件本质上是一个配置文件，用于保存训练好的人脸特征检测器模型参数，使用时只需要导入该文件即可进行人脸检测。为了方便项目使用，将该 XML 文件放置在项目 serviceApp 应用目录下。

继续编辑 views.py 文件，添加 facedetect() 函数如下。

```
face_detector_path = "serviceApp\\haarcascade_frontalface_default.xml"
face_detector = cv2.CascadeClassifier(face_detector_path)    # 生成人脸检测器

@csrf_exempt # 用于规避跨站点请求攻击
def facedetect(request):
    result = {}

    if request.method == "POST": # 规定客户端使用 POST 上传图片
        if request.FILES.get("image", None) is not None:    # 读取图像
            img = read_image(stream = request.FILES["image"])
        else:
            result.update({
                "#faceNum": -1,
            })
            return JsonResponse(result)

        if img.shape[2] == 3:
            img = cv2.cvtColor(img, cv2.COLOR_BGR2GRAY)    # 彩色图像转灰度

        # 进行人脸检测
        values = face_detector.detectMultiScale(img,
                                    scaleFactor = 1.1,
                                    minNeighbors = 5,
                                    minSize = (30, 30),
                                    flags = cv2.CASCADE_SCALE_IMAGE)

        # 将检测得到的人脸检测关键点坐标封装
        values = [(int(a), int(b), int(a + c), int(b + d))
                    for (a, b, c, d) in values]
        result.update({
            "#faceNum": len(values),
            "faces": values,
        })
    return JsonResponse(result)
```

（1）人脸检测配置文件导入：首先在外部引入配置文件路径，将路径存入变量 face_detector_path 中；然后使用 cv2.CascadeClassifier 创建人脸检测器 face_detector，人脸检测器的创建需要通过传入人脸检测配置文件 face_detector_path 来实现。

（2）人脸检测视图处理函数：首先在函数前导入 @csrf_exempt 装饰器，否则无法使用该 API。result 变量用于存放最终的返回结果。API 规定客户端必须采用 POST 方式进行信息提交，视图处理函数从请求 request 的 FILES 中获取图像数据。

（3）读取图像方式：该开放平台将图像封装于 request.FILES 中，并且以键"image"来标示；然后采用自定义的 read_image() 函数进行图像读取，该函数的定义和详细代码将在后面给出；读取的图像数据存放于临时变量 img 中。

（4）图像转换：由于 OpenCV 在检测人脸的过程中需要先将 RGB 彩色图像转换为灰度图像，因此使用 OpenCV 提供的 cv2.cvtColor 函数实现图像转换。

（5）人脸检测：使用人脸检测器并调用对应的 detectMultiScale() 方法对图像执行人脸检测，检测结果 values 存放每个检测到的人脸框的坐标值。

（6）JSON 封装和返回：由于每个人脸检测返回的结果以左上角横、纵坐标以及检测框长、宽返回，为了能够方便后期绘图，将检测结果转换为左上角和右下角坐标；最终的检测结果封装成 JSON 字符串并使用 JsonResponse() 函数返回结果。

下面给出自定义的图像读取 read_image() 函数。

```
def read_image(stream = None):
    if stream is not None:
        data_temp = stream.read()
    img = np.asarray(bytearray(data_temp), dtype = "uint8")
    img = cv2.imdecode(img, cv2.IMREAD_COLOR)
    return img
```

read_image() 函数用于实现基于数据流的图像读取，默认上传图像为彩色图像，以二进制方式进行读取，然后通过 cv2.imdecode() 函数解码为 OpenCV 的图像数据。

至此已在后端完成人脸检测视图处理函数，为了能够使用该处理函数执行人脸检测，需要为该函数定义对应的映射路由。打开 serviceApp 应用下的 urls.py 文件，在 urlpatterns 字段中添加路由：

```
path('facedetect/', views.facedetect, name = 'facedetect'), #人脸检测 api
```

保存所有修改后运行项目。至此，人脸识别后台服务已经成功开启，9.2.2 节将阐述如何从本地执行 Python 脚本来调用该 API。

9.2.2 本地脚本测试

本节通过本地 Python 脚本调用，实现基于 Web API 的人脸检测功能。为了能够在本地使用 Python 发送 HTTP 请求，需要下载 requests 库并进行安装。

```
pip install requests
```

这里为了项目集成方便将本地调用脚本放置在项目根目录下的 test 文件夹中，命名为 faceDetectDemo. py，然后在文件同目录下放置一张测试图片 face. jpg，用于进行人脸检测。编辑 faceDetectDemo. py 文件，添加代码如下。

```
import cv2, requests
url = "http://localhost:8000/serviceApp/facedetect/"

# 上传图像并检测
tracker = None
imgPath = "face.jpg"    # 图像路径
files = {
    "image": ("filename2", open(imgPath, "rb"), "image/jpeg"),
}

req = requests. post(url, data = tracker, files = files). json()
print("获取信息: {}". format(req))

# 将检测结果框显示在图像上
img = cv2. imread(imgPath)
for (w, x, y, z) in req["faces"]:
    cv2. rectangle(img, (w, x), (y, z), (0, 255, 0), 2)

cv2. imshow("face detection", img)
cv2. waitKey(0)
```

（1）人脸检测 API：开发阶段的后台服务器开启在 http://localhost:8000，然后再根据 URL 定义规则加上应用名 serviceApp 和对应的接口名 facedetect 即为最终的 API。

（2）发送数据：首先根据本地图像路径使用 open()函数读取图片内容并封装在 files 变量中，然后使用 requests. post()函数发送请求；返回的请求数据转换为 JSON 字符串，通过 print()函数打印查看字符串信息。

（3）结果显示：为了显式查看人脸检测效果，可以将获取到的人脸检测框输出在原图上。这里通过读取每一个人脸检测框然后使用 OpenCV 的 rectangle()函数在原图上绘制矩形框实现。

最终检测效果如图 9-5 所示。

在开发"人脸识别开放平台"时，有一点需要特别注意：由于每一个响应都需要主服务器进行人脸检测操作，而本身人脸检测算法相对其他类型的常规操作会更加耗时并且耗资源，当并发访问数过大时会导致网站崩溃，这也就是通常所说的访问量过载。访问量过载包含两个方面：一是超负荷访问，即后台主机性能有限，无法抗住过大的访问量；二是网站代码存在性能问题，将系统拖慢，导致网站服务崩溃。针对上述问题，通常有以下两种修复手段。

（1）为了快速访问网站，让用户迅速正常访问，最有效的手段就是限制访问。比如限制访问的频率，这个调整应

图 9-5　人脸检测效果

该是动态的。这样做可以确保服务的可用性，但也会牺牲部分用户的访问。正常情况下，服务器能支撑多大的访问量是需要技术人员在系统业务上线之前做好测试，提前做好数据支撑的。

（2）在时间允许的情况下，如果后端服务具有扩容条件，则可以对崩溃期间的访问数据进行分析，然后根据分析结果进行扩容服务，再逐步开放访问限制。

本章开发的"人脸识别开放平台"重点在于引导读者熟悉搭建人工智能 Web 接口的基本步骤，在实际的操作过程中需要结合服务器性能、用户群体、算法效率等综合考虑和设计 Web 架构，并且在上线前需要进行抗压测试，由于超出本书内容，本章不再对此进行深入阐述，有兴趣的读者可以自行查阅相关文档资料。

9.2.3　前端说明页面

本节将完善"人脸识别开放平台"的前端页面，主要为用户提供一个说明页面，用于向用户展示如何使用开放平台接口。首先在 serviceApp 应用的 templates 文件夹中新建文件 platForm.html，该文件头尾部分与 docList.html 文件基本一致，只需要修改对应的页面名称即可。

参照如图 9-2 所示效果可以看到，页面主体部分以说明文字为主，采用常规的 HTML 标签进行编写，主要对"人脸识别开放平台"的接口基本信息进行阐述，同时给出了基于 Python 的接口调用示例。可以看到，在演示代码部分，实现了适合 Python 格式的语法高亮功能，可以让用户方便地进行代码浏览和复制。为了实现该功能，这里通过集成 CodeMirror 插件来开发。CodeMirror 是一款十分强大的代码编辑插件，提供了非常丰富的 API，其核心基于 JavaScript，可以实时在线高亮显示代码，值得指出的是，该插件并不是某个富文本编辑器的附属产品，它本质上是一个在线代码编辑器的基础库。

本节需要掌握在页面中高亮显示代码的方法。首先下载 CodeMirror 插件包，下载地址为 https://codemirror.net/，也可以从本书配套资源中找到该插件包。插件包中包含各种代码的使用案例，由于本章主要介绍基于 Python 语言的接口调用，因此介绍 Python 部分。用浏览器打开 index.html 文件，然后单击 Python 语言对应的示例即可跳转到 Python 示例页面，通过查看该页面源码即可进行开发。实际使用时只需要导入必要的 JS 和 CSS 文件即可。

接下来进入具体的开发环节。首先需要从 CodeMirror 插件包中引入必要的 JS 和 CSS 文件。

```
< link rel = "stylesheet" href = "{ % static 'css/codemirror.css' % }">
< script src = "{ % static 'js/codemirror.js' % }"></script >
< script src = "{ % static 'js/python.js' % }"></script >
< style type = "text/css">
    .CodeMirror {
        border - top: 1px solid black;
        border - bottom: 1px solid black;
    }
</style >
```

其中，codemirror. css、codemirror. js 和 python. js 文件可以从 CodeMirror 插件包中找到，将其复制到 hengDaProject 项目 static 文件夹下的 css 和 js 子文件夹中即可实现调用。

使用时通过 HTML 标签< textarea >实现代码的显示和编辑。

```
< div >< textarea id = "code" name = "code">
    在此处写入 Python 代码
</textarea ></div >
```

最后，添加 JS 代码。

```
< script >
    var editor = CodeMirror.fromTextArea(document.getElementById("code"), {
        mode: {
            name: "python",
            version: 3,
            singleLineStringErrors: false
        },
        lineNumbers: true,
        indentUnit: 4,
        tabMode: "shift",
        matchBrackets: true
    });
</script >
```

通过上述简单配置，可以使得页面显示的 Python 代码能够有效地进行高亮显示，方便用户浏览，效果如图 9-6 所示。完整代码请参考配套资源文件。

```
1    import cv2, requests
2    url = "http://localhost:8000/serviceApp/facedetect/"  # web地址(http://localhost:8000)+访
3
4    # 上传图像并检测
5    tracker = None
6    imgPath = "face.jpg"   #图像路径
7    files = {
8        "image": ("filename2", open(imgPath, "rb"), "image/jpeg"),
9    }
10
11   req = requests.post(url, data=tracker, files=files).json()
12   print("获取信息: {}".format(req))
13
14   # 将检测结果框显示在图像上
```

图 9-6　页面中 Python 代码高亮显示

9.3　在线人脸检测

9.2 节阐述了"人脸识别开放平台"的搭建，通过服务器提供人脸检测服务，然后使用本地 Python 脚本实现接口调用。为了能够让用户更加方便地熟悉平台功能，同时体验企业开发的 AI 产品特性，一种比较好的方式就是在 9.2 节搭建的开放平台基础上提供一种在线检测功能。本节将阐述一种在线 Web 调用的方式，即用户在网页上上传一张照片，然后单击检测即可在网页上实现人脸检测并获取检测结果。这种方式可以方便地让用户无须编写任何脚本代码即可体验功能。下面阐述具体开发步骤。

首先编写网页端功能。为了能够与当前的"人脸识别开放平台"说明页面区分开来，将通过使用 Bootstrap 提供的模式对话框来实现图片的在线检测。打开 serviceApp 应用下的 platform. html 文件，在主体部分< div class = "model-details">中添加标题，并增加一个按钮用来弹出模式对话框，效果如图 9-7 所示。

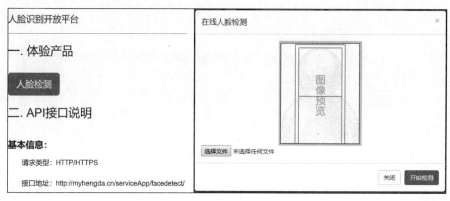

图 9-7　页面中调用模式对话框

当在页面中单击"人脸检测"按钮时，弹出右侧所示对话框，此时背景页面会呈现灰色，只有在模式对话框关闭时页面才恢复正常。采用这种方式，可以方便地在页面中进行额外的界面操作而不影响页面原有布局。Bootstrap 提供了现成的模式对话框组件，可以方便地直接使用。具体代码如下。

```
< h3 >一. 体验产品</h3>
</br>
<!-- 按钮触发模态框 -->
< button class = "btn btn - primary btn - lg" data - toggle = "modal"
    data - target = "#myModal">人脸检测
</button>
<!-- 模态框(Modal) -->
< div class = "modal fade" id = "myModal" tabindex = " - 1" role = "dialog"
aria - labelledby = "myModalLabel" aria - hidden = "true">
    < div class = "modal - dialog">
        < div class = "modal - content">
            < div class = "modal - header">
                < button type = "button" class = "close" data - dismiss = "modal"
                    aria - hidden = "true" >&times;
                </button>
                < h4 class = "modal - title" id = "myModalLabel">
                    在线人脸检测
                </h4>
            </div>
            < div class = "modal - body">
```

```
            < img id = "photoIn" src = "{ % static 'img/sample.png' % }"
                class = "img – responsive" style = "max – width:250px">
            < input type = "file" id = "photo" name = "photo" />
        </div >
        < div class = "modal – footer">
            < button type = "button" class = "btn btn – default"
                data – dismiss = "modal">关闭
            </button>
            < button type = "button" id = "compute" class = "btn btn – primary">
                开始检测
            </button>
        </div >
    </div ><! –– /.modal – content ––>
</div ><! –– /.modal ––>
</div >
< script >
    $ (function () {
        $ ('#photo').on('change', function () {
            var r = new FileReader();
            f = document.getElementById('photo').files[0];
            r.readAsDataURL(f);
            r.onload = function (e) {
                document.getElementById('photoIn').src = this.result;
            };
        });
    });
</script >
```

（1）模式对话框触发：本节使用按钮来调用模式对话框，通过设定按钮的 data-toggle 参数为 modal 来声明当前按钮的触发方式为模式对话框，同时需要通过设定 data-target 参数来具体确定当前哪个模式对话框需要被触发弹出，其属性值设定为模式对话框的 id。

（2）Bootstrap 提供的模式对话框由三部分构成：头部（modal-header）、主体（modal-body）、尾部（modal-footer），每部分之间以一条灰色线进行分隔。

（3）图像显示逻辑：模式对话框主体部分放置了两个组件，其中，一个图片组件用于显示当前上传的图片，另一个文件上传组件用于选择本地图片进行上传。用户单击"浏览"按钮，选择一张图像，此时触发输入图片的 change 属性。根据编写的 JS 代码，当图片改变的时候，通过文件流读取当前上传的图片，并将图片内容赋值给图片组件的 src 属性用于显示图片。

接下来需要使用 Ajax 技术实现图片发送功能，将图片发送至服务器并且进行人脸检测，返回的结果也以图像的形式进行接收并显示。具体代码如下。

```
< script >
    $ ('#compute').click(function () {
        formdata = new FormData();
        var file = $ ("#photo")[0].files[0];
        formdata.append("image", file);
```

```
        $.ajax({
            url: '/serviceApp/facedetectDemo/', // 调用 Django 服务器计算函数
            type: 'POST',                       // 请求类型
            data: formdata,
            dataType: 'json',                   // 期望获得的响应类型为 JSON
            processData: false,
            contentType: false,
            success: ShowResult                 // 在请求成功之后调用该回调函数输出结果
        })
    })
</script>
<script>
    function ShowResult(data) {
        var v = data['img64'];
        document.getElementById('photoIn').src = "data:image/jpeg;base64," + v;
    }
</script>
```

（1）基于 Ajax 的图像发送：发送图像数据需要采用一种 FormData 格式，即将上传的图片文件用 formdata.append 方式完成封装，最后只需要在 Ajax 的 data 属性中嵌入 formdata 变量即可。

（2）Ajax 返回结果处理：Ajax 返回结果使用额外的函数 ShowResult 进行实现，主要用于处理返回的图像数据，将图像进行显示。为了与本地调用接口区分，需要在后台额外添加人脸处理函数，将检测框直接显示在图像上并将图像返回。此处定义新的 URL，其访问网址为/serviceApp/facedetectDemo/，具体的后台实现后续会给出详细代码。

（3）图像的 base64 显示：base64 是网络上最常见的用于传输 8 位字节码的编码方式之一，base64 就是一种基于 64 个可打印字符来表示二进制数据的方法。base64 编码是从二进制转成字符的过程，可用于在 HTTP 环境下传递较长的标识信息。为了能够在网络上正常传输图像数据，这里采用 base64 进行图像的编解码。当前 Ajax 接收到的图像数据是由后台按照 base64 编码完成的。因此，需要将获取到的 base64 字符串按照特定格式传递给 img 组件并显示。

接下来开始开发后台视图处理程序。9.2 节中开发的人脸视图处理函数返回了当前检测人脸的矩形框坐标值，此时可以继续使用该处理函数，但是需要在前端页面中根据返回的坐标值在画布 Canvas 中进行坐标换算和画框，页面逻辑较为复杂。为了简化实现过程，本章在后端检测完成后直接将显示框绘制在原图上。

具体地，在 views.py 文件中添加 facedetectDemo()函数，详细代码如下。

```
import base64

@csrf_exempt
def facedetectDemo(request):
    result = {}

    if request.method == "POST":
```

```
        if request.FILES.get('image') is not None:  #
            img = read_image(stream = request.FILES["image"])
        else:
            result["#faceNum"] = -1
            return JsonResponse(default)

        if img.shape[2] == 3:
            imgGray = cv2.cvtColor(img, cv2.COLOR_BGR2GRAY)  #彩色图像转灰度图像
        else:
            imgGray = img

        #进行人脸检测
        values = face_detector.detectMultiScale(imgGray,
                                    scaleFactor = 1.1,
                                    minNeighbors = 5,
                                    minSize = (30, 30),
                                    flags = cv2.CASCADE_SCALE_IMAGE)

        #将检测得到的人脸检测关键点坐标封装
        values = [(int(a), int(b), int(a + c), int(b + d))
                for (a, b, c, d) in values]

        #将检测框显示在原图上
        for (w, x, y, z) in values:
            cv2.rectangle(img, (w, x), (y, z), (0, 255, 0), 2)

        retval, buffer_img = cv2.imencode('.jpg', img)  #在内存中编码为jpg格式
        img64 = base64.b64encode(buffer_img)            #base64编码用于网络传输
        img64 = str(img64, encoding = 'utf-8')          #bytes转换为str类型
        result["img64"] = img64                         #json封装
    return JsonResponse(result)
```

（1）实现逻辑：处理函数从 POST 请求中通过 request.FILES.get('image')获取图像数据，然后根据定义的 read_image()函数读取图像；接下来使用 cv2.cvtColor()函数将彩色图像转灰度，然后调用 OpenCV 的人脸检测函数进行检测；接下来根据检测得到的矩形框使用 cv2.rectangle()函数绘制到每一个人脸上；最后对图像进行 jpg 以及 base64 转码实现图像数据的返回。

（2）返回图像数据的格式：首先使用 OpenCV 提供的 imencode()函数在内存中对图像进行压缩编码，压缩格式为 jpg 格式；然后使用 base64 模块提供的 b64encode()函数对数据进行 base64 转码以方便网络传输；最后将得到的 bytes 数据转换为字符串类型并按照 JSON 格式进行封装。

最后为新添加的视图处理函数添加对应的路由，打开 urls.py 文件，添加路由如下。

```
urlpatterns = [
    …其他路由…
    path('facedetectDemo/', views.facedetectDemo, name = 'facedetectDemo'),
]
```

保存所有修改后启动项目,上传照片并进行测试,效果如图 9-8 所示。

图 9-8　在线人脸检测效果

小结

本章通过服务支持模块的开发,重点学习了资料下载的实现方法。另外,本章通过搭建一个简单的基于 Web 的人脸识别开放平台,利用 Django 框架在服务器端实现了人脸检测功能,同时提供有效的 API 供本地脚本调用,该平台的搭建旨在为读者拓宽思路和学习方向,熟悉当前人工智能的一种常见 Web 部署方案,为今后进一步的深入学习打下良好的基础。

开发"首页"模块

通过第 3～9 章内容的学习,已将企业门户网站的各个子模块构建完毕。在各个模块的开发过程中,穿插阐述了 Python Web 的关键知识点。从内容安排上来看,各个模块之间从简单到复杂、逐级递进,模块之间具有高度的复用性,这样的结构安排有利于读者循序渐进地掌握知识并且提升项目的开发效率。本章将讲解企业门户网站的最后一个模块:"首页"模

视频讲解

块。该模块作为一个集成模块,将会使用到之前构建的各个子模块的内容,通过数据筛选和渲染实现各个子模块的整合显示。另外,首页作为门户网站的初始页面,在页面设计的过程中将重点考虑其排版、美观等特性。一个符合美的标准的首页能够使网站的形象得到最大限度的提升,有利于提高用户关注度。另外,本章也会阐述 Django 的缓存技巧以进一步优化网站性能。图 10-1 显示了最终需要实现的企业门户网站首页效果。

10.1 "首页"模块开发

本节将会按照如图 10-1 所示效果,对首页主体部分各个模块进行开发,包括:"轮播横幅""企业概况""新闻动态""通知公告""科研基地""联系我们""产品中心"。

10.1.1 轮播横幅

根据如图 10-1 所示页面效果,"首页"模块的广告横幅采用了多张图片滚动的形式,通过这种动态显示方式,可以包容更多的信息以吸引用户浏览。在轮播图上可以使用鼠标悬停以停止轮播,也可以通过单击轮播图左右按钮进行图片切换,还可以通过轮播图下方圆点计数器跳转图片。Bootstrap 提供了现成的轮播组件,不需要编写额外的控制代码即可实现图片轮播功能。

下面进入具体的开发环节。找到 homeApp 应用下的 templates 文件夹,打开该文件夹下的 home.html 文件,在{% block content %}中添加轮播代码,详细代码如下。

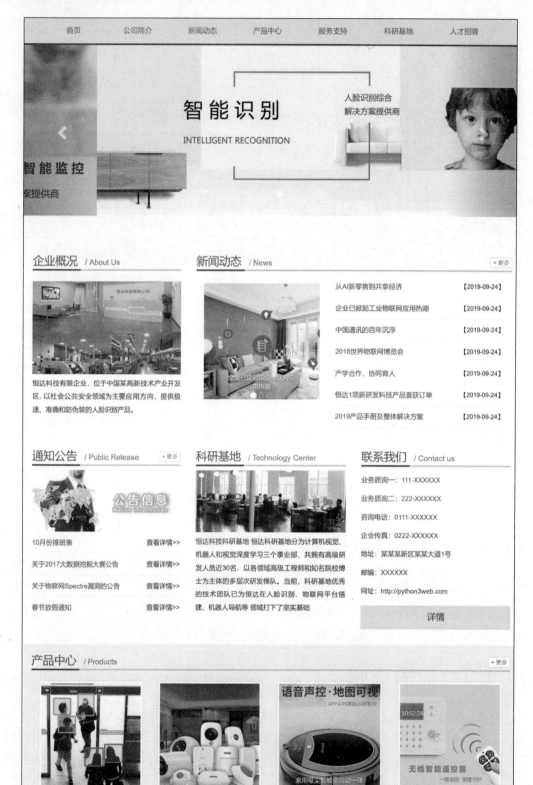

图 10-1　首页效果

```
< div id = "ad" class = "carousel slide" data - ride = "carousel" data - interval = "5000">
  < ol class = "carousel - indicators">
    < li data - target = "♯ad" data - slide - to = "0" class = "active"></li>
    < li data - target = "♯ad" data - slide - to = "1"></li>
    < li data - target = "♯ad" data - slide - to = "2"></li>
  </ol>
  < div class = "carousel - inner">
    < div class = "item active">
      < img src = "{ % static 'img/banner1.jpg' % }" alt = "广告横幅 1">
    </div>
    < div class = "item">
      < img src = "{ % static 'img/banner2.jpg' % }" alt = "广告横幅 2">
    </div>
    < div class = "item">
      < img src = "{ % static 'img/banner3.jpg' % }" alt = "广告横幅 3">
    </div>
  </div>
  < a class = "left carousel - control" href = "♯ad" data - slide = "prev">< span
      class = "glyphicon glyphicon - chevron - left"></span></a>
  < a class = "right carousel - control" href = "♯ad" data - slide = "next">< span
      class = "glyphicon glyphicon - chevron - right"></span></a>
</div>
```

（1）轮播组件声明：轮播组件使用样式类 class＝"carousel slide"进行声明，属性 data-ride＝"carousel"用于设定该组件的形式为轮播，每张图像的显示时间由属性 data-interval 进行设置，单位为毫秒。

（2）组件包含三部分，首先用 class＝"carousel-indicators"的 ol 有序列表标签绑定轮播索引，每张图像的轮播标号使用 data-slide-to 属性进行设置；然后由 class＝"carousel-inner"的 div 实现每一张图像的内容显示；最后的 class＝"left carousel-control"部分用于控制左右边侧的图片切换功能。

从以上代码看出，仅通过导入 Bootstrap 的轮播组件然后进行简单的配置即可实现图片轮播功能，整个设计并不需要编写额外的 JS 代码进行显式控制，开发人员也不再需要关注底层的实现细节。因此，使用 Bootstrap 可以极大地提高门户网站的开发效率。

10.1.2　企业概况

根据图 10-1 的"首页"显示效果，可以将主体部分分为 4 行："企业概况"和"新闻动态"占 1 行（所占栅格数分别为 4 和 8）；"通知公告""科研基地"和"联系我们"占 1 行（所占栅格数均为 4）；"产品中心"占 1 整行；"友情链接"占 1 整行。因此，整个主体部分外层设计代码如下。

```
< div class = "container">
    < div class = "row row - 3">
        < div class = "col - md - 4">
            <! -- 企业概况 -->
        </div>
```

```
        < div class = "col - md - 8">
            <! -- 新闻动态 -->
        </div >
    </div >
    < div class = "row row - 3">
        < div class = "col - md - 4">
            <! -- 通知公告 -->
        </div >
        < div class = "col - md - 4">
            <! -- 科研基地 -->
        </div >
        < div class = "col - md - 4">
            <! -- 联系我们 -->
        </div >
    </div >
    < div class = "row row - 3">
        <! -- 产品中心 -->
        < div class = "col - md - 12 col - pro">
        </div >
    </div >
    < div class = "row row - 3">
        <! -- 友情链接 -->
        < div class = "col - md - 12">
        </div >
    </div >
</div >
```

另外，考虑到页面之间的样式独立，在项目根目录 static 文件夹下的 css 子文件夹中新增 home.css 文件，专门用于定制首页的 CSS 样式，添加完以后在{% block content %}内将该 css 文件导入进来。

```
< link href = "{ % static 'css/home.css' % }" rel = "stylesheet">
```

接下来设计"企业概况"部分，详细代码如下。

```
< span class = "part1">
    < a href = "{ % url 'aboutApp:survey' % }">企业概况</a >
</span >
< span class = "part1 en">
      / About Us
</span >
< div class = "line1">
    < div class = "line2 theme"></div >
</div >
< div >
    < img class = "img - responsive" src = "{ % static 'img/aboutCompany.jpg' % }">
    < p class = "text1">
```

```
         恒达科技有限企业,位于中国某高新技术产业开发区,
         以社会公共安全领域为主要应用方向,提供极速、准确和防伪装的人脸识别产品。
      </p>
</div>
```

其对应的 CSS 代码如下。

```
.part1{
    font - size:22px;
}
.part1 a{
    text - decoration:none;
    color: #666;
}
.en{
    color: #828282;
    font - size:15px;
}
.line1{
    height:3px;
    background: #d0d0d0;
    width:100 % ;
    margin - bottom:8px
}
.line2{
    height:3px;
    background: #005197;
    width:94px;
}
.text1{
    text - align:justify;
    font - size:13px;
    line - height:25px;
    color: #505050;
    margin - top:5px;
}
```

10.1.3　新闻动态

"新闻动态"分为左右两部分:左边是展报(占 5 个栅格),右边是新闻列表(占 7 个栅格)。展报部分主要用于展示近期重要的新闻信息,以图片形式来吸引用户进行新闻浏览。这里采用 Bootstrap 的轮播组件进行实现,与"轮播横幅"不同之处在于,每张图像上均附有新闻标题。新闻列表部分主要显示第 7 章开发的"新闻动态"模块列表信息,这里将企业要闻和行业新闻合并到一起进行显示,而通知公告则放在 10.1.4 节介绍。

第 7 章开发的"新闻"模型使用了富文本编辑器 Ueditor 进行内容编辑和显示,此处为了能够实现展报功能,需要为"新闻"模型添加一个额外的图片字段用于存储展报。打开

newsApp 应用下的 models.py 文件，在 MyNew 模型中添加字段如下。

```
photo = models.ImageField(upload_to = 'news/',
                          blank = True,
                          null = True,
                          verbose_name = '展报')
```

然后在终端输入下述命令以同步数据库。

```
python manage.py makemigrations
python manage.py migrate
```

打开后台管理系统，为"新闻"模型上传展报。接下来开始编写后台处理函数，打开 homeApp 应用下的 views.py 文件，重新编辑 home() 函数如下。

```
from newsApp.models import MyNew
from django.db.models import Q

def home(request):
    #新闻展报
    newList = MyNew.objects.all().filter(~Q(
        newType = '通知公告')).order_by('-publishDate')
    postList = set()
    postNum = 0
    for s in newList:
        if s.photo:
            postList.add(s)
            postNum += 1
        if postNum == 3: #只截取最近的 3 个展报
            break

    #新闻列表
    if (len(newList) > 7):
        newList = newList[0:7]

    #返回结果
    return render(request, 'home.html', {
        'active_menu': 'home',
        'postList': postList,
        'newList': newList,
    })
```

（1）头部引用：首先在头部引入了 newsApp.models 中定义的 MyNew 模型，然后从 django.db.models 中引入了 Q() 函数，该函数可以用于对象的复杂查询，可以对关键字参数进行封装，从而更好地应用于多条件查询，同时可以组合使用 &(and)，|(or)，~(not) 等操作符。

（2）数据过滤查询：在 home() 函数中，首先需要获取新闻数据，获取的数据按照时间由近到远进行排序，因此末尾采用 order_by('-publishDate')；目前，新闻类型包括 3 类，因此只需要排除最后一类"通知公告"即可获得另外两类的合集,此处采用了Q()函数结合～操作符进行过滤查询。

(3)新闻展报:新闻展报部分只需要截取最近的3条包含展报图片的新闻,因此对于查询得到的QuerySet逐个进行检查,当新闻中包含展报时则将该条新闻添加进新的集合变量postList中,重复检查直到找满3条展报新闻为止。

(4)新闻列表:为了方便首页显示,对于获取的新闻列表只选取其中的7条进行显示,使用newList[0:7]进行截取。

接下来编写前端页面代码,紧接着上一节定义好的框架结构,在新闻动态部分填入相应的代码。

```
< span class = "part1">
    < a href = "#">新闻动态</a>
</span>
< span class = "part1 en">
      / News
</span>
< a class = "btn btn - default btn - xs more - btn"
    href = "{ % url 'newsApp:news' 'company' % }">+  更多
</a>
< div class = "line1">
    < div class = "line2 theme"></div>
</div>
< div class = "col - md - 5">
    < div id = "myCarousel" class = "carousel slide" data - ride = "carousel">
        < ol class = "carousel - indicators nav - point">
            { % for post in postList % }
            < li data - target = "#myCarousel" data - slide - to = "{{forloop.counter0}}"
                { % if forloop.first % } class = "active"
                { % endif % }>
            </li>
            { % endfor % }
        </ol>
        <!-- 轮播(Carousel)项目 -->
        < div class = "carousel - inner">
            { % for post in postList % }
            < div { % if forloop.first % } class = "item active" { % else % } class = "item"
                { % endif % } style = "background - size:cover;">
                < a href = "{ % url 'newsApp:newDetail' post.id % }">
                    < img src = "{{post.photo.url}}"></a>
                < div class = "carousel - caption nav - title">{{post.title}}</div>
            </div>
            { % endfor % }
        </div>
    </div>
</div>
< div class = "col - md - 7">
    < ul class = "list - unstyled list - new">
```

```
    { % for mynew in newList % }
    <li>
        <a href = "{ % url 'newsApp:newDetail' mynew.id % }">
            {{mynew.title|truncatechars:"25"}}</a>
        <span>【{{mynew.publishDate|date:"Y-m-d"}}】</span>
    </li>
    { % endfor % }
    </ul>
</div>
```

（1）布局结构："新闻动态"模块整体占 8 个栅格，在其内部进行二次栅格划分，分成左右两个子模块，分别对应"新闻展报"（占 5 格）和"新闻列表"（占 7 格）。

（2）新闻展报：展报部分采用 Bootstrap 提供的轮播组件实现，其中需要注意每幅展报的 data-slide-to 属性，该属性从 0 开始，用于区分控制每幅展报，这里采用了模板标签 {{forloop.counter0}} 来表示，该模板标签在迭代的过程中从 0 开始计数；另外，对于第一幅海报，需要为其添加 class="active" 样式，这样就能正常地启动轮播组件，因此使用模板标签 { % if forloop.first % } 来判断当前迭代是否是第 1 次；同样地，在轮播项目中需要使用 { % if forloop.first % } 来动态地判断当前展报是否需要声明 class="item active"。

（3）新闻列表：新闻列表部分主要将后台传递的 newList 变量逐个进行渲染，同时考虑到排版因素，对每条新闻的 title 字数使用 truncatechars 进行限制。

最后对样式进行设置，在 home.css 文件中添加以下代码。

```
.carousel {
    margin-bottom: 40px;
}
.carousel .item {
    background-color: #000;
}
.carousel .nav-point{
    bottom: -14px;
}
.carousel .nav-title{
    font-size:12px;
    bottom: -14px;
}
.carousel .item img {
    width: 100%;
}
.carousel-caption {
    z-index: 10;
}
.carousel-caption p {
    margin-bottom: 20px;
    font-size: 20px;
    line-height: 1.8;
}
```

```
.more - btn{
    float:right;
    margin - top:7px;
    color:#828282;
    font - size:11px;
}
.list - new li{
    border - bottom:1px dashed #eae7e7;
    line - height:40px;
}
.list - new a{
    text - decoration:none;
    color:#666;
    font - size:13px;
}
.list - new a:hover{
    color:#d30a1c;
}
.list - new span{
    float:right;
    font - size:12px;
}
.list - new .public - detail{
    float:right;
    color:#d30a1c;
}
```

　　上述步骤基本实现了"新闻动态"子模块的开发,但是还遗留一个问题,当上传的展报图像尺寸不一致时,新闻展报在进行轮播的过程中会出现错位现象,影响页面的整体美观性。一种简单的方法就是直接定义好渲染图像的长宽大小,但是这种方式会造成图像的畸变。另一种方法就是将图片按比例裁剪成固定像素宽高的图片再进行输出,本节将采用jQThumb.js插件实现该功能,该插件下载网址为 https://github.com/pakcheong/jqthumb,也可以从本书配套资源中获取。下载解压后找到根目录下的 dist 子文件夹,其中,jqthumb.min.js 文件即为最终需要的插件。通过引用 jqthumb.min.js 文件,只需要在原有 HTML模板文件中添加几行配置代码,就可以解决缩略图对齐显示的问题。该插件兼容所有主流的浏览器,包括 IE 6。在高级浏览器中使用背景方式实现,并动态地设置图片的尺寸background-size 和位置 background-position 以实现居中;在 IE 6 等浏览器中使用图片的方式实现,并使用绝对定位实现居中。

　　具体地,将 jqthumb.min.js 文件复制到项目根目录/static/js 文件夹中,然后在 home.html 文件的{% block content %}中引入该插件。

```
<script src = "{% static 'js/jqthumb.min.js' %}"></script>
```

　　然后添加对图像额外的裁剪代码。

```
<script>
    //处理缩略图
    function DrawImage(hotimg) {
        $(hotimg).jqthumb({
            width: '100%',      // 宽度
            height: '250px',    // 高度
            zoom: '1',          // 缩放比例
            method: 'auto'      // 提交方法,用于不同的浏览器环境,默认为auto
        });
    }
</script>
```

然后将轮播项目的<img>标签代码修改如下。

```
<img src="{{post.photo.url}}" class="img-responsive" onload="DrawImage(this)">
```

至此,已完成"新闻动态"模块的开发。

10.1.4　通知公告

通知公告部分主要是将"新闻"模型中类型为"通知公告"的新闻列表进行显示,参照
10.1.3节的实现过程,在home()函数中添加如下代码。

```
noteList = MyNew.objects.all().filter(
        Q(newType = '通知公告')).order_by('-publishDate')
    if (len(noteList) > 4):
        noteList = noteList[0:4]
```

然后在render返回函数中将变量noteList一起导出。此处为了排版需求,只显示最近
的4条通知。

接下来编辑前端页面,参照10.1.2节设计的排版结构,将通知公告模块放置在主体第
二行,详细代码如下。

```
    <span class="part1">
    <a href="#">通知公告</a>
</span>
<span class="part1 en">
      / Public Release
</span>
<a class="btn btn-default btn-xs more-btn"
    href="{% url 'newsApp:news' 'notice' %}">+  更多
</a>
<div class="line1">
    <div class="line2 theme"></div>
</div>
<div>
```

```
< img class = "img - responsive" src = "{ % static 'img/note.jpg' % }">
< ul class = "list - unstyled list - new">
    { % for note in noteList % }
    < li >
        < a href = "{ % url 'newsApp:newDetail' note.id % }">
            {{note.title|truncatechars:"25"}}
        </a>
        < a href = "{ % url 'newsApp:newDetail' note.id % }" class = "public - detail">
            查看详情>>
        </a>
    </li>
    { % endfor % }
</ul>
</div>
```

至此,已完成"通知公告"的开发。

10.1.5 科研基地

"科研基地"模块主要用来显示科研基地相关的介绍性信息,包括静态图片和静态文字的渲染,内容不需要依赖后台服务器,该模块实现相对简单。本节直接给出对应的前端代码。

```
< div class = "col - md - 4">
    < span class = "part1">
        < a href = "{ % url 'scienceApp:science' % }">科研基地</a>
    </span>
    < span class = "part1 en">
          / Technology Center
    </span>
    < div class = "line1">
        < div class = "line2 theme"></div>
    </div>
    < div >
        < a href = "{ % url 'scienceApp:science' % }">
            < img class = "img - responsive" src = "{ % static 'img/ky.jpg' % }">
        </a>
        < p class = "text1">
            < font color = "♯d30a1c">恒达科技科研基地</font>
            恒达科研基地分为计算机视觉、机器人和视觉深度学习三个事业部,共拥有...
        </p>
    </div>
</div>
```

10.1.6 联系我们

与 10.1.5 节相同,"联系我们"子模块内容均为静态内容,下面给出前端页面代码。

```html
< span class = "part1">
    < a href = "{ % url 'contactApp:contact' % }">联系我们</a >
</span >
< span class = "part1 en">
      / Contact us
</span >
< div class = "line1">
    < div class = "line2 theme"></div >
</div >
< div >
    < ul class = "list - unstyled procurement - li">
        < li >业务质询一: 111 - XXXXXX </li >
        < li >业务质询二: 222 - XXXXXX </li >
        < li >咨询电话: 0111 - XXXXXX </li >
        < li >企业传真: 0222 - XXXXXX </li >
        < li >地址: 某某某新区某某大道 1 号</li >
        < li >邮编: XXXXXX </li >
        < li >
            网址: < a href = "https://python3web.com"> https://python3web.com </a>
        </li >
    </ul >
    < div class = "platform">< a href = "{ % url 'contactApp:contact' % }">详情</a></div >
</div >
```

接下来在 home.css 文件中添加 CSS 样式设置。

```css
.procurement - li{
    line - height:35px;
    color: #666;
    font - size:13px;
}
.procurement - li a{
    text - decoration:none;
    color: #666;
}
.platform{
    width:100 % ;
    height:45px;
    background: #eae7e7;
    color: #fff;
    text - align:center;
    font - size:17px;
    line - height:42px;
}
.platform a{
    text - decoration:none;
    color: #666;
}
.platform a:hover{
    color: #d30a1c;
}
```

10.1.7 产品中心

根据如图 10-1 所示效果,在首页"产品中心"子模块上将显示 4 幅产品照片。本节将按照产品的浏览次数对产品进行排序,将浏览次数前 4 名的产品放置在首页进行显示。

首先编辑后端视图处理函数,为了能够在 homeApp 中查询产品模型信息,需要将 productsApp 应用中定义的 Product 模型导入到 home.py 文件中。

```
from productsApp.models import Product
```

然后在 home() 函数中添加对应的代码。

```
productList = Product.objects.all().order_by('-views')
if(len(productList)>4):
    productList = productList[0:4]
```

最后将 productList 变量通过 render() 函数渲染到模板文件中。

接下来编辑前端页面,根据前面的版面设计,在"产品中心"位置添加对应的代码。

```
< div class = "row">
    < div class = "col - md - 12">
        < span class = "part1">
            < a href = "{ % url 'productsApp:products' 'robot' % }">产品中心</a>
        </span >
        < span class = "part1 en">
              / Products
        </span >
        < a class = "btn btn - default btn - xs more - btn" href = "{ % url 'productsApp:products' % }
robot">
            +  更多
        </a >
        < div class = "line1" style = "margin - bottom:5px;">
            < div class = "line2 theme"></div>
        </div >
    </div >
    < div class = "col - md - 12 col - pro">
        < div id = "Carousel" class = "carousel slide" style = "margin - bottom:30px">
            < ol class = "carousel - indicators" style = "display:none;">
                < li data - target = "♯Carousel" data - slide - to = "0" class = "active"></li>
            </ol >
            < div class = "carousel - inner">
                < div class = "item active">
                    < div class = "row">
                        { % for product in productList % }
                        < div class = "col - md - 3 pro - images">
                            < a href = "{ % url 'productsApp:productDetail' product.id % }"
                                class = "thumbnail">
```

```
                        {% for img in product.productImgs.all %}
                        {% if forloop.first %}
                        <img src = "{{img.photo.url}}" alt = "产品图片"
                          class = "img - responsive" onload = "DrawImage(this)">
                        {% endif %}
                        {% endfor %}
                    </a>
                    <div class = "carousel - caption nav - title">{{product.title}}
</div>
                </div>
                {% endfor %}
            </div>
          </div>
        </div>
      </div>
</div>
```

上述代码将后端传递的 productList 变量进行了有效渲染,其中需要注意的是图像部分,由于在定义产品模型时将产品的图像单独以 ProductImg 类进行定义,因此一款产品可能包含多幅图像,需要逐个遍历选取,此处为了快速获取图片只选取每款产品的第一张图像作为产品的展报放置在首页。

最后,在 home.css 文件中添加样式设置。

```
.pro - images{
    background - color: #f6f6f6;
}
.thumbnail{
    margin - bottom:0px;
}
.col - pro{
    background - color: #F6F6F6;
    padding - top:15px;
}
```

10.2 Django 缓存系统

10.1节内容已经开发完成了门户网站"首页"模块,该模块通过调用其他模块下的数据信息,对数据进行过滤筛选,然后结合页面设计实现渲染。一般来说,用户访问网站会从首页开始,然后按照页面上的链接再跳转到其他页面,因此首页的访问相比其他页面更为频繁,而首页每次访问都要读取数据库,当访问量比较大的时候,就会有很多次的数据库查询,容易造成访问速度变慢,使得服务器消耗大量资源。因此,本节将介绍和使用缓存系统来解决这个问题。

缓存系统工作原理：对于给定的网址,服务器首先尝试从缓存中找到网址,如果页面在缓存中,直接返回缓存的页面,如果缓存中没有,则执行相关操作(比如查数据库)后,保存生成的页面内容到缓存系统以供下一次使用,然后返回生成的页面内容。

使用缓存的一种简单方法就是利用服务器本地的内存来当缓存,速度响应较快,但是这种方式不利于管理,当数据量大的时候可以采用另一种更稳妥、更有效的方式:使用数据库作为缓存后台。

具体地,首先在数据库中创建缓存表,在终端中输入命令:

```
python manage.py createcachetable cache_table_home
```

通过上述方式就在数据库中创建了一个名为 cache_table_home 的缓存表。接下来在项目配置文件中配置缓存,打开 settings.py 文件,在文件尾添加配置代码如下。

```
CACHES = {
    'default': {
        'BACKEND': 'django.core.cache.backends.db.DatabaseCache',
        'LOCATION': 'cache_table_home',
        'TIMEOUT': 600,
        'OPTIONS': {
            'MAX_ENTRIES': 2000
        }
    }
}
```

其中,BACKEND 属性用于设置当前缓存使用何种后台,这里设置为数据库形式。LOCATION 属性用于设置具体的缓存表,此处填入前面创建的 cache_table_home 即可。TIMEOUT 用于设置默认的超时时间,以秒为单位。可选属性 OPTIONS 中的 MAX_ENTRIES 用于设置允许的最大并发量。完成上述配置后只需要在需要缓存的页面视图处理函数前添加缓存装饰器代码即可。

```
from django.views.decorators.cache import cache_page
@cache_page(60 * 15)  #单位:秒数,这里指缓存 15 分钟

def home(request):
    …首页代码部分…
```

完成上述修改后,读者可以尝试对模板文件 home.html 内容进行修改,例如,修改部分文字,然后刷新浏览器查看是否同步更新,可以发现当前浏览器并没有将内容同步更改过来,而是需要等待 15 分钟之后内容才会更新。原因是在 15 分钟以内用户请求首页时,后台服务器在缓存中存在首页,因此会直接将缓存中的首页返回给用户而不再经过视图函数 home() 处理,当时间超过 15 分钟以后,新来的请求会经过 home() 函数处理,新的页面会返回给用户同时在缓存中更新备份。

由于我们开发的企业门户网站对页面实时性要求不高,页面内容不会频繁变更,因此可以使用缓存节省取数据和渲染的时间,不仅能大大提高系统性能,还能提高用户体验,响应速度更快。

小结

本章完成"首页"模块的开发,重点需要掌握首页页面设计的基本方法,能够灵活运用 Bootstrap 进行页面版式设计。另外,"首页"模块作为一个集成模块,需要调用其他模块的 相关信息,读者需要掌握跨模块之间数据读取的基本方法,能够运用 Django 相关的数据库 过滤命令进行数据筛选。截止到本章,已完成企业门户网站的所有开发任务,通过使用开发 服务器可以运行项目并且查看整个网站的运行效果。第 11 章将会阐述如何将开发的企业 门户网站进行部署和上线运行。

第 **11** 章

基于 Windows 的项目部署

前面的章节已经将企业门户网站的整个开发步骤阐述完毕,为了便于项目管理,整个项目采用了 Django 的多应用功能,将各个模块放置在各个对应的应用中进行开发。每个应用通过 Django 自带的开发服务器进行了功能测试,能够在本地浏览器上正常运行。从前面的章节中可以知道,Django 框架自带的这个开发服务器用来调试 Django 应用程序非常方便,但是这个服务器

视频讲解

只能在本地环境中运行,不能承受由多个用户同时访问网站所产生的负载。因此,需要将 Django 应用程序部署到生产级 Web 服务器,比如 Apache、Nginx、Lighttpd、IIS 等。本章将从部署原理切入,通过实现本地服务器和云服务器部署,读者将能够完整地掌握 Python Web 项目部署方法。

与开发阶段相比,Python Web 项目的部署是一个相对烦琐的过程,尤其在 Windows 下面部署 Django 项目。为了简化部署过程同时为了使 Windows 下的读者能够轻松地使自己的项目上线,本章将重点阐述如何使用 Windows 提供的 IIS 服务器来实现快速、高效的项目部署,部署平台为 Windows 系统。

本章内容分为两部分阐述,第一部分阐述如何在本地 IIS 服务器上进行部署,重点阐述 IIS 配置和 Django 部署操作。相对来说,由于本地开发环境操作较为方便,因此读者在本地进行部署更加容易。待读者掌握本地部署的基本方法并且能够在本地成功部署 Django 项目后,本章会在此基础上阐述如何在云服务器上进行部署,从而使得开发的网站能够让用户通过外网进行访问,实现真正意义上的"上线"。同时,在此过程中会对云服务器使用、配置、域名申请、备案等常规网站上线步骤进行阐述,力求能够带领读者完整地掌握整个网站部署流程。

11.1 本地服务器部署

11.1.1 Python WSGI 部署原理介绍

在进入正式的部署前,先简单了解一下 Python Web 项目部署的基本原理,其核心依赖一种称为 WSGI 的框架协议。

WSGI 是建立在 CGI 的基础上的，CGI 的全称是 Common Gateway Interface，即"通用网关接口"，而 WSGI 就是只针对 Python 的网页应用接口 Python Web Server Gateway Interface。WSGI 只是一个接口定义，它不负责服务器的实现，也不负责网页应用的实现，它只是一个两边接口方式的约定，只是一种规范，描述 Web 服务器如何与 Web 应用通信的规范。要实现 WSGI 协议，必须同时实现 Web 服务器和 Web 应用。简单来说，WSGI 规范了一种简单的接口，将服务器和应用分开来，使得两边的开发者能够更加专注自身的开发。例如，在前面门户网站的开发过程中，一直采用的是 Django 提供的开发者服务器进行项目调试，从这个意义上来说，网站的完整项目代码即为对应的 Web 应用，而开发者服务器即为这里的 Web 服务器，只是并没有进行服务器开发，因为这是 Django 直接提供好的。

WSGI 协议主要包括 Web 服务器和应用两部分，如图 11-1 所示。

（1）Web 服务器：即 HTTP 服务器，按照 HTTP 接受用户 HTTP 请求并提供并发访问，调用 Web 应用处理业务逻辑。通常 Web 服务器采用 C/C++编写，典型 Web 服务器有：Apache、Nginx 和 IIS。WSGI 服务器负责从客户端接收请求 request，然后将 request 转发给应用，处理完以后再将应用返回的 response 返回给客户端。

（2）Python Web 应用：应用程序接收由服务器转发的 request，处理对应的请求，并将处理结果返回给服务器。应用中可以包括多个栈式的中间件 middlewares，主要起调节作用。

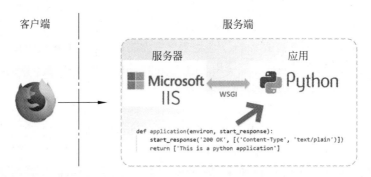

图 11-1　WSGI 原理结构

传统 CGI 接口性能较差，每次 HTTP 服务器遇到动态程序时需要重启解析器来执行解析，然后才将结果返回给 HTTP 服务器。这种方式在处理高并发访问时几乎是不可能完成任务的，因此诞生了 FastCGI。这是一个可伸缩地、高速地在 HTTP 服务器和动态脚本语言间通信的接口。主要优点是把动态语言和 HTTP 服务器分离开来。目前，多数流行的 HTTP 服务器都支持 FastCGI，包括 Apache、Nginx、IIS 等。

wfastcgi 即为支持 Python 语言的 FastCGI，接口方式采用 C/S 架构，可以将 HTTP 服务器和 Python 脚本解析器分开，同时在脚本解析服务器上启动一个或者多个脚本解析并守护进程。当 HTTP 服务器每次遇到动态程序时，可以将其直接交付给 FastCGI 进程来执行，然后将得到的结果返回给浏览器。这种方式可以让 HTTP 服务器专一地处理静态请求或者将动态脚本服务器的结果返回给客户端，这在很大程度上提高了整个应用系统的性能。

在实际搭配时可以选择任意的服务器和应用进行组合。例如，Nginx 和 IIS 都是实现了 WSGI Server 协议的服务器，而 Django 和 Flask 都是实现了 WSGI 协议的 Web 应用框架，可以根据项目实际情况自由组合使用。本书教程将采用 IIS+Django 的方式构建和部署 Web 项目。

IIS(Internet Information Server)是 Windows Server 自带的互联网信息服务器，是架设网站服务器的常用工具，由于是微软直接推出的 Web 服务器，因此使用它在 Windows 系统下面架设 Web 站点相对于其他服务器更具有先天优势，部署更加容易。本书为了方便 Windows 下面的读者能够全流程地实现 Python Web 开发，下面将着重讲解如何采用 IIS 服务器进行项目部署。

11.1.2 准备部署环境

Django 项目开发完成后，需要了解此项目所依赖的库有哪些，从而方便在其他机器上进行环境部署。Django 提供了一种方便的依赖库生成方式，可以将当前环境中的所有依赖库的库名及其对应的版本号生成到一个名为 requirements.txt 的文件中。具体步骤如下。

（1）在 cmd 或 VS Code 的命令终端中输入命令：

```
pip freeze > requirements.txt
```

运行命令后，Python 会自动搜索当前环境中的所有依赖包名及其对应的版本号，并将这些信息写入到 requirements.txt 文件中。

（2）如果需要部署工程到新的机器上，此时只需要安装此文件中的依赖即可，在目标机器上输入下述命令即可快速安装项目相关的依赖包。

```
pip install -r requirements.txt
```

下面给出本书开发的企业门户网站所使用的依赖包列表，读者可以参照列表内容进行安装。

```
certifi == 2019.9.11
chardet == 3.0.4
colorama == 0.4.1
cssselect == 1.1.0
Django == 2.2.4
django-haystack == 2.8.1
django-widget-tweaks == 1.4.5
DjangoUeditor == 1.8.143
docxtpl == 0.6.3
idna == 2.8
jieba == 0.39
Jinja2 == 2.10.1
lxml == 4.4.1
MarkupSafe == 1.1.1
numpy == 1.17.2
opencv-python == 4.1.1.26
Pillow == 6.1.0
pyquery == 1.4.0
python-docx == 0.8.7
pytz == 2019.2
qrcode == 6.1
requests == 2.22.0
```

```
six == 1.12.0
sqlparse == 0.3.0
urllib3 == 1.25.6
Whoosh == 2.7.4
yapf == 0.28.0
```

上述安装包列表已在真实的 Windows Server 2012 上进行了测试，能够满足后续项目部署的需求。

在实际的部署过程中发现，很多错误是由于各个包的版本不适合当前部署系统所导致的，一种好的解决方案就是直接更换成上述依赖包列表对应的版本，但是有时候产生错误时难以找出究竟是哪一个依赖包导致的，这就需要利用 Django 应用的热插拔技术了。简单来说，就是在 settings.py 中关闭所有应用，再逐步打开各个应用，从而快速定位依赖环境问题。

11.1.3 安装和配置 IIS

本节简单阐述如何安装和配置 IIS。在 Windows 系统中依次选择"控制面板"→"程序和功能"→"打开或关闭 Windows 功能"选项，找到 Internet Information Services（Internet 信息服务），然后按照图 11-2 进行勾选，最后单击"确定"按钮完成 IIS 服务器的安装。

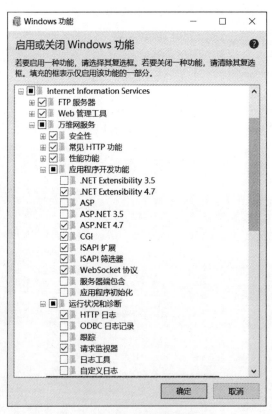

图 11-2 IIS 服务器配置

完成上述安装后，重启系统即可。

11.1.4 开放端口

在前面的章节中经常使用 python manage.py runserver 命令来启动开发服务器,启动后默认的访问网址为 http://127.0.0.1:8000,此处的 8000 即为网站的部署端口。一般情况下访问某个特定网站需要网站的 IP 地址以及对应的网站端口号才能正确访问,但是实际情况中很多网站部署在 80 端口,该端口较为特殊,80 是 HTTP 的默认端口,在输入网站 IP 的时候如果不输入端口号则默认会访问 80 端口,例如,访问百度时输入 http://baidu.com,此时真正的完整的访问路径为 http://baidu.com:80。通常一个服务器上会部署多个网站,每个网站部署在不同的端口来进行区分,这些端口并不是可以随意使用的,需要提前进行端口开放,这种方式也是为了服务器安全性考虑。

在谈及服务器安全时端口是最不可忽视的一个重要板块,在日常服务器维护时及时有效的端口管理可以隔绝大多数网络攻击,那么服务器端口如何管理呢? 其实就是确定业务层需要使用的端口,除了开放这些使用的端口之外,其他不使用的端口全部隔绝,下面以开放 8001 端口为例阐述如何在 Windows 中开放特定端口。

首先打开 Windows 操作系统的"控制面板",单击"系统和安全",找到"Windows Defender 防火墙",单击进入防火墙配置界面,如图 11-3 所示。

图 11-3　Windows 防火墙设置

单击左侧菜单栏中的"高级设置"按钮进入高级设置界面,在左侧"入站规则"面板中单击"新建规则"按钮,进入入站规则向导界面,如图 11-4 所示。

选中"端口"单选按钮,然后单击"下一步"按钮,进入端口设置界面,将 8001 端口开放,如图 11-5 所示。

其中,应用规则选择 TCP,规则应用范围选择"特定本地端口"。最后,依次单击"下一步"按钮即可完成整个端口开放任务。

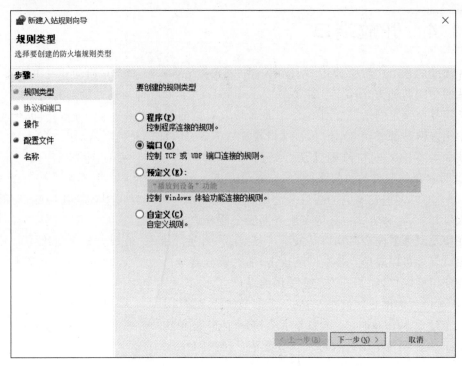

图 11-4   Windows 端口入站规则设置

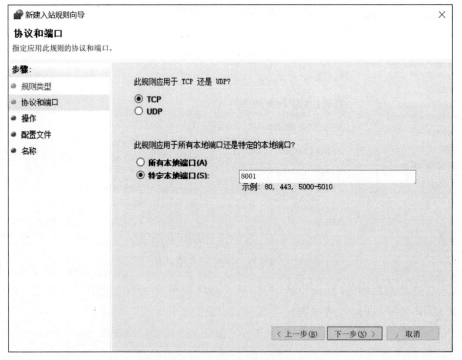

图 11-5   开放指定端口

11.1.5 本地部署

1. 安装并启动 wfastcgi

为了将 Django 项目能够部署到 IIS 服务器上,需要安装 Python 包 wfastcgi,该包作为 Python 的脚本解析器在动态程序和 IIS 服务器间实现脚本解析。以管理员身份打开命令行工具进行安装(注意此处必须要以管理员身份,否则会安装失败),输入命令:

```
pip install wfastcgi
```

安装完成后需要启动 wfastcgi,继续在终端中输入命令:

```
wfastcgi - enable
```

在控制台会输出下面的结果。

```
C:\windows\system32 > wfastcgi - enable
已经在配置提交路径"MACHINE/WEBROOT/APPHOST"向"MACHINE/WEBROOT/APPHOST"的"system.
webServer/fastCgi"节应用了配置更改
"d:\toolplace\python3.7.4\python.exe|d:\toolplace\python3.7.4\lib\site - packages\
wfastcgi.py" can now be used as a FastCGI script processor
```

到这一步说明 wfastcgi 安装成功并且已经成功启动。输出结果最后冒号中的内容即为当前 Python 和 wfastcgi 解释器核心脚本的具体路径,用符号"|"隔开,该路径在后面的 Web 配置文件中会使用到。

2. 配置 web. config 文件

为了能够让 IIS 服务器准确地运行项目,需要配置和设定一些参数,包括项目路径、项目配置文件路径、解析器等。一种简单办法就是通过添加服务器配置文件实现。具体地,在前面开发的企业门户网站项目 hengDaProject 根目录下创建一个 web. config 文件,添加内容如下。

```
<?xml version = "1.0" encoding = "UTF - 8"?>
< configuration >
    < system.webServer >
        < handlers >
            < add name = "Python FastCGI" path = " * " verb = " * " modules = "FastCgiModule"
scriptProcessor = "d:\toolplace\python3.7.4\python.exe|d:\toolplace\python3.7.4\lib\site -
packages\wfastcgi.py" resourceType = "Unspecified" requireAccess = "Script" />
        </handlers >
        < httpErrors errorMode = "Detailed" />
    </system.webServer >
    < appSettings >
        < add key = "WSGI_HANDLER" value = "django.core.wsgi.get_wsgi_application()" />
        < add key = "PYTHONPATH" value = "d:\code\hengDaProject" />
        < add key = "DJANGO_SETTINGS_MODULE" value = "hengDaProject.settings" />
```

```
    </appSettings>
  </configuration>
```

这里对照着自己的网站，修改三处地方替换即可。

（1）scriptProcessor 中冒号部分分别填入前面对应的 Python 和 wfastcgi 解释器核心脚本文件所在路径。

（2）<add key="PYTHONPATH" value="d:\hengDaProject" />，这里的 value 要替换成当前的项目根目录（跟 manage.py 同目录）。

（3）<add key="DJANGO_SETTINGS_MODULE" value="hengDaProject.settings" />，这里 value 处需要写入项目配置模块名称。

3. 静态文件迁移

在项目根目录下的 static 文件夹中同样创建一个 web.config 文件，文件内容如下。

```
<?xml version = "1.0" encoding = "UTF-8"?>
<configuration>
  <system.webServer>
    <handlers>
      <remove name = "Python FastCGI" />
    </handlers>
  </system.webServer>
</configuration>
```

该文件用于为 IIS 指明静态资源文件的渲染方式。接下来需要将项目所有的静态资源文件 css、js、img 等全部导入到项目根目录下的 static 文件夹中。打开项目配置文件 settings.py，将

```
STATICFILES_DIRS = (os.path.join(BASE_DIR, "static"), )
```

替换为

```
STATIC_ROOT = os.path.join(BASE_DIR, 'static')
```

然后在命令终端中执行命令：

```
python manage.py collectstatic
```

然后按照提示即可完成静态文件迁移。从本质上来说，静态文件迁移就是将原先分散在各个应用下的静态文件全部复制到项目根目录下的 static 文件夹中，这样做是为了方便 IIS 服务器查找静态资源文件。

4. IIS 创建网站

在控制面板的管理工具中打开"Internet Information Services(IIS)管理器"。在 IIS 管理器左侧导航面板中右击"网站"，在弹出的快捷菜单中选择"添加网站"选项，进入网站添加界面。然后按照图 11-6 进行网站创建，其中，物理路径为项目根目录，IP 地址和主机名可以

不用填写,端口号采用之前开放的端口,端口号的设置不能与本机当前其他网站或程序冲突。最后单击"确定"按钮完成项目的部署。

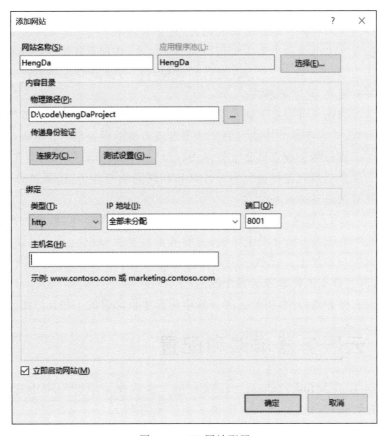

图 11-6 IIS 网站配置

完成整个部署后,即可通过浏览器访问 http://127.0.0.1:8001 查看效果。如果当前主机处于局域网中,那么其他联网设备也可以通过局域网访问该网站,具体实现过程可参考1.4.7 节中的内容,与之前不同的是,此时的网站是采用 IIS 服务器部署的,相比 Django 提供的开发者服务器具备更好的并发访问能力,性能更加稳定。

11.2 云服务器部署

11.2.1 云服务器简介

云服务器(Elastic Compute Service,ECS)是一种简单高效、安全可靠、处理能力可弹性伸缩的计算服务,其管理方式比物理服务器更简单高效。用户无须提前购买硬件,即可迅速创建或释放任意多台云服务器。云服务器和虚拟主机、虚拟专用服务器(VPS)一样都是用来建设网站的,但是云服务器相比于其他服务器有着诸多优势。从定位上来看,中大型企业一般更倾向于服务器的安全性,所以大多选用的是高防服务器,用于防攻击,因此其租用服务器的费用比较昂贵。另外，这些大型服务器往往需要聘请专业人员进行软硬件维护，维护成本较高。而虚拟主机相对较为便宜，但是虚拟主机用的都是共享 IP，可能存在多人共用一个 IP 的情况。相对于以上两种服务器，云服务器不仅价格适中，其采用的是独立 IP，使用独立 IP 除了能直接利用 IP 地址访问网站外，还能规避在共享 IP 条件下的连带风险，也就是如果同一服务器上的其他虚拟主机用户因遭受攻击、违规或政策性处置被屏蔽，不会受到牵连。而共享 IP 会因一个用户出现问题，导致整台服务器上的几乎所有用户受到影响，这样的问题也只有独立 IP 才能解决。

采用云服务器的用户可根据不同需求，自由选择 CPU、内存、硬盘、带宽等配置，还可随时不停机升级带宽，支撑业务的持续发展。如果发现需要的配置超出正常限制，则可以及时进行扩容。这对于成长型企业来说非常有帮助，可以从小型存储开始，然后在业务扩展时逐渐扩大规模。云服务器不但提供强大的云计算和互联网响应能力，还通过分布式存储技术提供可快速恢复的快照备份服务。

目前，国外有名的云服务器提供商有亚马逊、谷歌、微软等公司，国内的产品有阿里云、百度云、腾讯云、华为云等。从本质上来说，云服务器就是大型供应商通过硬件资源整合和动态分配所提供的一种线上计算机。用户可以通过远程登录方式操控分配给自己的计算机，实际操作体验与真实的物理服务器相同。

下面以百度云服务器为例，讲解云服务器申请和项目部署的一些具体操作流程。

11.2.2　云服务器申请和配置

进入百度云首页 https://cloud.baidu.com/，然后在菜单"产品"中选择"云服务器（BCC）"，可以看到在热门机型子页面提供了多种配置的云服务器。对于本书实例来说，只需要选择入门型云服务器即可，如图 11-7 所示。后期可以根据实际需求对服务器进行升级。

图 11-7　云服务器选型

单击"立即购买"，进入购买页面（需要先注册和登录），然后进行地域选择。在配置子页面中选择 Windows Server 操作系统，系统型号为"2012 R2x86_64（64bit）中文版"，如图 11-8 所示。

图 11-8　云服务器配置

在系统信息子页面，创建自定义的管理用户名和密码，后面将通过该用户名和密码来远程登录云服务器。其他选项使用默认配置，然后单击右侧"下一步"按钮，按照提示完成购买。

完成云服务器购买后进入控制台的云服务器 BCC 管理界面，可以查看当前购买的云服务器，如图 11-9 所示。其中，"公网 IP"即为当前云服务器的外网 IP 地址。

☐	实例名称/ID ↕	状态	支付方式	到期时间	公网IP/带宽	内网IP ↕	配置/类型	标签 ↕	操作
☐	instance-e0pvtsca i-p8RQnipB	● 运行 中 🖥️ 📋	预付费	2019-11-11	106.12.16.1 93/1Mbps ✏️	192.168.0. 4	1核/2GB/40 GB/计算型c3		详情 VNC远程 更多 ⌄

图 11-9 云服务器管理页面

下面就需要登录云服务器来进行操作。云服务器登录可以采用 Windows 自带的远程桌面连接功能。在 Windows 系统菜单中通过输入 mstsc 命令打开远程桌面连接,然后输入对应的公网 IP 来连接远程云服务器,如图 11-10 所示。

图 11-10 远程连接云服务器

最后,输入对应的账户名和密码(在申请云服务器时设置)即可完成登录。该云服务器与普通的物理服务器操作基本相同,唯一区别在于不需要再去关心物理实体,读者可以自行操作并体验相关功能。

11.2.3 项目部署

在 11.1 节中已经阐述了如何在本地服务器上进行 Python Web 项目部署,本节将在此基础上将相关部署操作迁移到云服务器上来。

首先按照 11.2.2 节介绍的方法通过 Windows 远程桌面连接(mstsc)命令进入云服务器,然后按照下面的步骤开始进行项目部署。

1. 安装 Python

参照 1.2 节方法在云服务器上安装 Python,可以将离线安装包直接复制到云服务器上进行安装,安装时需要将安装目录添加至环境变量,即勾选 Add Python 3.7 to Path 选项。完成安装后打开云服务器上的 cmd 命令工具进行测试,输入"python"即可进入 Python 交互式环境,输入"exit()"可以退出交互式环境。

2. 安装 Python 依赖包

将项目中的 requirements.txt 文件复制到云服务器上,然后通过 cd 定位到该文件所在目录,输入下述命令一次性完成第三方依赖库的安装。

```
pip install - r requirements.txt
```

在安装过程中可能会因为网络原因出现中断或者部分安装包无法安装成功，可以针对错误提示使用 pip 命令独立安装对应的依赖包。在安装的过程中还可能出现下面的错误：

```
ERROR: Command errored out with exit status 1: python setup.py egg_info Check the logs for full command output.
```

这是由于 Python 下载工具中文件缺失问题导致的，可以通过网址 https://pypi.org/simple/setuptools-scm/下载对应的补丁包 setuptools_scm-3.3.3-py2.py3-none-any.whl 进行解决。下载完成后安装该补丁包。

```
pip install setuptools_scm − 3.3.3 − py2.py3 − none − any.whl
```

另外，建议独立安装下面几个包。

```
DjangoUeditor == 1.8.143
numpy == 1.17.2
opencv − python == 4.1.1.26
```

其中，DjangoUeditor 包用于提供富文本编辑器支持，由于该编辑器无法在 Python 3 系列下完成线上安装，因此需要离线安装，安装方法参考 7.1.2 节中的内容，值得注意的是需要修改 Django 源文件内容（Python 安装目录 + "\lib\site-packages\django\forms\boundfield.py" 93 行），然后注释掉最后的 render 参数，这样就可以在后台管理系统中正确地渲染富文本编辑器。由于在 9.2 节中使用了 OpenCV 库来执行人脸检测，而受到网络资源限制，OpenCV 对应的依赖库无法直接在线安装，因此需要额外地将离线版的 opencv-python 和 numpy 安装包（whl 文件）复制到云服务器上，再进行离线安装。

3. 安装和配置 IIS

首先在服务器管理器仪表板页面中单击"添加角色和功能"，如图 11-11 所示。

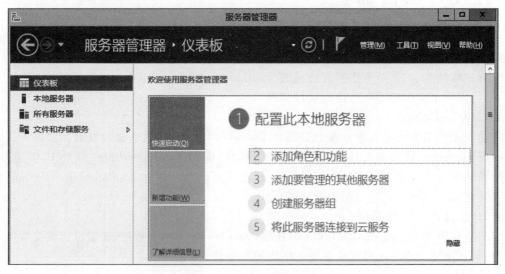

图 11-11　服务器管理器

然后按照提示依次单击"下一步"按钮,其中,在"服务器角色"中勾选"Web服务器(IIS)"复选框,如图11-12所示。

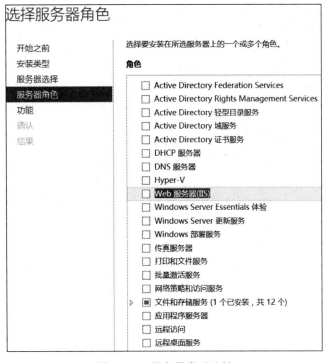

图11-12 服务器类型选择

在弹出的"添加角色和功能向导"对话框中直接单击"添加功能"按钮,如图11-13所示。然后依次单击"下一步"按钮直到进入"角色服务"页面,然后按照图11-14进行勾选。

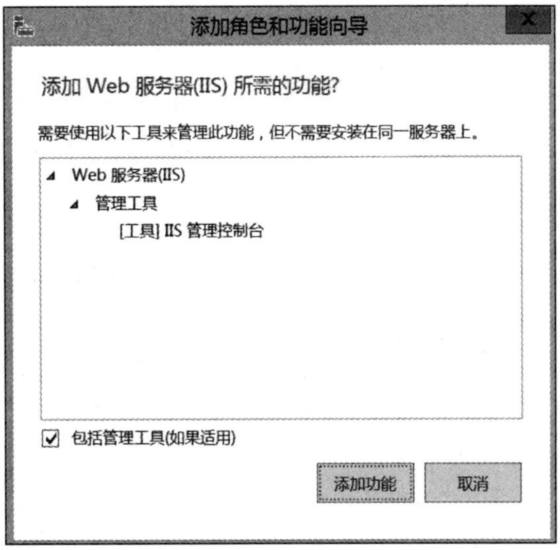

图11-13 "添加角色和功能向导"对话框 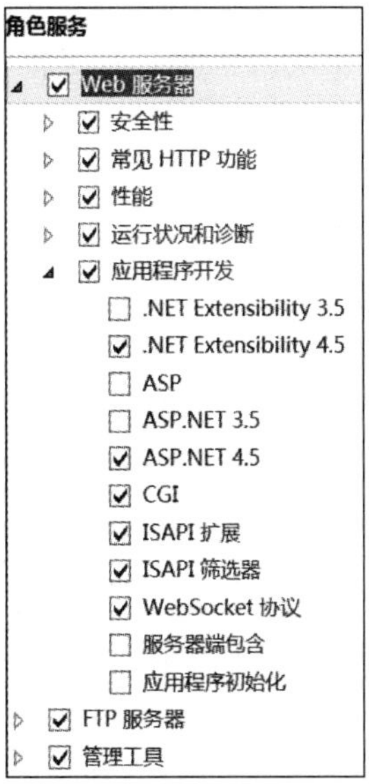　　　　图11-14 角色服务

最后执行安装。安装完成后重启系统，此时，通过外网访问该服务器的外网 IP 地址，例如 http://106.12.16.193/，即可看到 IIS 默认提供的初始页面，如图 11-15 所示。

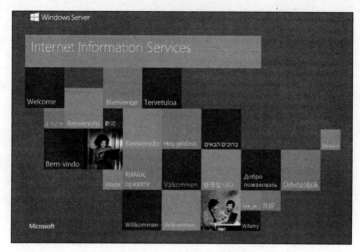

图 11-15　IIS 默认初始页面

4. 项目配置

首先按照 11.1.5 节的部署步骤，在云服务器上安装 wfastcgi 包并启动，将输出结果中冒号部分对应的路径记录下来，如下所示。

```
"c:\toolplace\python3.7.4\python.exe|c:\toolplace\python3.7.4\lib\site-packages\
wfastcgi.py"
```

打开项目的 settings.py 文件，找到 DEBUG 字段，默认情况下该字段设置为 True，表示处于调试模式，建议第一次尝试项目部署的读者依然将该字段保持为 True，这样在部署过程中出现的错误会有比较详细的提示，等到项目完全部署成功以后再将该字段设置为 False。

完成上述配置后将整个 hengDaProject 项目复制到云服务器 C 盘上，接下来按照 11.1.5 节中的步骤在项目根目录下创建 web.config 文件，并且对路径进行修改。注意，在项目的 static 目录下也需要放置一个 web.config 文件，该文件内容请参考 11.1.5 节。

5. IIS 部署网站

参照 11.1.5 节实现方法，创建项目网站，这里将网站端口设置为 80，配置如图 11-16 所示。

最后单击"确定"按钮完成项目部署。通过浏览器外网访问云服务器 IP 地址，查看网站效果。上述部署过程中容易遇到两种错误，下面分别讲解错误类型和解决方案。

（1）OpenCV 的 DLL 加载失败，如图 11-17 所示。

从异常字段 Exception Value 中分析该错误是由于 OpenCV 模块 DLL 加载失败导致的。对于这个错误，一种解决方案就是找其他 Python 库来代替 OpenCV 用于图像处理，但是需要修改相关代码。这里介绍另一种相对简单的方法。打开服务器管理器，依次选择"管理"→"添加角色和功能"命令，然后在"选择功能"中单击"功能"面板，将垂直滚动条拖到最

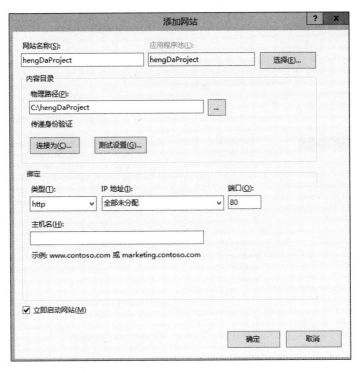

图 11-16 云服务器上 IIS 部署 Django 项目

图 11-17 云服务器上 OpenCV 加载失败

下面,展开"用户界面和基础结构",展开后勾选"桌面体验"复选框,如图 11-18 所示。单击"安装"按钮,安装完成后重启云服务器系统即可。

(2)数据库权限保护,如图 11-19 所示。

本书开发的企业门户网站目前采用 SQLite 作为数据库,其本质是一个文件,将其复制到云服务器上后该文件自动会产生写保护,因此需要开放权限。

在云服务器上找到项目根目录下的 db.sqlite3 文件,右击该文件,在弹出的快捷菜单中选择"属性"命令,然后在"安全"选项卡中选择 Users,单击"编辑"按钮,然后勾选"完全控制"复选框,如图 11-20 所示。最后单击"应用"按钮保存修改。

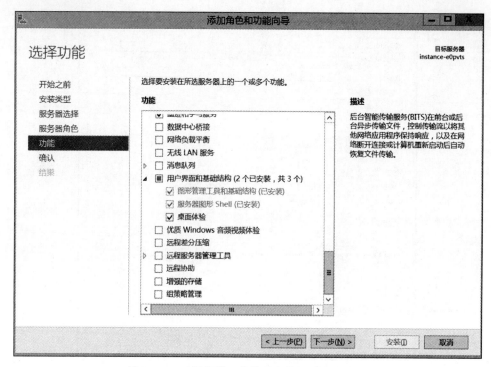

图 11-18　云服务器上安装用户界面和基础结构

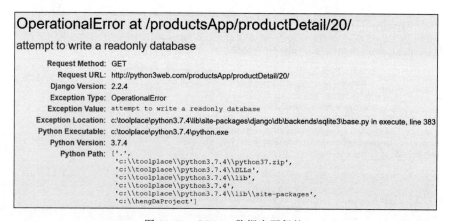

图 11-19　SQLite 数据库写保护

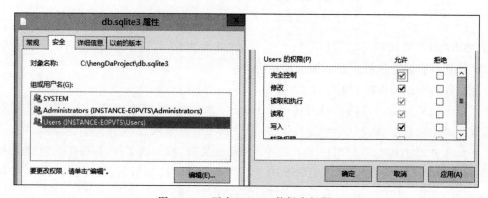

图 11-20　开启 SQLite 数据库权限

（3）浏览网站新闻内容时出现搜索模块 whoosh_index 锁死，如图 11-21 所示。

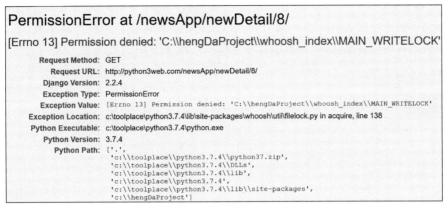

图 11-21　whoosh_index 内容锁死

对于该错误，只需要按照路径提示找到 MAIN_WRITELOCK 文件，将其删除即可。

11.2.4　域名申请和备案

首先了解下域名注册和备案的概念。

域名是由一串用"."分隔的 Internet 上某一台计算机或计算机组的名称，用于在数据传输时标识计算机的电子方位（有时也指地理位置）。Internet 会将域名和 IP 地址相互绑定和映射，能够使人更方便地访问互联网网站，而不用去记住 IP 地址数字。以百度网站为例，百度的外网 IP 为 14.215.177.39，其对应的域名为 www.baidu.com，在人们日常访问时为了简便一般使用域名进行访问。

备案是指将网站在工业和信息化部系统中进行登记，相当于给网站做实名认证（即将域名指向一个网站）。现在我国规定注册域名并且租用国内网络空间的网站必须要备案，否则网站会被关闭。此外，还要注意有些域名后缀是无法备案的，所以如果用的是国内的空间，则要注意申请域名时要申请有在工信部收录的可以备案的域名。

登录百度云管理系统，在左侧菜单中找到"域名服务 BCD"即可进入域名管理页面，如图 11-22 所示。

图 11-22　百度云域名管理页面

在该页面中，可以对已购买的域名进行续费、解析。如需要购买新的域名，可以在左侧菜单中选择"域名概览"查看并购买域名。为了使我们的网站能够与购买的域名进行绑定，即实现访问域名等价于访问云服务器外网 IP 的效果，需要对域名进行解析。单击域名右侧的"解析"按钮，进入解析域名页面，然后可以对域名和服务器外网 IP 进行绑定，如图 11-23 所示。

图 11-23　解析域名页面

相对于域名申请来说，域名备案的时间较长，建议在开发门户网站的同时即申请备案。单击控制台中的"ICP 备案"按钮或者直接访问 https://beian.bce.baidu.com 进入备案页面，如图 11-24 所示。

图 11-24　网站备案

按照该网页上操作步骤进行备案信息录入，本书对此不再详细阐述。完成备案以后即可在门户网站首页上填入备案号。

11.3　MySQL 数据库安装和使用

在实际生产环境中，Django 很少使用 SQLite 这种轻量级的基于文件的数据库作为生产数据库，一般会选择 MySQL。本节将详细介绍 MySQL 数据库的安装和使用。

11.3.1 MySQL 数据库下载和安装

MySQL 的安装方式有两种，一种是通过下载安装包然后根据安装界面提示来安装，还有一种是直接下载完整的可执行包再通过命令行配置实现。本节使用安装包安装。首先进入 MySQL 官方下载页面 https://dev.mysql.com/downloads/windows/installer/8.0.html，然后选择操作系统为 Microsoft Windows。接下来选择安装包版本，直接选择 mysql-installer-community-8.0.17.0.msi 并且单击 Download 按钮，进入下载页面，如图 11-25 所示。进入下载页面后会询问是否登录系统，这里直接跳过登录进行安装包下载。在本书配套资源中也提供了该安装包，可以直接进行安装。

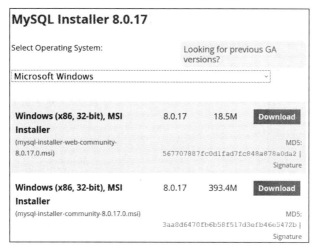

图 11-25　MySQL 版本选择

下载完成后双击该安装包进行安装，如图 11-26 所示。单击 Next 按钮，进入许可协议界面，这里勾选 I accept the license terms，单击 Next 按钮。然后会出现五种可选的安装类型，这里选择 Developer Default；然后会进入自检界面，会提示需要额外安装的依赖项，这里选择 Execute 进行依赖包安装；安装完成后单击 Next 按钮进入正式的安装界面，单击 Execute 按钮进行安装。

安装完成后单击 Next 按钮，进入 MySQL 配置界面，如图 11-27 所示。然后选择 Standalone MySQL Server/Classic MySQL Replication；单击 Next 按钮，进入类型和网络配置界面，这里默认的网络连接方式为 TCP/IP，端口号为 3306，这些参数可以不用修改；单击 Next 按钮，进入认证方法选择界面，这里选择默认的 Use Strong Password Encryption for Authentication 即可；单击 Next 按钮，进入账户配置界面，此处默认的 MySQL 账户名为 root，需要为 root 账户设置密码；输入密码后单击 Next 按钮，进入 Windows 服务配置界面，此处按照默认设置即可；单击 Next 按钮，进入应用配置界面，单击 Execute 按钮，执行前面的配置；单击 Finish 按钮，进入服务器测试界面，在 password 输入框中输入刚才创建的密码，然后单击 Check 按钮，如果没有问题则可以单击 Next 按钮，然后按照默认配置一直单击 Next 按钮，直至安装完成即可。

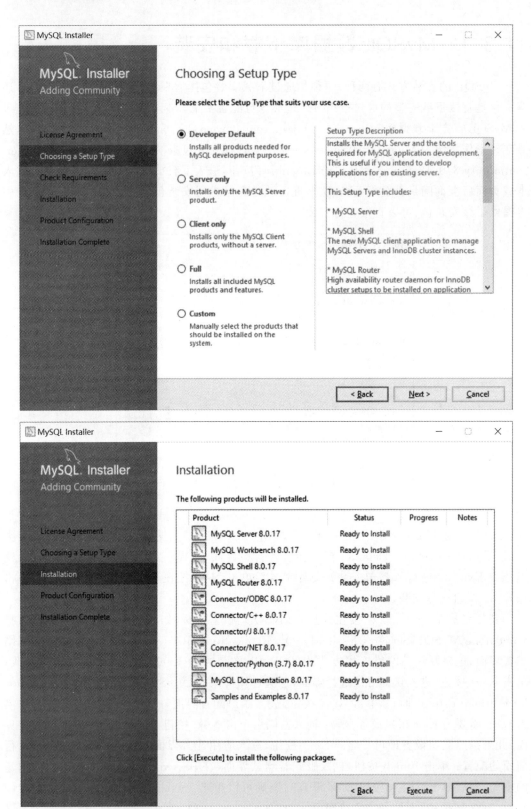

图 11-26　MySQL 安装向导

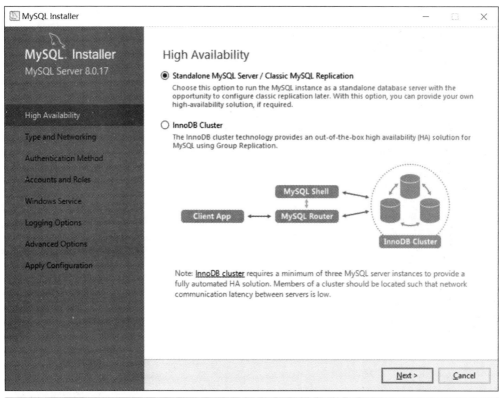

图 11-27　MySQL 安装向导

图 11-27 （续）

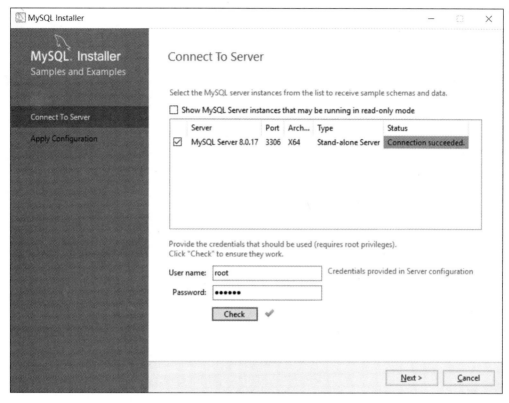

图 11-27 （续）

相对来说，使用基于界面向导的安装方法比较简单，对于初次使用 MySQL 的读者来说该安装方法不易出错。

安装完 MySQL 数据库以后，下面验证一下安装是否成功。默认安装完成后会在菜单中添加 MySQL 提供的命令行客户端工具 MySQL 8.0 Command Line Client，可以直接使用该工具通过命令方式进行数据库操作。打开该客户端，按照提示输入密码（在安装时设置）即可进入 MySQL 环境，如下所示。

```
Enter password: ******
Welcome to the MySQL monitor. Commands end with ; or \g.
Your MySQL connection id is 14
Server version: 8.0.17 MySQL Community Server - GPL

Copyright (c) 2000, 2019, Oracle and/or its affiliates. All rights reserved.

Oracle is a registered trademark of Oracle Corporation and/or its
affiliates. Other names may be trademarks of their respective
owners.

Type 'help;' or '\h' for help. Type '\c' to clear the current input statement.


mysql >
```

输入下述命令可以查看当前 MySQL 中的所有数据库。

```
show databases;
```

效果如下所示。

```
+--------------------+
| Database           |
+--------------------+
| information_schema |
| mysql              |
| performance_schema |
| sakila             |
| sys                |
| world              |
+--------------------+
6 rows in set (0.15 sec)
```

下面创建一个数据库 pythonweb 用作测试，输入命令。

```
CREATE DATABASE pythonweb;
```

然后重新输入数据库查看命令查看当前所有数据库信息，效果如下所示。

```
mysql > show databases;
+--------------------+
| Database           |
+--------------------+
| information_schema |
| mysql              |
| performance_schema |
| pythonweb          |
| sakila             |
| sys                |
| world              |
+--------------------+
7 rows in set (0.00 sec)
```

可以看到，当前已经多出来一个 pythonweb 数据库，该数据库即为刚才通过命令行创建的。MySQL 的其他相关操作，例如数据表的创建、修改、删除以及数据的查询、过滤等，请读者参考 MySQL 官方教程进行学习，本书对此不再深入介绍。上述通过命令行操作数据库的方式读者如果不熟悉，那么本书推荐使用带界面的图形化数据库操作软件 Navicat Premium 来进行更具象的数据操作。

11.3.2 在 Django 中使用 MySQL

在 Django 中使用 MySQL 比较简单，只需要下面两个步骤。

1. 安装接口驱动

为了能在 Python 中使用 MySQL 数据库，首先需要一个 Python 的 MySQL 数据库

API 驱动,常见的有 mysqldb、pymysql 和 mysqlclient。本书采用 mysqlclient 作为接口驱动来进行数据库操作。具体地,在命令行终端中输入下述命令完成在线安装。

```
pip install mysqlclient
```

安装完成后即可开始使用该接口驱动。

2. 更改配置文件

打开 hengDaProject 中的 settings.py 文件,在该文件中修改 DATABASES 字段,具体如下。

```
DATABASES = {
    'default': {
        'ENGINE': 'django.db.backends.mysql',    # 数据库引擎
        'NAME': 'pythonweb',                      # 数据库名字
        'HOST':'',                                # 数据库 IP 地址,默认为空即为本机
        'PORT':'3306',                            # 端口号
        'USER':'root',                            # 远程登录账户,一般设置为 root
        'PASSWORD':'pythonweb',                   # MySQL 登录密码
    }
}
```

通过上述配置即可完成整个项目的数据库更改。接下来需要对数据库进行一次迁移,依次输入以下命令。

```
python manage.py createcachetable
python manage.py makemigrations
python manage.py migrate
```

其中需要注意第一条命令,在 10.2 节中由于使用了基于数据库的缓存系统,因此在我们更换数据库时也需要同步地进行更新。

此时可以重新打开 MySQL 的命令行工具,输入密码登录 MySQL,然后依次输入下述命令查看 pythonweb 数据库中所有的数据表。

```
use pythonweb;
show tables;
```

效果如下所示。

```
mysql > use pythonweb;
Database changed
mysql > show tables;
+--------------------+
| Tables_in_pythonweb |
+--------------------+
| aboutapp_award     |
```

```
| auth_group                    |
| auth_group_permissions        |
| auth_permission               |
| auth_user                     |
| auth_user_groups              |
| auth_user_user_permissions    |
| cache_table_home              |
| contactapp_ad                 |
| contactapp_resume             |
| django_admin_log              |
| django_content_type           |
| django_migrations             |
| django_session                |
| newsapp_mynew                 |
| productsapp_product           |
| productsapp_productimg        |
| serviceapp_doc                |
+-------------------------------+
18 rows in set (0.00 sec)
```

可以看到，我们在 hengDaProject 项目中创建的所有数据类在 MySQL 中均同步地创建了对应的数据表。至此，已经实现了 MySQL 数据库的切换操作。

11.4　扩展 Django 部署

如果读者已经按照前面的步骤将 Django 项目部署上线，那么接下来需要考虑如何使得部署具有更强的伸缩能力。本节给出一些基本的扩展建议，在实际运行的过程中需要结合具体情况进行优化。

在一般的负载下，Web 应用程序都能够很好地工作，但是频繁的数据读取操作或者是算法运算操作（例如 9.2 节搭建的人脸检测平台）会给应用程序提交大量数据进行运算，此时应用程序难以承受突然增加的负载。Django 和 Python 本身是高度可伸缩的，但随着应用程序使用的增加，还需要考虑负载问题。如果在云环境中运行 Django 应用程序，并且感觉到现有的资源已经不够用，那么当务之急就是升级云服务器。随着应用程序的进一步使用，云服务器的资源也会很快就变得捉襟见肘。下面的一些方法能够减轻服务器的负担。

（1）关闭不使用的进程或守护进程，比如邮件服务器、流服务器、游戏服务器或其他不必要的进程，它们占用宝贵的 CPU 时间和 RAM。

（2）将媒体文件转移到其他云平台，分散流量压力，这样 Web 服务器就专门用于 Django 请求，而媒体文件则放在另一个服务器上。

（3）使用 Django 的内置缓存框架。它受流行的分布式内存对象缓存系统 memcached 支持。高效的缓存能够极大地提升 Django 应用程序的性能。

（4）升级服务器。一般来说，随着网站访问规模的不断扩大，服务器总有一天会无法满足 Django 应用程序负载。碰到这种情况时，可以添加专门的数据库服务器。这样，Web 服务器和数据库服务器分别运行在不同机器上,可以有效缓解单个服务器的负担。

（5）使用数据库复制。如果数据库服务器的资源耗尽,可以将其复制到多个服务器。复制就绪之后,就可以在需要时添加更多服务器,以提供额外资源。

（6）添加冗余。对于大型应用程序而言,Web服务器或数据库服务器的单点失败都是灾难性的。正确做法应该是在需要的地方添加冗余服务器,它们在主服务器失败时接管其工作。

（7）使用负载平衡硬件或软件在多个服务器间分配数据流量,这样能大大提高服务器的性能。

通常情况下,在部署大型的Python Web项目时应该尽早为所构建的应用程序找到一种扩展方法,这样,在项目上线遇到问题时就可以快速地在各种场景下实施扩展计划。通过上述介绍的扩展步骤不仅能够适应更多的用户同时访问,而且也能使应用程序运行得更快。

小结

本章从项目部署原理出发,详细介绍了基于Windows系统的Python Web项目部署过程。为了能够使读者顺利地完成部署任务,本章按照循序渐进的方式先阐述本地服务器上的部署方法,然后过渡到云服务器上来。在阐述云服务器部署的同时,讲解了与网站相关的域名申请和备案流程,力求读者能够完整地实现整个项目开发和上线。另外,本章针对实际开发需求,详细讲解了网站中MySQL数据库的使用步骤。在本章最后一节,给出了部署扩展的相关建议。通过本章内容的实战学习,相信读者能够掌握Python Web的部署方法。

## 第三部分

高级强化篇

第**12**章

深入浅出 Django

本书第二部分(第 3～11 章)主要以一个实际的企业门户网站为例,各章内容安排上从简单到复杂,将 Python Web 的各个知识点串联在每章的内容中,整个项目依托流行的 Python Web 框架 Django 进行实现。截止到本章,相信读者已经对 Django 有了一定的了解,熟悉并能够掌握构建项目的基本流程。一般来说,Django 开发项目包含下面几个步骤。

视频讲解

(1) 运行 django-admin startproject < project-name > 创建项目。

(2) 切换到项目根目录,运行 python manage. py startapp < app-name > 创建项目应用。

(3) 在 settings. py 文件中进行项目配置,包括应用导入、路由 URLS 配置等。

(4) 在应用目录下创建 templates 文件夹,然后在 templates 文件夹下创建并编辑前端模板 HTML 文件。

(5) 在应用的视图文件 views. py 中创建并编辑视图处理函数。

(6) 在 urls. py 文件中绑定请求和对应的视图处理函数。

(7) 运行 python manage. py runserver 来启动本地开发服务器。

根据上述步骤,只需要在 Django 框架的基础上像搭积木一样将相关内容填入指定的模块中即可实现一个完整的 Python Web 项目。到这里,读者是否有疑虑,到底 Django 的各个文件之间是如何关联的? 各个文件的内容有什么关系? Django 项目与普通的 Python 单文件脚本有什么区别?

为了能够比较好地解释上述问题,本章将以单文件 Django 为突破口,阐述 Django 内在的实现逻辑。另外,在此基础上将会阐述目前流行的前后端分离概念 REST,学习在 Django 中运用 REST 的理念进行项目开发,并且会辅以一个实例项目(在线中文字符识别)来进一步理解和运用 Django REST。

12.1　单文件 Django

在实际开发过程中,有时需要查看手动写入的数据是否正确或者插入一些中间数据,此时如果采用 Django 框架的话就需要从当前 App 中切换出来,然后启动项目,显然这种方式不是很直观。尽管 Django 提供了 Shell 工具以方便对其进行交互，但还是不如普通的单文件 Python 脚本运行方便。很多 Web 框架都以使用方便而著称，特别是 flask，一个独立的文件就可以实现简单的 Hello World 项目，那么 Django 是否也能以单一的 Python 文件形式来开发项目呢？答案是肯定的。

新建一个文件夹名为 singleDjango，然后在该文件夹下创建一个 Python 脚本文件 test.py，在头部引入相关的 Python 依赖包。

```
from django.conf import settings
from django.http import HttpResponse
from django.urls import path
```

其中第一行引入的 settings 是 Django 的配置文件钩子，可以在项目的任何地方引入它，然后通过“.”路径符来访问项目的配置。例如，settings.ROOT_URLCONF 就会返回项目根路由配置。一般来说，如果需要引用项目配置，标准写法是 import project.settings as settings，但是此处只需要引入 Django 自己的配置就可以了，原因在于在项目没有运行前，Django 会先加载配置文件，并且把 settings 对象的属性连接到各个配置上。注意，由于 settings 是一个对象而不是一个模块，因此不能使用类似 from django.conf.settings import DEBUG 的语法，在访问配置时，只能以 settings.<key>的形式来调用配置。第二行代码用于返回一个响应，最后一行代码用于设置路由 urlpatterns。

在 Django 中只有加载了配置文件才能使相应功能按照需求运行。在 Django 中加载配置文件有以下两种方式。

（1）使用 settings.configure(**settings)手动写每一项配置，这样做的好处是当需要配置的项比较少时可以不需要额外地创建一个文件作为配置文件。

（2）使用 django.setup()通过环境变量来配置。django.setup()方法会自动查询环境变量中 DJANGO_SETTINGS_MODULE 的值，然后把它的值作为配置文件路径并读取这个文件的配置。

上述两种方法都可以用来配置 Django，本章为了实现单文件 Django，采用第一种方法进行配置。在 test.py 文件中继续添加以下代码。

```
setting = {'DEBUG': True, 'ROOT_URLCONF': __name__}
settings.configure(**setting)
```

上述代码设置 DEBUG 为 True 进入调试模式，从而使得程序出错的时候可以看到错误提示。设置 ROOT_URLCONF 为 __name__ 也就是这个文件本身，意味着把 urlpatterns 这个变量写进这个文件中。

完成上述基本的模块导入和配置后，下面开始编写视图处理函数，继续添加以下代码。

```
def home(request):
    return HttpResponse('Hello World!')
```

该视图处理函数通过 HttpResponse()函数返回一个字符串。最后，配置路由 URL，添加以下代码。

```
urlpatterns = [
    path('', home, name = 'home'),
]
```

该路由将当前视图处理函数 home() 与根网址进行绑定。最后运行该文件，在 Django 框架中使用 python manage.py 来运行项目，实际上在 manage.py 文件内部，其核心是通过调用 Django 的 execute_from_command_line(** command_line_args) 来运行应用。这里将这部分代码剥离出来，添加运行代码如下。

```
if __name__ == '__main__':
    import sys
    from django.core.management import execute_from_command_line
    execute_from_command_line(sys.argv)
```

完成上述内容添加后保存 test.py 文件。在终端中输入命令：

```
python test.py runserver
```

运行后在浏览器中访问 http://127.0.0.1:8000 即可看到浏览器页面上成功输出了 "Hello World!"字样。

到这里，可以发现仅通过 14 行代码就完成了一个单文件 Django 项目，其原理就是将原先 Django 框架下的位于各个文件中的关键代码逐步抽离，包括项目配置文件（settings.py）、路由文件（urls.py）、视图文件（views.py），然后将这些内容放置在同一个 Python 脚本文件中。通过这个单文件 Django 示例，读者可以进一步体会 Django 框架各个模块的作用，了解 Django 的运行机理，为后面的内容打下基础。

12.2　Django REST 项目实战：在线中文字符识别

12.2.1　RESTful 概述

RESTful 架构风格最初由 Roy T. Fielding（HTTP 1.1 协议专家组负责人）在其 2000 年的博士学位论文中提出。HTTP 就是该架构风格的一个典型应用。从其诞生之日开始，它就因其可扩展性和简单性受到越来越多的架构师和开发者的青睐。一方面，随着云计算和移动计算的兴起，许多企业愿意在互联网上共享自己的数据和功能；另一方面，在企业中，RESTful API 也逐渐受到重视。时至今日，RESTful 架构风格已成为企业级服务的标配。REST（Representational State Transfer）译为"表现层状态转换"。REST 最大的几个特点为：资源、统一接口、URI 和无状态。所谓"资源"，就是网络上的一个实体，或者说是网络上的一个具体信息，它可以是一段文本、一张图片、一首歌曲等。资源通过某种载体反映其内容，文本可以用 TXT 格式表现，也可以用 HTML 格式或 XML 格式表现，甚至可以采用二进制格式；图片可以用 JPG 格式表现，也可以用 PNG 格式表现；JSON 是现在最常用的资源表示格式。

在前面的企业门户网站实战项目中，为了能够动态地显示页面内容，使用了 Django 提供的模板机制，即在前端 HTML 页面中嵌入了大量的 Django 模板标签，这些标签并不是 HTML 的标签，而是需要通过后台 Django 服务器对这些标签进行解析再返回页面内容给前端。尽管利用 Django 模板标签，可以使得后端开发人员比较方便地对前端页面内容进行控制，但是这种处理方式导致各个模板文件不再是纯粹的 HTML 页面，而是嵌入了一堆浏览器无法直接识别的模板标签，前端设计人员在不熟悉 Django 的情况下无法对这些内容进行设计和修改。目前，很多大型 Web 项目的开发往往是采用一种前后端分离的合作方式，前端设计人员专注于页面和交互功能的实现，通过 HTML、CSS 和 JS 即可在浏览器端进行设计并且查看效果。后端开发人员仅处理前端发来的各种请求，并返回各请求对应的内容即可，其中后端开发人员不再需要关注页面的设计，而是通过双方约定好的 API 协议进行资源上传和接收。这种前后端分离、仅通过内容交换实现的 Web 架构即为 REST。

在前后端分离的应用模式中，后端仅返回前端所需要的数据，不再渲染 HTML 页面，不再控制前端的效果。前端用户看到什么效果、从后端请求的数据如何加载到前端中，这些都由前端决定。例如，网页有网页的设计方式，手机 App 有手机 App 的处理方式，但无论哪种前端，其所需要的数据基本相同，后端仅需开发同一套逻辑对外提供资源数据即可。

12.2.2　搭建框架

本节将采用 Django 来开发一个基于 RESTful 风格的项目实例：在线中文字符识别。通过该实例的学习，旨在让读者体会前后端分离开发的思想并掌握基本开发流程，更多相关内容可以参考 Django REST 官方使用文档。

本节首先完成基础框架搭建。新建一个 OCR 文件夹用于存放项目，在该文件夹下分别建立三个子文件夹 app、frontend 和 ocr，其中，app 文件夹作为应用文件夹用于存放每个独立应用文件，frontend 文件夹用于存放前端文件，包括 HTML、CSS、JS 和 IMG 文件等，ocr 文件夹用于存放项目的配置文件。参照 Django 项目目录结构，在各子文件夹下创建一些空文件和空文件夹，完整结构如图 12-1 所示。

图 12-1　项目文件结构图

接下来，根据 12.1 节中的内容，将单文件 Django 项目的各模块内容输入到指定的文件中。打开 settings.py 文件，添加如下代码。

```
import os
#设置项目根目录
BASE_DIR = os.path.dirname(os.path.dirname(os.path.abspath(__file__)))
#加密签名
SECRET_KEY = 'b!iohd&_vv@gmva5b6gq@k9t01_k^52uludvw8@h0)1fnez^8l'
DEBUG = True                #设置当前为调试模式
INSTALLED_APPS = ['app']    #添加应用
ROOT_URLCONF = 'ocr.urls'   #设置项目路由文件 urls
```

上述代码将原 Django 项目中的必要部分剥离出来,旨在能够建立更轻量更易于理解的 Django 项目。打开 app 下的 views. py 文件,添加以下代码。

```
from django.http import HttpResponse

def home(request):
    return HttpResponse('Hello World')
```

通过导入的 HttpResponse 函数响应前端,返回内容为一个字符串。在 urls. py 文件中添加路由。

```
from django.urls import path
from app.views import home

urlpatterns = [path('', home, name = 'home')]
```

上述代码将访问根路径与视图 home()函数进行绑定。最后,在项目根目录下的 manage. py 文件中添加运行代码。

```
if __name__ == '__main__':
    import sys
    import django
    import os
    DJANGO_SETTINGS_MODULE = 'ocr.settings'
    #设置环境变量
    os.environ.setdefault('DJANGO_SETTINGS_MODULE', 'ocr.settings')
    django.setup()
    from django.core.management import execute_from_command_line
    execute_from_command_line(sys.argv)
```

其中注意,在 12.1 节中将所有的配置全部放置在单文件脚本中,使用 settings. configure(** settings)来加载配置项,此处将所有的配置项放置在了独立的 settings. py 文件中。为了能够加载该配置文件,需要采用 django. setup()函数进行设置,该函数会自动查询环境变量 DJANGO_SETTINGS_MODULE 的值,把这个值作为配置文件的路径。保存所有修改后,在终端中运行命令:

```
python manage.py runserver
```

然后打开浏览器访问 http://127.0.0.1:8000,查看页面是否输出对应的字符串"Hello World!"。

本节内容旨在将 12.1 节中的单文件 Django 项目按模块进行区分,参照原有的 Django 项目文件结构将各模块关键内容放置在指定文件中。通过本节的结构剖析,读者能够更加清晰地了解 Django 各模块之间的逻辑联系,加深理解。

12.2.3 前端开发

本节内容拟实现一个在线中文字符识别系统，用户在网页上上传图片，然后通过 Ajax 技术将图片传输至后台服务器，后台服务器调用中文字符识别算法将图片中的文字识别出来，并以 JSON 字符串的形式返回结果给前端页面进行显示。整个开发过程分为前端和后端，后端不再使用 Django 提供的模板机制来控制前端页面的执行逻辑，前后端之间所有的交互全部通过 API 进行。由于采用了前后端分离的机制，因此，前端开发人员可以使用纯 HTTP 和 JS 来开发页面和交互逻辑，并且能够在不借助后端的情况下运行页面查看效果。本节先进行前端开发。

前端所有的开发文件全部放置在 frontend 文件夹中。为了程序美观，本实例依然采用 Bootstrap 框架设计页面。将 2.12 节下载的 Bootstrap 包中的 bootstrap. min. css、jquery. min. js 和 bootstrap. min. js 文件按照文件类型分别放置在 frontend/css 和 frontend/js 文件夹中，然后在 img 文件夹下放置一张名为 sample. jpg 的图片文件用于展示图像显示区域。在 css 文件夹下额外新建一个空的 style. css 文件，该文件将作为本实例的个性化样式定制文件使用。

接下来开始编辑前端页面 index. html。首先设置页面标题 title 和元信息 meta，然后在页面头部引入必要的 CSS 和 JS 文件。

```html
<!DOCTYPE html>
<html lang="zh-CN">
<head>
    <meta charset="utf-8">
    <meta http-equiv="X-UA-Compatible" content="IE=edge">
    <meta name="viewport" content="width=device-width, initial-scale=1">
    <title>在线中文字符识别</title>
    <link href="css/bootstrap.min.css" rel="stylesheet">
    <link href="css/style.css" rel="stylesheet">
    <script src="js/jquery.min.js"></script>
    <script src="js/bootstrap.min.js"></script>
</head>
<body>
</body>
</html>
```

在页面<body>部分采用 Bootstrap 栅格结构进行布局，主要分为左右两部分，各占 6 个栅格。左侧用来上传待识别的图像并显示，右侧用来显示识别结果。详细代码如下。

```html
<div class="container">
    <!-- 标题 -->
    <div class="row">
        <div class="col-lg-12">
            <p class="text-center h1">
                在线中文字符识别
```

```
            </p>
        </div>
    </div>
    <!-- 分隔符 -->
    <div class = "hr">
        <hr />
    </div>
    <!-- 主体内容 -->
    <div class = "row">
        <br>
        <!-- 图片上传 -->
        <div class = "col-md-6">
            <img id = "photoIn" src = "img/sample.jpg" class = "img-responsive">
            <input type = "file" id = "photo" name = "photo" />
        </div>
        <!-- 运行结果 -->
        <div class = "col-md-6">
            <div class = "col-md-12">
                <textarea id = "output" disabled class = "form-control" rows = "5">
                    </textarea>
            </div>
            <br>
            <div class = "col-md-12">
                <p class = "text-center h4">识别结果</p>
            </div>
        </div>
    </div>
    <br>
    <div class = "row">
        <div class = "text-center">
            <button type = "button" id = "recognition" class = "btn btn-primary">
                识别</button>
        </div>
    </div>
</div>
```

在 style.css 文件中添加分隔线对应的样式设计。

```
div.hr {
    height: 3px;
    background: #818080;
}
div.hr hr {
    display: none;
}
```

为了能够实现图像浏览和上传的功能,需要使用 JS 来实现。具体是在 < body >部分末尾添加以下代码。

```
<script>
    $(function () {
        $('#photo').on('change', function () {
            var r = new FileReader();
            f = document.getElementById('photo').files[0];
            r.readAsDataURL(f);
            r.onload = function (e) {
                document.getElementById('photoIn').src = this.result;
            };
        });
    });
</script>
```

接下来，参照 9.2 节搭建的人脸识别开放平台构建过程，在前端页面中继续添加代码，完成图像向后端的传输以及显示从后端返回的结果。

```
<!-- 图像发送至后台服务器进行识别 -->
<script>
    $('#recognition').click(function () {
        formdata = new FormData();
        var file = $("#photo")[0].files[0];
        formdata.append("image", file);
        $.ajax({
            url: '/ocr/',                // 调用 Django 服务器计算函数
            type: 'POST',                // 请求类型
            data: formdata,
            dataType: 'json',            // 期望获得的响应类型为 JSON
            processData: false,
            contentType: false,
            success: ShowResult          // 在请求成功之后调用该回调函数输出结果
        })
    })
</script>

<!-- 返回结果显示 -->
<script>
    function ShowResult(data) {
        output.value = data['output'];
    }
</script>
```

图像的传输采用了 Ajax 技术，当用户单击"识别"按钮时将图像数据封装到 formdata 变量并发送至后端，发送地址为/ocr/，发送方式为 POST。收到结果后执行 ShowResult() 函数，将输出文本的值改为识别到的文字信息。

保存所有修改后，用浏览器直接打开 index.html 页面，单击"浏览"按钮，选择一张待识别的图片进行上传，可以看到选择的图片显示在指定位置，如图 12-2 所示。

到这里会发现整个前端设计和开发不再依赖后端服务器，并且因为页面没有嵌入

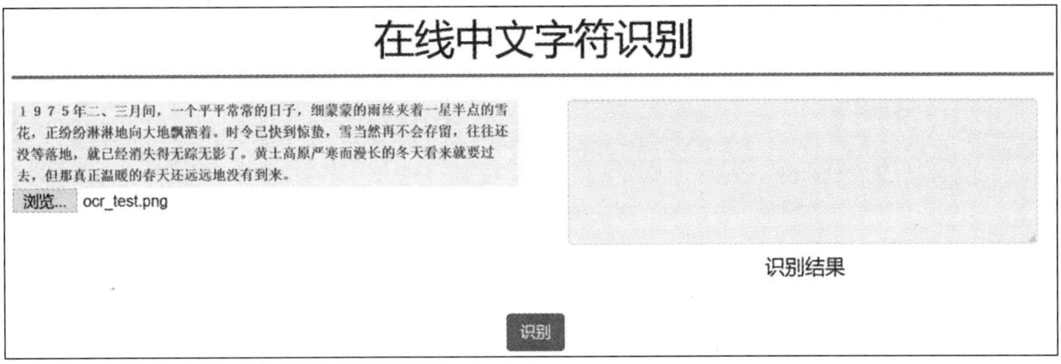

图 12-2 前端开发效果

Django 模板标签,所以可以直接被浏览器解析和运行。这种前后端分离的开发模式可以极大地提高团队开发人员的沟通效率,使得项目的协同合作更加方便。

12.2.4 后端开发

本节将对后端进行开发。一般情况下,采用前后端分离机制以后,前端静态资源(HTML 页面、CSS 样式文件、JPG 图片等)会采用额外的前端服务器来提供静态文件服务。本章内容为了简化服务器的搭建和使用,依然使用 Django 来提供静态文件服务,将所有的静态资源如 CSS、JS 和 JPG 图片文件等按照文件夹路径创建对应的视图处理函数,以文件读取方式获取文件内容并通过 HttpResponse 返回。

在 views.py 文件中添加如下代码。

```python
def read_css(request, filename):
    with open('frontend/css/{}'.format(filename), 'rb') as f:
        css_content = f.read()
    print('css 文件')
    return HttpResponse(content = css_content, content_type = 'text/css')

def read_js(request, filename):
    with open('frontend/js/{}'.format(filename), 'rb') as f:
        js_content = f.read()
    print('js 文件')
    return HttpResponse(content = js_content,
                    content_type = 'application/JavaScript')

def read_img(request, filename):
    with open('frontend/img/{}'.format(filename), 'rb') as f:
        img_content = f.read()
    print('img 文件')
    return HttpResponse(content = img_content, content_type = 'image/jpeg')
```

上述代码分别创建 JS、CSS 和 JPG 文件访问的视图处理函数,然后在 urls.py 文件中设置访问路由。

```
from app.views import read_css, read_js, read_img

urlpatterns = [
    …其他路由…
    path('css/< str:filename >', read_css, name = 'read_css'),
    path('js/< str:filename >', read_js, name = 'read_js'),
    path('img/< str:filename >', read_img, name = 'read_img'),
]
```

通过这种方式，可以在不改变前端代码的情况下依然正确地提供静态资源请求服务。重新编辑 views.py 中的 home()函数：

```
def home(request):
    with open('frontend/index.html','rb') as f:
        html = f.read()
    return HttpResponse(html)
```

同样地，HTML 页面也以文件读取方式获取内容并通过 HttpResponse()函数返回。保存所有修改后启动项目。

```
python manage.py runserver
```

打开浏览器查看页面效果。可以发现页面效果与使用浏览器直接打开 index.html 页面相同。这说明，后端服务器正确地充当了静态资源服务器的角色，在不使用 Django 模板标签的情况下能够实现前端页面的正确渲染。

最后需要开发中文字符识别对应的 Ajax 视图处理函数。为了实现中文字符识别，本章采用开源库 Tesseract-OCR 来进行文字识别任务。Tesseract 是惠普布里斯托实验室在 1985—1995 年间开发的一个开源的字符识别引擎，曾经在 1995 UNLV 精确度测试中名列前茅。2005 年，惠普公司将其对外开源。2006 年，由 Google 公司对 Tesseract 进行改进并对其进行深度优化。

Tesseract 的下载网址为 https://digi.bib.uni-mannheim.de/tesseract/。根据系统版本进行选择，如果使用 Windows 64 位系统，可以下载 Windows 64 对应的版本 tesseract-ocr-w64-setup-v4.1.0.20190314.exe。下载完成后双击进入安装界面，展开 Additional language data，勾选 Arabic 和 Chinese simplified 复选框使得能够同时支持阿拉伯数字和简体中文字符的识别，如图 12-3 所示。

为了能够在 Python 中使用该引擎库，需要安装对应的 Python 库。

```
pip install pytesseract
```

然后修改 pytesseract 库文件，在 pytesseract 安装包中找到 pytesseract.py 文件，修改 tesseract_cmd 字段的值，将 tesseractOCR 的安装目录填入其中。

```
tesseract_cmd = r'< tesseractOCR 安装目录>\tesseract.exe'
```

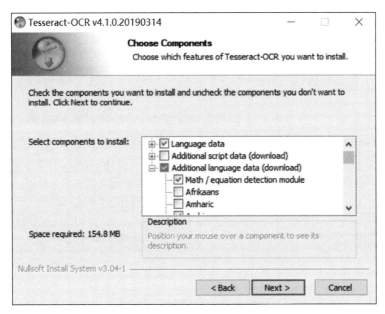

图 12-3　Tesseract-OCR 安装界面

通过上述修改,就可以使得 Python 能够找到本地的文字识别程序完成识别。接下来在 views.py 文件中添加视图处理函数,完整代码如下。

```
import numpy as np
import urllib
import json
import cv2
import pytesseract
from PIL import Image
import os
from django.views.decorators.csrf import csrf_exempt
from django.http import JsonResponse

def read_image(stream = None):
    data_temp = stream.read()
    image = np.asarray(bytearray(data_temp), dtype = "uint8")
    image = cv2.imdecode(image, cv2.IMREAD_COLOR)
    return image

@csrf_exempt  # 用于规避跨站点请求攻击
def ocrDetect(request):
    result = {"code": None}
    if request.method == "POST":
        if request.FILES.get("image", None) is not None:
            img = read_image(stream = request.FILES["image"])
            # OpenCV 转 PIL
```

```
        img = Image.fromarray(cv2.cvtColor(img, cv2.COLOR_BGR2RGB))
        ♯执行识别
        code = pytesseract.image_to_string(img, lang = 'chi_sim')
        result.update({"output": code})
    return JsonResponse(result)
```

　　整体实现方式与 9.3 节开发的人脸检测功能类似,均是通过客户端浏览器上传的图像照片进行识别处理然后返回结果,不同之处在于此处返回的结果是以 JSON 字符串形式给出,不需要再额外地进行图像编码。识别部分主要采用 pytesseract.image_to_string()函数进行识别,其中,lang = 'chi_sim'表示当前识别中文简体字符。

　　最后,在 urls.py 文件的 urlpatterns 字段中添加对应的路由。

```
path('ocr/', ocrDetect, name = 'ocrDetect'),  ♯在线中文字符识别 API
```

　　完成所有修改后保存并运行项目,最终识别效果如图 12-4 所示。

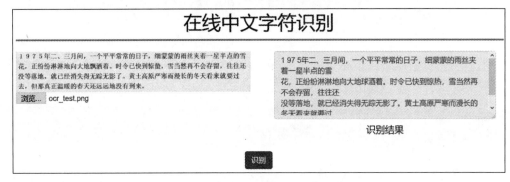

图 12-4　中文字符识别效果

　　经过测试,tesseract-OCR 对于印刷体中文字符效果较好,对于手写体中文字符效果一般。如果需要更高的检测精度和更好的适应性,则需要进一步优化算法,有兴趣的读者可以参考更多关于 OCR 的资料来进行学习,本书不再深入介绍。

小结

　　通过本章的学习,读者应该对 Django 框架有了更深入的了解,通过单文件 Django 的开发能够加深理解各个模块之间的逻辑关系,能够掌握 Django 各模块的设计原理和设计理念。另外,本章通过开发一个在线中文字符识别项目帮助读者了解当前流行的前后端分离框架的基本开发流程,能够灵活地运用 Python Web 进行定制化开发,提高团队沟通效率。

图书资源支持

感谢您一直以来对清华版图书的支持和爱护。为了配合本书的使用,本书提供配套的资源,有需求的读者请扫描下方的"书圈"微信公众号二维码,在图书专区下载,也可以拨打电话或发送电子邮件咨询。

如果您在使用本书的过程中遇到了什么问题,或者有相关图书出版计划,也请您发邮件告诉我们,以便我们更好地为您服务。

我们的联系方式:

清华大学出版社计算机与信息分社网站:https://www.shuimushuhui.com/

地　　址:北京市海淀区双清路学研大厦 A 座 714

邮　　编:100084

电　　话:010-83470236　010-83470237

客服邮箱:2301891038@qq.com

QQ:2301891038(请写明您的单位和姓名)

资源下载:关注公众号"书圈"下载配套资源。

资源下载、样书申请

书 圈

图书案例

清华计算机学堂

观看课程直播